ଜୀବନ ପରେ ଜୀବନ

ଚିତ୍ତରଞ୍ଜନ ପଟ୍ଟନାୟକ

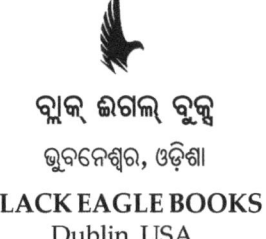

ବ୍ଲାକ୍ ଇଗଲ୍ ବୁକ୍ସ
ଭୁବନେଶ୍ୱର, ଓଡ଼ିଶା

BLACK EAGLE BOOKS
Dublin, USA

ଜୀବନ ପରେ ଜୀବନ / ଚିତ୍ତରଞ୍ଜନ ପଟ୍ଟନାୟକ
ବ୍ଲାକ୍ ଈଗଲ୍ ବୁକ୍ସ : ଭୁବନେଶ୍ୱର, ଓଡ଼ିଶା • ଡବ୍ଲିନ୍, ଯୁକ୍ତରାଷ୍ଟ୍ର ଆମେରିକା

BLACK EAGLE BOOKS
USA address:
7464 Wisdom Lane
Dublin, OH 43016

India address:
E/312, Trident Galaxy, Kalinga Nagar,
Bhubaneswar-751003, Odisha, India

E-mail: info@blackeaglebooks.org
Website: www.blackeaglebooks.org

First International Edition Published by
BLACK EAGLE BOOKS, 2024

JEEBAN PARE JEEBAN
by **Chittaranjan Patnaik**

Copyright © **Chittaranjan Patnaik**

All rights reserved. No part of this publication may be reproduced, stored in a retrieval system, or transmitted, in any form or by any means, electronic, mechanical, photocopying, recording or otherwise without the prior permission of the publisher and writer.

Cover Design: **Irina Bohidar**

Interior Design: Ezy's Publication

ISBN- 978-1-64560-677-2 (Paperback)

Printed in the United States of America

ବାସାଂସି ଜୀର୍ଣାନି ଯଥା ବିହାୟ, ନବାନୀ ଗୃହନାତି ନରୋପରାଣି;
ତଥା ଶରୀରାଣି ବିହାୟ ଜିର୍ଣା, ନ୍ୟନ୍ୟାନି ସଂୟାତି ନବାନି ଦେହୀ ।

(ମଣିଷ ଯେପରି ପୁରୁଣା ବସ୍ତ୍ର ତ୍ୟାଗ କରି ନୂତନ ବସ୍ତ୍ର ଧାରଣ କରିଥାଏ, ଠିକ୍ ସେହିପରି ଜୀବାତ୍ମା ପୁରୁଣା ଶରୀରକୁ ତ୍ୟାଗ କରି ନୂତନ ଶରୀର ଗ୍ରହଣ କରିଥାଏ ।)

ମୃତ୍ୟୁ ଜୀବନର ସବୁଠାରୁ ବଡ଼ କ୍ଷତି ନୁହେଁ । ସବୁଠାରୁ ବଡ଼ କ୍ଷତି ହେଉଛି ଆମେ ବଞ୍ଚିଥିବା ସମୟରେ ଆମ ଭିତରେ ମରିଯାଉଥିବା ଗୁଣ ଗୁଡ଼ିକ ।

- ନରମାନ୍ କଜିନ୍ସ

ବଞ୍ଚିବାର ଅଦମ୍ୟ ଇଚ୍ଛାରୁ ମୃତ୍ୟୁର ଭୟ ଆସିଥାଏ । ସଂପୂର୍ଣ୍ଣ ଜୀବନ ଯାପନ କରୁଥିବା ବ୍ୟକ୍ତି ଯେ କୌଣସି ସମୟରେ ମରିବାକୁ ପ୍ରସ୍ତୁତ ଥାନ୍ତି ।

- ମାର୍କ ଟ୍ୱାଇନ

ଯେତେବେଳେ ମୋର ମରିବାର ସମୟ ଆସିବ ସେତେବେଳେ ମୋତେ ହିଁ ମରିବାକୁ ପଡ଼ିବ । ତେଣୁ ମୋ ଜୀବନକୁ ମୋ ଇଚ୍ଛା ଅନୁସାରେ ବଞ୍ଚିବାକୁ ଦିଅ ।

- ଜିମି ହାଣ୍ଡ୍ରିକ୍ସ

ମୃତ୍ୟୁ ମଣିଷକୁ ସବୁଠାରୁ ବଡ଼ ଆଶୀର୍ବାଦ ହୋଇପାରେ ।

- ସକ୍ରେଟସ

ମୃତ୍ୟୁ ଜୀବନର ବିପରୀତ ନୁହେଁ ବରଂ ଏହାର ଏକ ଅଂଶ ।

- ହାରୁକି ମୁରାକାମୀ

କିଛି ଲୋକ ମରିବାକୁ ଏତେ ଭୟ କରନ୍ତି ଯେ ସେମାନେ କେବେ ବି ବଞ୍ଚିବା ଆରମ୍ଭ କରି ପାରନ୍ତି ନାହିଁ ।

- ହେନେରୀ ଭାନ ଡ୍ୟକ୍

ମୃତ୍ୟୁ ଆଲୋକକୁ ଲିଭାଇଲା ପରି ନୁହେଁ, ଏହା କେବଳ ସକାଳ ହୋଇଗଲା ବୋଲି ଦୀପଟିକୁ ଲିଭାଇଲା ପରି ।

- ରବୀନ୍ଦ୍ର ନାଥ ଟାଗୋର

ଉତ୍ସର୍ଗ

ମୋର ସମସ୍ତ ବରିଷ୍ଠ ନାଗରିକ ବନ୍ଧୁମାନଙ୍କୁ

- ଲେଖକ

କଥା ଦୁଇ ପଦ

ସେଦିନ ସକାଳେ whatsApp ଖୋଲୁ ଖୋଲୁ ଗୋଟେ ଦୁଃଖଦ ସମ୍ବାଦ ପାଇଥିଲି । ମହାନ୍ତି ବାବୁ ଚାଲିଗଲେ । ତାପରେ ଶୋକ ବାର୍ତ୍ତାର ସୁଅ ଛୁଟିଥିଲା । ଆମ ଅବସରପ୍ରାପ୍ତ କର୍ମଚାରୀ ମାନଙ୍କର ଏହି whatsApp group ରେ ପ୍ରାୟ ତିନି ଶହ ସଦସ୍ୟ ଅଛନ୍ତି । ସମସ୍ତେ ତ ପ୍ରାୟ ୬୫ ବର୍ଷ ଉପରେ । ପ୍ରତି ମାସରେ ଦୁଇ ଚାରିଜଣଙ୍କର ଆରପାରିକୁ ଯିବା ନିଶ୍ଚିତ । କିନ୍ତୁ କିଛି ବନ୍ଧୁ ମାନଙ୍କର ପ୍ରତିକ୍ରିୟା ମୋତେ ବ୍ୟତିବ୍ୟସ୍ତ କରି ପକାଏ । ଜଣେ ବନ୍ଧୁଙ୍କର ସ୍ୱର୍ଗବାସ ପରେ ଏମିତି ବହୁତ ଫୋନ୍ ଆସେ । ସେମନେ ସମସ୍ତେ ସେହି ଏକା ପ୍ରକାର କଥା ହିଁ କହିଥାନ୍ତି । "ଆରେ ଜାଣିଛୁ ! ମହାନ୍ତି ବାବୁ ଗତକାଲି ଚାଲିଗଲେ । ହଉ ଦେଖିବା ଆମ ପାଳି କେବେ ଆସୁଛି । ଆମର expiry ତାରିଖ ଚାଲିଗଲାଣି । ଖାଲି ଭଗବାନଙ୍କ ବୋନସରେ ବଞ୍ଚିବା କଥା ।" ଏହି କଥା ଗୁଡ଼ିକରୁ ସେମାନଙ୍କର ହତାଶା ଭାବ ଏବଂ ଭୟ ଭାବ ପୁରାପୁରି ଜାଣି ହୋଇଯାଏ । ସେ ହତାଶା ଭାବ ହେଉଛି ମୃତ୍ୟୁ ପାଇଁ ଅତ୍ୟଧିକ ଭୟ । ସଂପୂର୍ଣ୍ଣ ସୁସ୍ଥ ସବଳ ଥାଇ କରି ବି ସେମାନେ ଅନାଗତ ମୃତ୍ୟୁ ପାଇଁ ଭୟଭୀତ ହୋଇ ପଡୁଛନ୍ତି । ଏହାକୁ ଥାନାଟୋଫୋବିଆ (Thanatophobia) କୁହାଯାଇଥାଏ ।

ଆମେ ସମସ୍ତେ ଜାଣିଛେ ମୃତ୍ୟୁ ନିଶ୍ଚିତ । ପୃଥିବୀର ଇତିହାସରେ କେହି ହେଲେ ମୃତ୍ୟୁ ଠାରୁ ରକ୍ଷା ପାଇ ପାରି ନାହାନ୍ତି । ସେ ହୁଅନ୍ତୁ ପଛେ ଅତ୍ୟନ୍ତ ବଳଶାଳୀ, ବିତ୍ତଶାଳୀ, ହୁଅନ୍ତୁ ପଛେ ସେ ଅତ୍ୟନ୍ତ ଜ୍ଞାନୀ, ମାନୀ ବା କଠୋର ତପରତ ମୁନି, ଋଷି, କେହି ହେଲେ ମୃତ୍ୟୁର ଆଲିଙ୍ଗନରୁ ମୁକ୍ତ ହୋଇ ପାରି ନାହାନ୍ତି । ଯେଉଁଟା ଅନିର୍ବାର୍ଯ୍ୟ, ଯେଉଁଟା ବିଧି ନିର୍ଦ୍ଦିଷ୍ଟ, ଯେଉଁଟାକୁ ଆମେ ପ୍ରତିହତ କରିପାରିବା ନାହିଁ ତାହାକୁ ଡରିବାର ଆବଶ୍ୟକତା କ'ଣ ପାଇଁ ? ତାକୁ ବରଂ ସାହାସର ସହ ସାମନା କରିବା ଦରକାର । ସେଇଥିପାଇଁ ହିଁ ମୋର ଏହି ପ୍ରୟାସ । ମୋର ବନ୍ଧୁ ମାନଙ୍କୁ

ମୋର ସ୍ୱଳ୍ପ ଜ୍ଞାନର ପରିସର ଭିତରୁ ଜଣାଇ ଦେବାକୁ ଚାହେଁ ଯେ, "ହେ ବନ୍ଧୁଗଣ ! ଏ ମଣିଷ ମରେ ନାହିଁ । ବରଂ ଆମର ତଥାକଥିତ ମୃତ୍ୟୁ ପରେ ସେ କୌଣସି ନା କୌଣସି ରୂପରେ ବଞ୍ଚି ରୁହେ । ପୁଣି ଆମର ଏ ମିଛ ମାୟା ସଂସାର ଠାରୁ କେତେ ଗୁଣରେ ଉଚ୍ଚତର ଜଗତକୁ ଚାଲିଯାଇଥାଏ ଯେଉଁଠାରେ ଏ ପୃଥିବୀର ଜରା, ବ୍ୟାଧି, ଦୁଃଖ, କଷ୍ଟ, ରାଗ, ହିଂସା କିଛି ବି ନଥାଏ । ତେଣୁ ଆସନ୍ତୁ ଆମେମାନେ ସେହି ସୁମଧୁର ମୁହୂର୍ତ୍ତକୁ ଆନନ୍ଦରେ ସ୍ୱାଗତ କରିବା ।"

ଶେଷରେ ମୁଁ ମୋର ପାଠକ ମନଙ୍କୁ ଅନୁରୋଧ କରୁଛି ଯେ ମୋର ସିମୀତ ଜ୍ଞାନରେ ଲିଖିତ ଏହି ପୁସ୍ତକରେ ଯଦି କିଛି ତ୍ରୁଟି ବିଚ୍ୟୁତି ଥାଏ ତେବେ ସେମାନଙ୍କ ବିଶାଳ ଉଦାର ହୃଦୟରେ ମୋତେ କ୍ଷମା କରିଦେବେ ।

ବହିଟିର ପ୍ରଚ୍ଛଦପଟ୍ଟର ପରିକଳ୍ପନା ମୋ ପନ୍ଦର ବର୍ଷର ନାତୁଣୀ ଇରିନାର, ଯେ କି ସଂପ୍ରତି ଆମେରିକାର କାଲିଫର୍ଣ୍ଣିଆ ରାଜ୍ୟର ସନ୍ତାକ୍ଲାରାରେ ନିଜ ପିତାମାତାଙ୍କ ସହ ରହୁଛି । ତାକୁ ମୋର ଅଶେଷ ସ୍ନେହାଶୀର୍ବାଦ ।

ବ୍ଲାକ୍ ଇଗଲ ବୁକ୍ସ ପ୍ରକାଶନୀ ସଂସ୍ଥା ଏହି ପୁସ୍ତକଟିକୁ ପ୍ରକାଶ କରୁଥିବାରୁ ମୁଁ ତାଙ୍କୁ ଧନ୍ୟବାଦ ଅର୍ପଣ କରୁଛି ।

- ଲେଖକ

କଥା କିଞ୍ଚିତ୍

ଈଶ୍ୱରଙ୍କ ସୃଷ୍ଟିରେ ମଣିଷ ଏଭଳି ଏକ ଜୀବ ଯିଏ ଅମର ହେବାର ସ୍ୱପ୍ନ ଦେଖେ । ବୟସ ବୃଦ୍ଧିହେବା ସହିତ ତାର ଚିନ୍ତା, ଚେତନା ପରିପକ୍ୱ ହୁଏ । ଜ୍ଞାନର ବିକାଶ ଘଟେ । ସବୁକିଛି ମଣିଷ କରେ । ବେଳେବେଳେ ଈଶ୍ୱରଙ୍କ ସ୍ଥିତିକୁ ଅସ୍ୱୀକାର କରେ । ସେ ଭାବେ ସେ ସବୁ କିଛି କରୁଛି । ମଣିଷ ପ୍ରକୃତରେ କେଉଁଭଳି ପ୍ରାଣୀ ତାହା ବିଚାର କରାଯାଇନପାରେ । ସେ ବିଜ୍ଞ, ସେ ଅଜ୍ଞ, ସେ ଜ୍ଞାନୀ, ସେ ମୂର୍ଖ, ସେ ସବ୍‌ଜାନତାରେ ପୁଣି କିଛି ଜାଣିପାରେନି- ଅସମ୍ଭବ ତା'ର କାର୍ଯ୍ୟ । ସବୁ ସତ୍ତ୍ୱେ ମଣିଷ ଧରାପୃଷ୍ଠରେ ଜନ୍ମ ଗ୍ରହଣ କରିବା ପରେ ତା'ର ସବୁକିଛି ବଦଳିଯାଏ । ସବୁଠୁ ବଡ଼ କଥା ହେଉଛି ମଣିଷ ସବୁ ଜାଣେ-ସବୁ ଜାଣିପାରେ, ତାର ଜ୍ଞାନର ବିକାଶ ହୁଏ କିନ୍ତୁ ଆଶ୍ଚର୍ଯ୍ୟ କଥା ହେଉଛି ଏତେ ସତ୍ତ୍ୱେ ମଣିଷର ମୃତ୍ୟୁ ହୁଏ । ଏହାହିଁ ଚିରନ୍ତନ ସତ୍ୟ ଓ ବାସ୍ତବ । ସୃଷ୍ଟିର ଆରମ୍ଭରୁ ଏ ପ୍ରକ୍ରିୟା ଅନବରତ ଚାଲିଛି । ଏହି ମୃତ୍ୟୁ କାହିଁକି ହୁଏ, କିପରି ହୁଏ, କେତେବେଳେ ହୁଏ, ଆଦି ଭିନ୍ନ ଭିନ୍ନ କଥାକୁ ନେଇ ଜ୍ଞାନୀ, ପଣ୍ଡିତ, ବିଦ୍ୱାନ, କବି, ଲେଖକ, ଚିନ୍ତାଶୀଳ ବ୍ୟକ୍ତି, ଆଧ୍ୟାତ୍ମିକବାଦୀ ମାନେ ଭିନ୍ନ ଭିନ୍ନ କଥା କହିଥାନ୍ତି- କିନ୍ତୁ ମୃତ୍ୟୁ ଯେ ଚିରନ୍ତନ ସତ୍ୟ ଏହାକୁ ଅସ୍ୱୀକାର କରାଯାଇନପାରେ । ଏହିପରି ଜୀବନ ଓ ମୃତ୍ୟୁର ଖେଳ ଚାଲିଥାଏ ଏ ସଂସାରରେ । ଏ ସଂସାରକୁ ଯେ ଆସିଛି ସେ ଦିନେ ନା ଦିନେ ମୃତ୍ୟୁର ଶୀତଳ ସ୍ପର୍ଶକୁ ଅନୁଭବ କରିବ । କିନ୍ତୁ ଏ ମୃତ୍ୟୁପରେ କ'ଣ ଜୀବନ ସମ୍ଭବ କି ? ଏହିଭଳି ପ୍ରଶ୍ନ ମନକୁ ଉଚ୍ଚାଟିତ କରୁଥିବା ବେଳେ ଏ ସଂପର୍କରେ ବୈଜ୍ଞାନିକ ଦୃଷ୍ଟିଭଂଗୀ ନେଇ ଏକ ପୁସ୍ତକ ପ୍ରଣୟନ କରିଛନ୍ତି ଶ୍ରୀଯୁକ୍ତ ଚିତ୍ତ ରଂଜନ ପଟ୍ଟନାୟକ । ଏ ପୁସ୍ତକର ନାମକରଣ କରାଯାଇଛି 'ଜୀବନ ପରେ ଜୀବନ' - ଅର୍ଥାତ୍ ସାଧାରଣ ଭାବେ ଆମେ ଭାବିବା ଯେ ବଞ୍ଚିଥିବାଯାଏ ଅଛି ଜୀବନ-ପୁଣି ମୃତ୍ୟୁପରେ ଜୀବନ କ'ଣ ? ଏହା କ'ଣ ସମ୍ଭବ ? ଶ୍ରୀଯୁକ୍ତ ପଟ୍ଟନାୟକ ଅତି ସୁନ୍ଦର ଓ

ବଳିଷ୍ଠ ଉଦାହରଣ ମାଧ୍ୟମରେ ଏ ସବୁର ଉତ୍ତର ରଖିଛନ୍ତି । ଯକ୍ଷ ପ୍ରଶ୍ନରୁ ଆରମ୍ଭ କରି ମୃତ୍ୟୁ କିପରି ହୋଇଥାଏ, ଆତ୍ମା ଅଛି କି ? ମୃତ୍ୟୁପରେ ଆତ୍ମାର ଗତି ଓ ସ୍ଥିତି, ବିଭିନ୍ନ ଧର୍ମରେ ଆତ୍ମା ଓ ପୁନର୍ଜନ୍ମ ସଂପର୍କରେ କ'ଣ କୁହାଯାଇଛି ଇତ୍ୟାଦି ପ୍ରସଂଗର ଅବତାରଣା କରିଛନ୍ତି । ପ୍ରାଚ୍ୟ-ପାଶ୍ଚାତ୍ୟ ଚିନ୍ତାଧାରାରେ ଜନ୍ମ, ମୃତ୍ୟୁ, ଆତ୍ମା ଏ ସବୁର ବିଭିନ୍ନ ଉଦାହରଣ ପ୍ରଦାନ କରି ସେ ଜୀବନ ଓ ମୃତ୍ୟୁର ବ୍ୟାଖ୍ୟା କରିଛନ୍ତି । ଏହି ଜୀବନ-ମୃତ୍ୟୁ ସଂପର୍କରେ ଅନେକ ବୈଜ୍ଞାନିକ ଗବେଷଣା କରିଥିବା ଜଣାଯାଏ । କିନ୍ତୁ docters differ ବା ନାନା ମୁନିଙ୍କର ନାନାମତ-ଭଳି ବିଭିନ୍ନ ଗବେଷକ, ବୈଜ୍ଞାନିକ, ଚିନ୍ତାଶୀଳ ବ୍ୟକ୍ତି ସେମାନଙ୍କର ଦୃଷ୍ଟିଭଂଗୀକୁ ପ୍ରତିପାଦନ କରି ଥାନ୍ତି । ମୃତ୍ୟୁ ଓ ପୁନର୍ଜନ୍ମ ସଂପର୍କରେ ବିଭିନ୍ନ ଗବେଷଣାକାରୀ ମାନଙ୍କ କଥାକୁ ପ୍ରାବଂଧିକ ଶ୍ରୀଯୁକ୍ତ ପଟ୍ଟନାୟକ ଏ ପୁସ୍ତକରେ ସନ୍ନିବେଶିତ କରିଛନ୍ତି । କିଛି ଗବେଷକ, ଡାକ୍ତର, ମତ ଦେଇଛନ୍ତି ମୃତ୍ୟୁ ଯେପରି ସତ୍ୟ-ମୃତ୍ୟୁପରେ ଜନ୍ମ ମଧ୍ୟ (ପୁନର୍ଜନ୍ମ) ସତ୍ୟ । ଆତ୍ମା ଅଛି-ଏହାକୁ ମଧ୍ୟ ଅନେକ ସ୍ୱୀକାର କରିଛନ୍ତି । ତେବେ ଏହା ଏକ ଜଟିଳ ଗାଣିତିକ ପ୍ରକ୍ରିୟା । ଏହାକୁ ଅନେକ ସ୍ୱୀକାର କରୁଥିବା ବେଳେ ଅନେକ ଅସ୍ୱୀକାର କରିବା ମଧ୍ୟ ଜଣାଯାଏ । ପୁନଶ୍ଚ ଲେଖକ ବିଭିନ୍ନ ଧର୍ମରେ କି ପ୍ରକାର ବିଶ୍ୱାସ ଅଛି-ଯଥା ହିନ୍ଦୁ, ମୁସଲମାନ, ଖ୍ରୀଷ୍ଟିୟାନ, ଶିଖ୍, ବୌଦ୍ଧ, ଜୈନ ପ୍ରଭୃତି ଧର୍ମରେ ଜନ୍ମ, ମୃତ୍ୟୁ ଓ ଆତ୍ମାକୁ କ'ଣ କ'ଣ ଚିନ୍ତା-ଚେତନାର ଉଦ୍ରେକ ହୁଏ ସେ ସଂପର୍କରେ ମଧ୍ୟ ଆଲୋଚନା ରହିଛି । ହିନ୍ଦୁ ଧର୍ମରେ ଏହି ମଣିଷର ଜନ୍ମ, ମୃତ୍ୟୁ, ଆତ୍ମା କୁଆଡ଼େ ଯାଏ ଇତ୍ୟାଦି ଇତ୍ୟାଦି କଥା ବିଶଦ୍ ଭାବେ ବର୍ଣ୍ଣିତ । ଆମ ପ୍ରାଚୀନ ଗ୍ରନ୍ଥ ଶ୍ରୀମଦ୍ ଭାଗବତ ଗୀତା ଏ ସଂପର୍କରେ ଯେଉଁ ମନ୍ତବ୍ୟ ପ୍ରଦାନ କରିଛନ୍ତି ତାହା ହେଉଛି -

'ବାସାଂସି ଜୀର୍ଣ୍ଣାନି ଯଥା ବିହାୟ
ନବାନି ଗୃହଣାତି ନରୋପରାଣି
ତଥା ଶରୀରାଣି ବିହାୟ ଜିର୍ଣ୍ଣା
ନ୍ୟନ୍ୟାନି ସଂଜାତି ନବାନିଦେହୀ'

ଅର୍ଥାତ୍ ମଣିଷ ଯେପରି ପୁରୁଣା ବସ୍ତ୍ର ତ୍ୟାଗ କରି ନୂଆବସ୍ତ୍ର ଧାରଣ କରିଥାଏ, ଠିକ୍ ସେହିପରି ଜୀବାତ୍ମା ପୁରୁଣା ଶରୀରକୁ ତ୍ୟାଗ କରି ନୂତନ ଶରୀର ଗ୍ରହଣ କରିଥାଏ । ଆତ୍ମା ମୋକ୍ଷ ପ୍ରାପ୍ତି ନହେବା ପର୍ଯ୍ୟନ୍ତ ଏହିପରି ବିଭିନ୍ନ ଶରୀର ଧାରଣ କରୁଥିବ । ଆମ ଧର୍ମଶାସ୍ତ୍ରରେ 'ଆତ୍ମା' ବା ବ୍ରହ୍ମ ଶବ୍ଦର ବ୍ୟବହାର ଦେଖିବାକୁ ମିଳେ । ଆମେ ବିଶ୍ୱାସ କରୁଥାଉ । ମାତ୍ର ଅନେକ ଏ କଥାରେ ଏକମତ ହୋଇନପାରନ୍ତି ।

ଆତ୍ମା-ଜୀବନ-ମୃତ୍ୟୁ-ଜୀବନ-ଏସବୁ ବିଶ୍ୱାସ-ଅବିଶ୍ୱାସର କଥା । ଏହାକୁ ପରୀକ୍ଷାଗାରରେ ପରୀକ୍ଷା କରାଇ ଆମେ ଶେଷ ସିଦ୍ଧାନ୍ତରେ ଉପନୀତ ହୋଇ ପାରିବା ନାହିଁ । ଶେଷରେ **H. Jackson Grown**ଙ୍କ ମତକୁ ଉଦ୍ଧାର କରିଛନ୍ତି ଲେଖକ- 'ଆଜି ପର୍ଯ୍ୟନ୍ତ ଏ ମନୁଷ୍ୟ ଯେତେ ଜ୍ଞାନ ଆହରଣ କରିଛି ତାହା ସାଗରର ବିଶାଳ ବେଳାଭୂମିରୁ ଗୋଟେ ମାତ୍ର ବାଲୁକା କଣିକା ଠାରୁ ଅଧିକ ନୁହେଁ ।' ଲେଖକଙ୍କ ମତ ମଧ୍ୟ ତାହା ଯେ, ଏସବୁ ବାଦ-ବିସମ୍ବାଦ-ଦ୍ୱନ୍ଦ୍ୱ-ଭିତରକୁ ନଯାଇ ବିଶ୍ୱାସ କଲେ ତାହା ଠିକ୍ ହେବ । ଯୁଗ ଯୁଗରୁ ଏ ଅନ୍ୱେଷଣ ପ୍ରବୃତ୍ତି ଜାରି ରହିଛି । ପ୍ରଥମରୁ ଯାହା କହିଲି ମଣିଷର ମନ ଅସରନ୍ତି ଭାବନାରେ ଉବୁଟୁବୁ ହେଉଥାଏ, ସେ ଏକ ଅଜବ ସୃଷ୍ଟି ଏ ପୃଥିବୀରେ । ଯଦି ବିଶ୍ୱାସ କରିବା ମୃତ୍ୟୁପରେ ଜୀବନ ଅଛି ତାହା ବିଶ୍ୱାସ ଉପରେ ନିର୍ଭର କରେ । ବିଶ୍ୱାସ-ଅବିଶ୍ୱାସ, ମଣିଷର ମାନସିକତା ଉପରେ ନିର୍ଭର କରେ । ତଥାପି ଶ୍ରୀଯୁକ୍ତ ଚିତ୍ତରଂଜନ ପଟ୍ଟନାୟକ ଏଭଳି ଅନୁସନ୍ଧିତ୍ସୁ ମନୋବୃତ୍ତି ନେଇ 'ଜୀବନ ପରେ ଜୀବନ' ପୁସ୍ତକଟିକୁ ରଚନା କରି ପାଠକ ମାନଙ୍କୁ ଉପହାର ଦେବାକୁ ଚେଷ୍ଟା କରିଛନ୍ତି - ତାଙ୍କର ଏ ପ୍ରବୃତ୍ତି ଜାରି ରହୁ । ପୁସ୍ତକଟିର ସର୍ବ ସଫଳତା କାମନା କରୁଛି ।

ଡକ୍ଟର ବିରଂଚି କୁମାର ସାହୁ
ଅଧ୍ୟାପକ ସ୍ନାତକୋତ୍ତର ଓଡ଼ିଆ ବିଭାଗ
ଉଦୟନାଥ ସ୍ୱୟଂଶାସିତ ମହାବିଦ୍ୟାଳୟ
ଅଡ଼ଶପୁର, କଟକ

ସୂଚିପତ୍ର

ଉପକ୍ରମଣିକା	୧୫
ଆତ୍ମାମାନଙ୍କର ସ୍ଥିତି	୨୫
ଆତ୍ମା ମାନଙ୍କ ସାଙ୍ଗରେ ସଂପର୍କ	୩୪
ଆତ୍ମା ମାନଙ୍କ ସଂସ୍ପର୍ଶରେ ଆସିଥିବା କିଛି ମାଧ୍ୟମ	୩୬
ମୃତ ବ୍ୟକ୍ତିଙ୍କ ଶେଷ ବିଦାୟ	୪୦
ମୃତ ଆତ୍ମାମାନଙ୍କ ଠାରୁ ଶୁଣିବା ଏବଂ ଦେଖିବା	୫୪
ଆତ୍ମାମାନଙ୍କର ବାର୍ତ୍ତା	୭୬
ମୃତ୍ୟୁ ପରେ ଆତ୍ମାର ଗତି ଏବଂ ସ୍ଥିତି	୮୮
ଶରୀର ବାହାରେ ଅନୁଭୂତି	୯୫
ଆଲୋକର ଉତ୍ସ	୧୦୩
ପୁନର୍ଜନ୍ମ	୧୦୮
ପୁନର୍ଜନ୍ମ ଗବେଷଣା	୧୧୪
ବିଭିନ୍ନ ଧର୍ମରେ ପୁନର୍ଜନ୍ମ	୧୩୬
ଉପସଂହାର	୧୪୧

ଉପକ୍ରମଣିକା

କ୍ଷୁଧା ଏବଂ ତୃଷ୍ଣା ହେଉଛି ମଣିଷର ସହଜାତ ପ୍ରବୃତି । ସେ ପିଲା ହେଉ କି ବୁଢ଼ା ହେଉ, ଗରିବ ହେଉ କି ଧନୀ ହେଉ, ରୋଗୀ ହେଉ କି ଭୋଗୀ ହେଉ, ସମସ୍ତଙ୍କୁ ଭୋକ ଓ ଶୋଷ ଲାଗିଥାଏ । ଏହିପରି ପାଣ୍ଡବ ମାନଙ୍କ ବନବାସର ଶେଷ ପର୍ଯ୍ୟାୟରେ ଏକ ଘନ ଜଙ୍ଗଲ ଅତିକ୍ରମ କରୁଥିବା ବେଳେ ସେମାନଙ୍କୁ ଶୋଷ ଲାଗିଥିଲା । ଗୋଟେ ଗଛ ମୂଳରେ ଆଶ୍ରୟ ନେଇ ଯୁଧିଷ୍ଠିର ନକୁଳଙ୍କୁ ପଠାଇଲେ ପାଣି ପାଇଁ । କିଛି ସମୟ ଖୋଜିଲା ପରେ ନକୁଳ ଗୋଟେ ପୁଷ୍କରିଣୀ ଦେଖି ପାରିଥିଲେ । ସେ ତୃଷାର୍ତ୍ତ ଥିଲେ । ସେ ଯେମିତି ପାଣି ପିଇବାକୁ ଚେଷ୍ଟା କରିଛନ୍ତି, ଗୋଟେ ଶୂନ୍ୟ ବାଣୀ ହେଲା । ତାହା ଏକ ଯକ୍ଷର ଥିଲା । ସେ କହିଲେ ଏ ପୁଷ୍କରିଣୀର ମାଲିକ ମୁଁ । ମୋ ପ୍ରଶ୍ନର ଉତ୍ତର ଦେଲା ପରେ ଯାଇ ତୁମେ ପାଣି ପିଇ ପାରିବ । କିନ୍ତୁ ନକୁଳ ତାକୁ ଅବଜ୍ଞା କରି ପାଣି ପିଇଥିଲେ ଏବଂ ସେହିଠାରେ ହିଁ ଟଳି ପଡ଼ିଥିଲେ । ନକୁଳ ନ ଆସିବା ଦେଖି ଯୁଦ୍ଧିଷ୍ଠିର ସହଦେବଙ୍କୁ ପଠାଇଥିଲେ । ସେ ମଧ୍ୟ ସେହିଠାକୁ ଯାଇଥିଲେ । ଯକ୍ଷ ମଧ୍ୟ ତାଙ୍କୁ ସେହିକଥା କହିଥିଲେ । ସେ କିନ୍ତୁ କହିଥିଲେ ପ୍ରଥମେ ମୁଁ ମୋର ଶୋଷ ମେଣ୍ଟାଇ ସାରେ ଏବଂ ପାଣି ପିଇଥିଲେ । ତାପରେ ତାଙ୍କର ମଧ୍ୟ ଜୀବନ ଚାଲିଯାଇଥିଲା । କିଛି ସମୟ ପରେ ଯୁଧିଷ୍ଠିର ପୁଣି ଅର୍ଜୁନଙ୍କୁ ପଠାଇଲେ । ଯକ୍ଷର କଥାରେ ଅର୍ଜୁନ କହିଥିଲେ ତୁମେ କିଏ ସେ । ମୋ ସମ୍ମୁଖକୁ ଆସ । କିନ୍ତୁ ଯକ୍ଷ ନ ଆସିବାରୁ ଅର୍ଜୁନ ପାଣି ପିଇଥିଲେ ଏବଂ ତାଙ୍କର ମଧ୍ୟ ସମଦଶା ହୋଇଥିଲା । ଶେଷରେ ଭୀମ ମଧ୍ୟ ଆସିଥିଲେ । କିନ୍ତୁ ସେ ଯକ୍ଷଙ୍କ କଥାର କର୍ଣ୍ଣପାତ କରି ନ ଥିଲେ । ଫଳରେ ସେ ମଧ୍ୟ ସେହିଠାରେ ପ୍ରାଣତ୍ୟାଗ କରିଥିଲେ । ସମସ୍ତଙ୍କୁ ଖୋଜି ଖୋଜି ଶେଷରେ ଯୁଧିଷ୍ଠିର ସେହିଠାରେ ପହଞ୍ଚି ଥିଲେ । ଭାଇମାନଙ୍କୁ ମରି ପଡ଼ିଥିବାର ଦେଖି ସେ ଆଶ୍ଚର୍ଯ୍ୟ ହୋଇ ଯାଇଥିଲେ । ତାପରେ ଯକ୍ଷଙ୍କର ପ୍ରଶ୍ନ ଶୁଣି ସେ ବିନୟ ସହ କହିଥିଲେ, ଏ ପୁଷ୍କରିଣୀ ଆପଣଙ୍କର ।

ପର ଜିନିଷ ଜୋର ଜବରଦସ୍ତ ନେବା ଆମର ନୀତି ବିରୁଦ୍ଧ ଆପଣ ଦୟାକରି ଆପଣଙ୍କର ପ୍ରଶ୍ନ ପଚାରନ୍ତୁ । ମୁଁ ମୋର ଯଥା ସାଧ୍ୟ ଚେଷ୍ଟା କରିବି ତାହାର ସନ୍ତୋଷଜନକ ଉତ୍ତର ଦେବା ପାଇଁ । ତାପରେ ଯକ୍ଷ ସାଂସାରିକ, ସାମାଜିକ, ଆଧ୍ୟାତ୍ମିକ ବିଷୟ ଉପରେ ପ୍ରାୟ ୧୨୫ଟି ପ୍ରଶ୍ନ ପଚାରିଥିଲେ । ସେଥିମଧ୍ୟରୁ ଶେଷ ଏବଂ ମହତ୍ତ୍ୱପୂର୍ଣ୍ଣ ପ୍ରଶ୍ନ ଥିଲା "ଏ ସଂସାରରେ ସବୁଠାରୁ ବଡ଼ ଆଶ୍ଚର୍ଯ୍ୟର କଥା କ'ଣ ?"

ଯୁଧିଷ୍ଠିର ଉତ୍ତର ଦେଇଥିଲେ, "ହେ ଯକ୍ଷ ! ପ୍ରତିଦିନ ଆଖି ଆଗରେ କେତେ କେତେ ପ୍ରାଣୀଙ୍କର ମୃତ୍ୟୁ ହୋଇଯାଉଛି । ମୃତ୍ୟୁ ଅବଶ୍ୟମ୍ଭାବୀ । ତାକୁ ଜାଣି କରିବି ମଣିଷ ଅମର ହେବାର ସ୍ୱପ୍ନ ଦେଖେ । ଏହାହିଁ ହେଉଛି ପରମ ଆଶ୍ଚର୍ଯ୍ୟ ।"

ତାପରେ ତ ଯାହା ହେଲା ସମସ୍ତେ ଜାଣନ୍ତି । ଯୁଧିଷ୍ଠିରଙ୍କ ଉତ୍ତରରେ ସନ୍ତୁଷ୍ଟ ହୋଇ ଯକ୍ଷ ମରିଯାଇଥିବା ଭାଇମାନଙ୍କୁ ଜୀବନଦାନ ଦେଇଥିଲେ । ସେ ଯାହା ହେଉ ଏଥିରୁ ଆମେ ଜାଣିଲୁ ଯେ, ମୃତ୍ୟୁ ହେଉଛି ପରମ ସତ୍ୟ । ମଣିଷ ଜନ୍ମ ହେବା ମାନେ ମରଣ ସୁନିଶ୍ଚିତ । ଜୀବନ ଏବଂ ମୃତ୍ୟୁ ଗୋଟିଏ ମୁଦ୍ରାର ଦୁଇଟି ପାର୍ଶ୍ୱ । ପରସ୍ପର ପରସ୍ପରର ପରିପୁରକ । କଥାରେ ଅଛି "ମର୍ତ୍ତ୍ୟ ମଣ୍ଡଳେ ଦେହ ବହି, ଦେବତା ହେଲେବି ମରଇ ।" ରାମ, କୃଷ୍ଣଙ୍କ ପରି ଅବତାରୀ ପୁରୁଷ ମାନେ ଏ ଧରାପୃଷ୍ଠରେ ଜନ୍ମ ଗ୍ରହଣ କରି ମୃତ୍ୟୁ ବରଣ କରିଥିଲେ । ଆମେ ସାଧାରଣ ଲୋକେ ବା କି ଛାର । ଜଣେ ମଣିଷ ପ୍ରାୟ ନଅ ମାସ ମାତୃ ଗର୍ଭରେ ରହିଲା ପରେ ଜନ୍ମଗ୍ରହଣ କରିଥାଏ । ମାତୃଗର୍ଭରୁ ହିଁ ତାର ଜୀବନ ଆରମ୍ଭ ହୋଇଥାଏ । ତାପରେ ଶିଶୁରୁ କିଶୋର, କିଶୋରରୁ ଯୁବକ । ଯୁବକ ବେଳେ ବାହାଡୋଳା ହୋଇ ସେ ତାର ବଂଶବୃଦ୍ଧି କରିଥାଏ । ତାପରେ ପୌଢ଼ ଏବଂ ଶେଷରେ ବୃଦ୍ଧାବସ୍ଥା ପ୍ରାପ୍ତ କରି ମୃତ୍ୟୁ ମୁଖରେ ପଡ଼ିଥାଏ । ତେବେ ଏ ମୃତ୍ୟୁ କିପରି ହୋଇଥାଏ । ଏହା ପ୍ରାୟ ପାଞ୍ଚପ୍ରକାରର । (୧) ପ୍ରାକୃତିକ, (୨) ଦୁର୍ଘଟଣା ଜନିତ, (୩) ହତ୍ୟା, (୪) ଆତ୍ମହତ୍ୟା, (୫) ଅଜଣା ଭାବରେ ।

ଉପରୋକ୍ତ ୧ ରୁ ୪ ବାଖ୍ୟା କରିବାର ଆବଶ୍ୟକତା ନାହିଁ କିନ୍ତୁ ପଞ୍ଚମଟି ବିଭିନ୍ନ କାରଣରୁ ହୋଇଥାଏ, ଯେପରି ମାତ୍ରାଧିକ ଡ୍ରଗ ଖାଇବା ବା ମାତ୍ରାଧିକ ମଦ୍ୟପାନ ସାଙ୍ଗରେ ଆଉକିଛି ନିଶାଦ୍ରବ୍ୟ ଖାଇଦେବା ଇତ୍ୟାଦି ଇତ୍ୟାଦି ।

ମଣିଷ ଜାଣିଛି ଯେ ସେ ଦିନେ ନା ଦିନେ ନିଶ୍ଚୟ ମରିବ । ତେବେ ଅଧିକାଂଶ ଲୋକ ମୃତ୍ୟୁକୁ ଭୟ କରନ୍ତି କାହିଁକି । ଅଧିକାଂଶ ଲୋକଙ୍କର ମରିବା ପାଇଁ ଡର ଥାଏ । ଏହାକୁ ଥାନାଟୋଫୋବିଆ (Thanatophobia) କୁହାଯାଏ । ସେଥିପାଇଁ ବୋଧେ ଘରେ, ବାହାରେ ସେମାନେ ମୃତ୍ୟୁ ବିଷୟରେ କଥାବାର୍ତ୍ତା କରନ୍ତି ନାହିଁ ।

କାରଣ ସେମାନେ ଭାବିଥାନ୍ତି ଏହା ଅଶୁଭ । ସେ ବିଷୟରେ ଆଲୋଚନା କରିବା ମାନେ ମୃତ୍ୟୁକୁ ଆବାହାନ କରିବା । ତାଙ୍କ ଆଖି ଆଗରେ ଭାସି ଉଠିଥାଏ ସେହି ମଇଁଷି ଉପରେ ଗଦା ଧରି ଭୟଙ୍କର ଯମରାଜଙ୍କର ପ୍ରତିମୂର୍ତ୍ତି । କିନ୍ତୁ ମଣିଷ ମୃତ୍ୟୁକୁ ଡରେ କାହିଁକି । ତାହା ବୋଧହୁଏ ନିମ୍ନୋକ୍ତ କାରଣ ଯୋଗୁଁ ।

୧) କଷ୍ଟ ଏବଂ ଯନ୍ତ୍ରଣାର ଭୟ - ସେ ଭାବିଥାଏ ଯେ ସେ ପ୍ରାକୃତିକ ଭାବରେ ରୋଗରେ ପଡ଼ି ହେଉ ବା ଦୁର୍ଘଟଣାରେ ହେଉ ଯେପରି ଭାବରେ ମରିଲେ ମଧ୍ୟ ଶେଷ ସମୟରେ ତାକୁ ବହୁତ କଷ୍ଟ ହେବ । ଏମିତିକି ସହନସୀମାର ବାହାରେ ମଧ୍ୟ ଯନ୍ତ୍ରଣା ହୋଇପାରେ । ମରଣ ଅପେକ୍ଷା ଏହି ଯନ୍ତ୍ରଣାର ଭୟ ତାକୁ ବିବ୍ରତ କରିଥାଏ । ଯେମିତିକି "ବାଘ ମାରିବା ଠାରୁ ବାଘ ଘୋଷଡ଼ା ବଡ଼ କଷ୍ଟକର"। କିନ୍ତୁ ଆଜିକାଲି ତ କଷ୍ଟର ଉପଶମ ପାଇଁ ବହୁତ ପ୍ରକାରର ଔଷଧ ବାହାରିଲାଣି । ସହର ମାନଙ୍କରେ ଡାକ୍ତରଖାନାରେ ଯନ୍ତ୍ରଣା ଉପଶମ କେନ୍ଦ୍ର (Palliative care Centre) ସବୁ ଖୋଲି ଗଲାଣି ।

୨) ଅଜ୍ଞାତର ଭୟ - ମଣିଷର ମୃତ୍ୟୁ ପରେ କ'ଣ ହୁଏ କେହି ଜାଣନ୍ତିନି । ଆମର ବିଜ୍ଞାନ ସେ ଅପହଞ୍ଚ ଦୂରତାରେ ପହଞ୍ଚି ପାରିନାହିଁ । କୌଣସି ଲୋକ ମୃତ୍ୟୁ ପରେ ମଧ୍ୟ ଫେରି ଆସିନାହିଁ ଯେ ସେ ଆସି କହିବ ମୃତ୍ୟୁ ପରେ କ'ଣ ଅଛି । ଯେମିତି "ନିଜେ ନ ମଲେ କେହି ସ୍ୱର୍ଗ ଦେଖନ୍ତି ନାହିଁ," ସେମିତି ଜଣେ ମଲେ ହିଁ ମୃତ୍ୟୁ ପରର ଅଭିଜ୍ଞତା ଜାଣିପାରିବ କିନ୍ତୁ ତାକୁ ଅନ୍ୟମାନଙ୍କୁ ଜଣାଇବାକୁ କୌଣସି ମାଧ୍ୟମ ହିଁ ନାହିଁ । ତେଣୁ ଏହି ଅଜ୍ଞାତର ଭୟ ପ୍ରାୟ ସମସ୍ତଙ୍କର ଥାଏ ।

୩) ଅସ୍ତିତ୍ୱ ହୀନ - ଆମେ ଜନ୍ମଠାରୁ ମୃତ୍ୟୁ ପର୍ଯ୍ୟନ୍ତ ଏକ ସ୍ଥୂଳ ଶରୀର ମାଧ୍ୟମରେ ବଞ୍ଚି ରହିଛେ । ଆମେ ଏଥିରେ ଏତେ ଅଭ୍ୟସ୍ତ ଯେ, ଶରୀର ବ୍ୟତୀତ ଜୀବନ ଆମର କଳ୍ପନାର ବାହାରେ । ଆମେ ଜାଣୁ ଯେ, ମଣିଷର ମୃତ୍ୟୁ ପରେ ତା'ର ଏହି ଶରୀରକୁ ଦାହ କରାଯାଏ ବା କବର ଦିଆଯାଇଥାଏ । ତେଣୁ ତା'ର ଡର ଥାଏ ଯେ ବିନା ଶରୀରରେ ଆଉ କ'ଣ ଜୀବନ ସମ୍ଭବ ?

୪) ନିୟନ୍ତ୍ରଣ ହରାଇବା - ମଣିଷର ପ୍ରକୃତି ହେଉଛି ଯେ, ସେ ତା'ର ଜୀବନକାଳ ଭିତରେ ଯେ କୌଣସି ପରିସ୍ଥିତିର ସାମନା କଲେ, ସେ ତାହାକୁ ନିଜ ନିୟନ୍ତ୍ରଣକୁ ଆଣିବାକୁ ଚେଷ୍ଟା କରିଥାଏ । କିନ୍ତୁ ମୃତ୍ୟୁ ଏପରି ଏକ ପରିସ୍ଥିତି ଯାହାକୁ କି କେହି ହେଲେ ନିୟନ୍ତ୍ରଣ କରିପାରିବେ ନାହିଁ ।

୫) ପରଲୋକର ଦଣ୍ଡ - ପ୍ରତି ଦେଶରେ, ପ୍ରତି ସମାଜରେ ବା ପ୍ରତି ଜାତିରେ

ପାପ, ପୂଣ୍ୟର ସଂଜ୍ଞା ଅଛି । ଜଣେ ମଣିଷ ତାର ଜୀବନକାଳ ଭିତରେ କିଛି ହେଲେ ଗର୍ହିତ କାର୍ଯ୍ୟ କରିଥିବ । କିଏ କମ୍ କରିଥିବ ବା କିଏ ଅଧିକା କରିଥିବ । ତାର ମୃତ୍ୟୁ ଯେତେ ପାଖେଇ ଆସେ, ସେହି ପାପ କାର୍ଯ୍ୟ ପାଇଁ ମୃତ୍ୟୁ ପରେ ଆରପାରିରେ ତାକୁ କ'ଣ ଦଣ୍ଡ ଦିଆଯିବ, ସେ ବିଷୟ ଭାବି କରି ସେ ଭୟଭୀତ ହୋଇପଡ଼ିଥାଏ । ସେ ନର୍କ ହେଉ ବା ଜହନୁମ ହେଉ ବା ହେଲ ହେଉ, ତାହାର ବିଭୀଷିକା ତା ଆଖି ଆଗରେ ନାଚି ଉଠିଥାଏ ।

୬) ମୃତ୍ୟୁପରେ ସେ ଭଲପାଉଥିବା ଲୋକଙ୍କର କ'ଣ ହେବ – ମଣିଷ ତାର ଜୀବନକାଳ ଭିତରେ ତା'ର ସହଧର୍ମିଣୀ, ପୁଅ, ଝିଅ, ବୋହୂ, ଜ୍ୱାଇଁ, ନାତି, ନାତୁଣୀଙ୍କ ପ୍ରତି ସଂପର୍କ ବହୁତ ନିବିଡ଼ ହୋଇଥାଏ । ସେ ତାର ପିଲାମାନଙ୍କୁ ବଡ଼ କରାଇ ସମାଜରେ ପ୍ରତିଷ୍ଠିତ କରାଇଥାଏ । ସେ ଭାବେ ଯେ ସେ ପରିବାର ପାଇଁ ଅପରିହାର୍ଯ୍ୟ । ତା'ର ଗୋଟେ ଡର ଥାଏ ଯେ, ସେ ମଲାପରେ ସେମାନେ କ'ଣ କରିବେ । ସେମାନେ ତ ବେସାହାରା ହୋଇଯିବେ ।

କିନ୍ତୁ ମୃତ୍ୟୁ କ'ଣ ? ମୃତ୍ୟୁ କ'ଣ ଗୋଟେ ନିଦ୍ରା ପରି । ଚିର ନିଦ୍ରା, ସ୍ୱପ୍ନ ବିହୀନ ନିଦ୍ରା । ପୁରାତନ ଗ୍ରୀକ୍ ଦାର୍ଶନିକ ହୋମର କହିଛନ୍ତି "ମୃତ୍ୟୁ ହେଉଛି ନିଦର ଭଉଣୀ"। ପ୍ଲାଟୋ ତାଙ୍କ ଗ୍ରନ୍ଥ ଆପୋଲୋଜିରେ ତାଙ୍କ ଗୁରୁ ସକ୍ରେଟସ, ଯେ କି ମୃତ୍ୟୁ ଦଣ୍ଡରେ ଦଣ୍ଡିତ ହୋଇଥିଲେ, ଙ୍କ ମୁହଁରେ ଶୁଣାଇଛନ୍ତି, "ମୃତ୍ୟୁ ଯଦି ଏକ ସ୍ୱପ୍ନ ବିହିନ ନିଦ୍ରା ହୁଏ ତେବେ ମୁଁ ଏହି ଦଣ୍ଡକୁ ସ୍ୱାଗତ ଜଣାଉଛି ।"

ନିଦ୍ରା ପରେ ଜାଗ୍ରତ ଅଛି । ଯାହାକି ଆମକୁ ଶାରିରୀକ, ମାନସିକ ସ୍ତରରେ ପ୍ରଫୁଲିତ କରି ନୂତନ କାମ କରିବାର ଉତ୍ସାହ ପ୍ରଦାନ କରିଥାଏ । ଆମ ମନକୁ ସତେଜତା, ପ୍ରଫୁଲତାରେ ଭରି ଦେଇଥାଏ । କିନ୍ତୁ ମୃତ୍ୟୁ ହେଉଛି ଆମର ଚେତନାକୁ ସବୁଦିନ ପାଇଁ ଧ୍ୱଂସ କରିଦେବା । ତେଣୁ ନିଦ ଏବଂ ମୃତ୍ୟୁର ତୁଳନା ଅବାଞ୍ଛନୀୟ ।

ତା ହେଲେ ମୃତ୍ୟୁ କ'ଣ ଗୋଟେ ସ୍ୱପ୍ନ ? କେତେକ ବିଶ୍ୱାସ କରନ୍ତି ମନ ହେଉଛି ମସ୍ତିଷ୍କର ଛାୟା । ତା ହେଲେ ତ ମୃତ୍ୟୁ ପରେ ଚେତନାର ସ୍ଥିତି ଏକପ୍ରକାର ଅସମ୍ଭବ । ତଥାପି ମଧ୍ୟ କେତେକ ମୃତ୍ୟୁ ପରେ ଜୀବନରେ ବିଶ୍ୱାସ କରିଥାନ୍ତି । ସେମାନଙ୍କର ବିଶ୍ୱାସ କ'ଣ ସତରେ ଯୁକ୍ତିଯୁକ୍ତ ?

ଯଦି ମଣିଷ ଶରୀର ତ୍ୟାଗ କଲାପରେ କିଛିଟା ବଞ୍ଚି ରହେ ତେବେ ତାହା କ'ଣ ? ସାଧାରଣତଃ ତା'ର ଉତ୍ତର ହେବ ଏକ ଶକ୍ତି ବା ପ୍ରାଣଶକ୍ତି ବା ଆତ୍ମା । କିନ୍ତୁ ପ୍ରକୃତରେ ଆତ୍ମା କ'ଣ ? ଏହା କ'ଣ ଆମର ଚେତନା ବା ମନ ? ଯଦି ତାହା

ହୋଇଥିବ ତେବେ ଏହି ମନ ବା ଆତ୍ମା ବିନା ଶରୀରରେ କେମିତି ତିଷ୍ଠି ରହିବ ? ଆମେମାନେ ଶରୀର ଧାରଣ କରି ବଞ୍ଚିବାରେ ଏତେ ଅଭ୍ୟସ୍ତ ଯେ, ବିନା ଶରୀରରେ କିଛି ବଞ୍ଚି ରହିବା ଆମେ କଳ୍ପନା ମଧ୍ୟ କରି ପାରିବା ନାହିଁ । ବାସ୍ତବରେ ମୃତ୍ୟୁ ପରେ ଆମର ସ୍ଥୂଳ ଶରୀର ନଷ୍ଟ ହୋଇଯାଇଥାଏ ।

ଏହାର ଉତ୍ତର ଆମେ ଦେଖୁଥିବା ସ୍ୱପ୍ନ ହୋଇପାରେ । ସ୍ୱପ୍ନରେ ଆମେ ଅନେକ କାମ କରି ପାରୁଛେ । ଯେମିତିକି ଚାଲିବା, ଖାଇବା, କହିବା, ଦୌଡ଼ିବା, ବିଭିନ୍ନ କାର୍ଯ୍ୟ କରିବା ଇତ୍ୟାଦି ଇତ୍ୟାଦି । ସେ ସ୍ୱପ୍ନ ସମୟରେ ସେ ସବୁ କାର୍ଯ୍ୟ ଗୁଡ଼ିକ ଆମକୁ ବାସ୍ତବିକ ଲାଗିଥାଏ । ଆମକୁ ଲାଗେ ଆମେ ଯେମିତି ପ୍ରକୃତରେ ସେ କାମ ଗୁଡ଼ିକ କରୁଛେ । ତାହା ସ୍ୱପ୍ନ ବୋଲି ଆମେ ନିଦରୁ ଉଠିଲା ପରେ ହିଁ ଜାଣିପାରୁ । ତା ହେଲେ ସେହି କାମ ଗୁଡ଼ାକ ତ ଆମର ଶରୀର କରୁ ନ ଥିଲା । ତା ହେଲେ ତାହା କିପରି ସମ୍ଭବ ହୋଇପାରିଥିଲା । ତା ହେଲେ କ'ଣ ଆମେ ସ୍ୱପ୍ନ ରାଜ୍ୟରେ ଅଶରିରୀ ହୋଇ ବିଚରଣ କରୁଥିଲେ ଏବଂ ସବୁ କାମ ସଂପାଦନ କରୁଥିଲେ । ତା ହେଲେ ମୃତ୍ୟୁ ପରେ ଆମର ଆତ୍ମା କ'ଣ ଏକ ସ୍ୱପ୍ନ ଜଗତରେ ଅଶରିରୀ ହୋଇ ତିଷ୍ଠି ରହି ପାରିବ ନାହିଁ ?

ଜୀବନ ଏବଂ ମୃତ୍ୟୁ –

ଜୀବନ ଏବଂ ମୃତ୍ୟୁ ଭିତରେ ପାର୍ଥକ୍ୟ ବାଖ୍ୟା କରିବା ଯେତେ ସରଳ ମନେ ହେଉଛି ପ୍ରକୃତରେ ସେତେ ସରଳ ନୁହେଁ । ଏହି ପ୍ରଶ୍ନ ବହୁତ ବଡ଼ ବଡ଼ ବୈଜ୍ଞାନିକ ମାନଙ୍କୁ ମଧ୍ୟ ଦ୍ୱିଧାରେ ପକାଇ ଦେଇଛି । ପ୍ରକୃତରେ ଏ ଧରାପୃଷ୍ଠରେ ଜୀବନ କେମିତି ଆରମ୍ଭ ହୋଇଥିଲା ? ବୈଜ୍ଞାନିକ ମାନଙ୍କ ମତରେ ପ୍ରାୟ ୩୫୦ କୋଟି ବର୍ଷ ତଳେ ଗୋଟେ ଧୂମକେତୁର ପୃଥିବୀ ସହିତ ଧକ୍କା ହୋଇଥିଲା । ସେହି ଧୂମକେତୁରେ ଆମିନୋଏସିଡ୍ ପରି କିଛି ରାସାୟନିକ ଦ୍ରବ୍ୟ ଥିଲା । ଯେଉଁଥିରୁ ପ୍ରଥମେ ପୃଥିବୀରେ ଜୀବନର ଆରମ୍ଭ ହୋଇଥିଲା । ପ୍ରଥମେ ଏକ କୋଷୀ ପ୍ରାଣୀ ତା'ପରେ କ୍ରମବିକାଶ ହୋଇ ଶହ ଶହ କୋଟି ବର୍ଷ ପରେ ଆଜିର ଜୀବ ଜଗତର ସୃଷ୍ଟି ହୋଇଛି । ତା'ର ଅର୍ଥ ବୈଜ୍ଞାନିକ ମାନେ କହୁଛନ୍ତି ଯେ ଏହି ମଣିଷର ଜୀବନ କିଛି ନିର୍ଜୀବ ବସ୍ତୁରୁ ଆସିଛି । ଯଦି ତାହା ସମ୍ଭବ ତେବେ ବୈଜ୍ଞାନିକ ମାନେ ଏବେ କାହିଁକି ତାଙ୍କର ଗବେଶଣାଗାରରେ ଜୀବନର ସୃଷ୍ଟି କରିପାରୁନାହାନ୍ତି । ଆମେ ଯାହା ଜାଣିଛେ ଜୀବନ୍ତ

ପ୍ରାଣୀ ଅନ୍ୟ ଏକ ଜୀବନ୍ତ ପ୍ରାଣୀ ଦ୍ୱାରା ସୃଷ୍ଟି ହୋଇଥାଏ । ଯେମିତିକି ମଣିଷଠାରୁ ମଣିଷର ସୃଷ୍ଟି ହୋଇଥାଏ, କୁକୁରଠାରୁ କୁକୁରର ସୃଷ୍ଟି ହୋଇଥାଏ । କିନ୍ତୁ କିଛି ନିର୍ଜିବ ବସ୍ତୁରୁ ସଜୀବ ଜୀବ ସୃଷ୍ଟି ହେବାଟା ଆମ କଳ୍ପନାର ବାହାରେ ।

ଜୀବନ କ'ଣ ? କେତେକ କୁହନ୍ତି ଜନ୍ମ ଠାରୁ ମୃତ୍ୟୁ ପର୍ଯ୍ୟନ୍ତ ହେଉଛି ଜୀବନ । ଜୀବନ୍ତ ପ୍ରାଣୀ ମାନେ ମାତୃ ଗର୍ଭରୁ ଜନ୍ମ ନିଅନ୍ତି । ତା ଆଗରୁ ପ୍ରାୟ ନଅ ମାସ ଧରି ମା'ର ଗର୍ଭରେ ଥାନ୍ତି । ତାପରେ ସେମାନେ ସେମାନଙ୍କର କଳେବର ବୃଦ୍ଧି କରିଥାନ୍ତି । ଦିନ ପରେ ଦିନ ବଢ଼ି ଚାଲିଥାନ୍ତି । ତାର ଶରୀରର ପରିବର୍ତ୍ତନ ହୋଇଥାଏ । ସେ ଯୌବନରେ ପଦାର୍ପଣ କରେ । ଘର ସଂସାର କରି ତାର ପରିବାର ବୃଦ୍ଧି କରିଥାଏ । ପୁଣି ଆସ୍ତେ ଆସ୍ତେ ପୌଢ଼ ହୁଏ । ପୁଣି ବୃଦ୍ଧ । ଏବଂ ଦିନେ ସେ ପ୍ରାଣ ତ୍ୟାଗ କରିଥାଏ । ତେବେ ମୃତ୍ୟୁ କ'ଣ ? ଗଲା ରାତିରେ ଖବର ଆସିଲା ରାମବାବୁ ରାତି ୧୦.୩୦ରେ ମରିଗଲେ । ତାଙ୍କର ଶ୍ୱାସକ୍ରିୟା ବନ୍ଦ ହୋଇଗଲା, ତାଙ୍କର ହୃତପିଣ୍ଡ କାମ କରିବା ବନ୍ଦ କରିଦେଲା, ତାଙ୍କର ଦେହ ଶିଥିଳ ହୋଇଗଲା । ଡାକ୍ତର ଆସି ପରୀକ୍ଷା କରି କହିଲେ ରାମବାବୁ ମୃତ । ସମସ୍ତଙ୍କ ଧାରଣା ଯେମିତି ଗୋଟେ ମେସିନରୁ ଇନ୍ଧନ ସରିଗଲେ, ଉଦାହରଣ ସ୍ୱରୂପ ଗୋଟେ କାରରୁ ପେଟ୍ରୋଲ ସରିଗଲେ ତାହା ବନ୍ଦ ହୋଇଯାଏ ସେମିତି ମଣିଷର ଶ୍ୱାସକ୍ରିୟା ବନ୍ଦ ହୋଇଗଲେ ମାନେ ଅମ୍ଳଯାନ ଆଉ ଭିତରକୁ ନ ଗଲେ ସେ ମରିଯାଏ । ଏହା କ'ଣ ସତ୍ୟ ? ଗୋଟେ ସେସିନ କିମ୍ବା କାରର କ'ଣ ହୃତ୍‌ସ୍ପନ୍ଦନ ଥାଏ । ତାହା ଚାଲିଲା ବେଳେ ଇନ୍ଧନ ଆବଶ୍ୟକ କରେ । କିନ୍ତୁ ଅନ୍ୟବେଳେ ତ ନିର୍ଜୀବ ପରି ପଡ଼ି ରହିଥାଏ । କିନ୍ତୁ ମଣିଷର ଜନ୍ମ ଠାରୁ ମୃତ୍ୟୁ ପର୍ଯ୍ୟନ୍ତ ତାହାର ହୃଦୟ, ମସ୍ତିଷ୍କ ଓ ବିଭିନ୍ନ ଅଙ୍ଗ ପ୍ରତ୍ୟେଙ୍ଗ କାମ କରୁଥାଏ । ପୁଣି କାର ବନ୍ଦ ହୋଇଗଲେ ତା'ର ଦେହରେ କୌଣସି ପରିବର୍ତ୍ତନ ଆସିନଥାଏ । କିନ୍ତୁ ମଣିଷ ମରିଗଲେ ତା ଦେହରେ ବହୁତ ପରିବର୍ତ୍ତନ ଆସିଥାଏ । ଯେଉଁ ମୁହୂର୍ତ୍ତରେ ମଣିଷ ପ୍ରାଣ ତ୍ୟାଗ କରେ ତା ଦେହର ଚମକ କମିଯାଇଥାଏ । ତା'ର ଆଖି ସ୍ଥିର ହୋଇଯାଏ । ଆଖି ତା'ର ଉଜ୍ଜଳତା ହରାଇଥାଏ । ବୈଜ୍ଞାନିକ ମାନେ କୁହନ୍ତି ଜୀବନର ଅନୁପସ୍ଥିତି ହିଁ ମୃତ୍ୟୁ । ତେବେ ଏ ଜୀବନ କ'ଣ । ଡିକ୍‌ସିନାରୀ ଦେଖିଲେ ଜୀବନର ଅର୍ଥ ହେଉଛି "ଏକ ଚେତନା ବା ଶକ୍ତି ଯାହାଦ୍ୱାରା ପ୍ରାଣୀ ଏବଂ ଉଦ୍ଭିଦ ଜଗତ ସେମାନଙ୍କର କାର୍ଯ୍ୟ ଗୁଡ଼ିକ ନିର୍ବାହ କରିଥାନ୍ତି ଏବଂ ଯାହାର ସ୍ଥିତି ସଜୀବ ଏବଂ ନିର୍ଜୀବ ଭିତରେ ପ୍ରଭେଦ ଆଣିଥାଏ ।" ପୁଣି ସେ ଶକ୍ତି ବା ପ୍ରାଣ ଶକ୍ତି କ'ଣ ଯାହାକି ମଣିଷର ଅଭିବୃଦ୍ଧିରେ ସାହାଯ୍ୟ କରିଥାଏ ପୁଣି ତାକୁ ବଂଶ ବୃଦ୍ଧି ପାଇଁ ସାହାଯ୍ୟ

କରିଥାଏ ଏବଂ ତାହା ବ୍ୟତୀତ ଜୀବନ୍ତ ମଣିଷ ମୃତ ଦେହରେ ପରିଣତ ହୋଇଥାଏ । ଏହାକୁ ଏ ପର୍ଯ୍ୟନ୍ତ କୌଣସି ବିଶେଶଜ୍ଞ କି ବୈଜ୍ଞାନିକ ମାନେ ବାଖ୍ୟା କରି ପାରି ନାହାନ୍ତି । ସେ ଯାହାହେଉ ଏହା ସତ୍ୟ ଯେ ଏକ ଶକ୍ତି ଚାଲିଗଲେ ମଣିଷ ମୃତ ଦେହରେ ପରିଣତ ହୋଇଯାଏ । ସେ ଶକ୍ତି, ପ୍ରାଣଶକ୍ତି ହୋଇପାରେ ବା ଚେତନା ହୋଇପାରେ ବା ଆତ୍ମା ମଧ୍ୟ ହୋଇ ପାରେ ।

ଆତ୍ମା ଅଛି କି ?

ଆଜିର ବୈଜ୍ଞାନିକ ସମାଜ ଆତ୍ମାକୁ ନେଇ ଦୁଇଭାଗରେ ବିଭକ୍ତ ହୋଇ ଯାଇଛନ୍ତି । କେତେକ ଏହାକୁ ମାନି ନେଇଥିବା ବେଳେ କେତେକ ଏହାକୁ ମାନି ନେଇ ପାରୁ ନାହାନ୍ତି । ଡ. ୱିଲଫ୍ରେଡ଼ ଜି. ବିଗେଲୋ (Dr. wilfred G. Bigelow) ଙ୍କ କଥା ନିଆଯାଉ । ସେ ଜଣେ ୩୨ ବର୍ଷର ଅଭିଜ୍ଞତା ଥିବା ପୃଥିବୀର ପ୍ରସିଦ୍ଧ ହାର୍ଟ ସର୍ଜନ ଏବଂ ଟରୋଣ୍ଟ ଜେନେରାଲ ହସପିଟାଲର କାର୍ଡ଼ିଓ-ଭାସ୍କୁଲାର ସର୍ଜରୀ ବିଭାଗର ଚେୟାରମ୍ୟାନ (Chairman of cardiovascular surgery at the Toronto General Hospital) । ସେ କହିଛନ୍ତି ଯେ, "ମୋର ୩୨ ବର୍ଷର ଅଭିଜ୍ଞତାରୁ ମୁଁ ନିସନ୍ଦେହ ଭାବରେ କହିପାରେ ଯେ ଆତ୍ମାର ଅବସ୍ଥିତି ଅଛି ।" କିଛିବର୍ଷ ପୂର୍ବରୁ ମଣ୍ଟ୍ରିଲ ଗେଜେଟରେ ସେ ଲେଖିଥିଲେ "ଏମିତି କେତେକ ପରିସ୍ଥିତିରେ ଯେତେବେଳେ ଜଣେ ଜୀବନ୍ତ ଅବସ୍ଥାରୁ ମୃତ ଅବସ୍ଥାକୁ ଚାଲିଯାଉଥାଏ ସେତେବେଳେ ତୁମେ ଉପସ୍ଥିତ ଥାଅ ଏବଂ ସେତେବେଳେ ତାଙ୍କର ଦେହରେ କିଛି ରହସ୍ୟମୟ ପରିବର୍ତ୍ତନ ହୋଇଥାଏ । ସବୁଠାରୁ ଉଲ୍ଲେଖନୀୟ ପରିବର୍ତ୍ତନ ହେଉଛି ହଠାତ୍ ଆଖିର ଉଜ୍ଜଳତା ହ୍ରାସ ପାଇବା । ତାହା କ୍ରମେ ଅସ୍ପଷ୍ଟ ଏବଂ ପ୍ରାଣହୀନ ହୋଇ ପଡ଼ିଥାଏ ।"

ଆଜିର ବୈଜ୍ଞାନିକ ମାନେ ଯେଉଁ ଜିନିଷକୁ ସିଧାସଳଖ ପ୍ରମାଣ କରି ପାରୁ ନାହାନ୍ତି ତାହାକୁ ସେମାନେ ପାରିପାର୍ଶ୍ୱିକ ତଥ୍ୟ ସଂଗ୍ରହ କରି ପ୍ରମାଣିତ କରୁଛନ୍ତି । ଯେପରିକି ଅଣୁ, ପରମାଣୁ କଣିକା, କୋଟି କୋଟି ଆଲୋକ ବର୍ଷ ଦୂରରେ ଥିବା ବ୍ଲାକ ହୋଲ (Black hole) ଇତ୍ୟାଦି । ତେଣୁ ସେମାନେ କାହିଁକି ଆତ୍ମାର ଅବସ୍ଥିତିକୁ ପାରିପାର୍ଶ୍ୱିକ ପ୍ରମାଣକୁ ନେଇ ଗ୍ରହଣ କରୁ ନାହାନ୍ତି ?

ମଜାର କଥା ହେଉଛି ଜଣେ ବୈଜ୍ଞାନିକ ଆତ୍ମାକୁ ଓଜନ କରିବାକୁ ଚେଷ୍ଟା

କରିଥିଲେ । ଡନ୍‌କାନ୍ ମାକ୍‌ଡ଼ୋଗାଲ (Doncan Mac Dou gall) ହାଭେରହିଲ, ମାସାଚୁସେଟସ (Haverhill, Massachusetts) ରେ ଜଣେ ଡାକ୍ତର ଥିଲେ । ସେ ଚିନ୍ତା କରିଥିଲେ ଯେ ଆତ୍ମାର ନିଶ୍ଚୟ କିଛି ଓଜନ ଥିବ ଏବଂ ତାହାକୁ ମାପିବାକୁ ସେ ସ୍ଥିର କରିଥିଲେ । ମଣିଷର ଯେତେବେଳେ ମୃତ୍ୟୁ ହୋଇ ଯାଉଥିବ ସେତେବେଳେ ଅର୍ଥାତ୍ ଠିକ୍ ମୃତ୍ୟୁ ପୂର୍ବର ଏବଂ ପରର ଓଜନ ନେବାକୁ ସେ ଠିକ୍ କଲେ । ୧୯୦୭ ମସିହାରେ ସେ ସେହିପରି ଛଅ ଜଣ ରୋଗୀଙ୍କର ସେମାନଙ୍କ ମୃତ୍ୟୁ ସମୟର ଉଭୟ ଓଜନ ନେଇଥିଲେ । ସେଥିରୁ ଜଣେ ରୋଗୀ ପ୍ରାୟ ଏକ ଆଉନ୍‌ସର ତିନି ଚତୁର୍ଥାଂଶ (21.3.gms) ଓଜନ ହରାଇଥିଲେ । ଯଦିଓ ବୈଜ୍ଞାନିକ ମାନେ ଏହାକୁ ଗ୍ରହଣ କରିନଥିଲେ ତଥାପି ତାଙ୍କର ଏହି ପରୀକ୍ଷଣ ଜନମାନସରେ ଆତ୍ମାର ଓଜନ ଅଛି ବୋଲି ଆଦୃତ ହୋଇଥିଲା ।

ଆମର ଏ ପୃଥିବୀରେ ମୂଖ୍ୟତ ଚାରିଟି ଡାଇମେନସନ (dimension) ଅଛି ବୋଲି ଧରି ନିଆଯାଇଛି ଯଥା- ଦୈର୍ଘ୍ୟ, ପ୍ରସ୍ଥ, ଉଚ୍ଚତା/ ଗଭୀରତା ଏବଂ ସମୟ । ଏହି ଚାରୋଟି ପରିମାପ (dimension) କୁ ନେଇ ଆମ ବିଜ୍ଞାନର ବା ପଦାର୍ଥ ବିଜ୍ଞାନର ସବୁ ନିୟମ ଅନ୍ତର୍ଭୁକ୍ତ । ଏବେ ବି ମଣିଷ ଅନ୍ତରୀକ୍ଷ କଥା ଛାଡ଼ ଏହି ପୃଥିବୀର ଅନେକ ଘଟଣା କିପରି ଘଟୁଛି ଜାଣିପାରିନାହିଁ । ଏହା ମଧ୍ୟ ହୋଇପାରେ ଯେ ଏହି ଚାରୋଟି dimension ବାଦେ ପୁଣି ଅଧିକ dimension ଥାଇପାରେ । ଯେପରିକି ସ୍ପେଷ (space), ମାଧ୍ୟାକର୍ଷମ (gravity), ବୈଦ୍ୟୁତିକ ଚୁମ୍ବକୀୟ (electromagnetic) ପ୍ରଭୃତି । ଏବେ ତ ବୈଜ୍ଞାନିକ ମାନଙ୍କର ଷ୍ଟ୍ରିଙ୍ଗ ଥିଓରୀ (string theory) ଅନୁସାରେ ପ୍ରାୟ ୧୧ଟି dimension ଥାଇ ପାରେ । ଯଦି ଆତ୍ମାର dimension ପଞ୍ଚମ, ଷଷ୍ଠ କି ଅଧିକା ଥିବ ତେବେ ଆମେ ତାକୁ ବିଶ୍ଳେଷଣ କରିବା ଅସମ୍ଭବ ହୋଇପଡ଼ିବ । ଆମେ ଯେମିତି ଏବେ ସିନେମା ହଲରେ ୩D ସିନେମା ଦେଖୁଛେ । ତାହା ତ ସାଧାରଣ ସିନେମାଠାରୁ ଆହୁରି ରୋମାଞ୍ଚକର । ସେଥିରେ ତ ସବୁ ଜିନିଷ ନିଜ ବସିବା ଜାଗା ପାଖରେ ଦେଖିଲା ପରି ଲାଗେ । ଯେତେବେଳେ ୩D ସିନେମା ନଥିଲା ଆମେ କେବେ କଳ୍ପନା କରିପାରିଥିଲେ କି ଯେ ସିନେମା ମଧ୍ୟ ଏମିତି ପ୍ରଭାବ ପକାଇ ପାରେ ? ସେମିତି ଯଦି ଆତ୍ମା ଉଚ୍ଚତର dimension ର ହୋଇଥିବା (ଯାହାକି ପ୍ରାୟତ ସମ୍ଭବ) ତେବେ ଆମେ ତାକୁ ଅନୁଭବ କରିପାରିବା ସିନା ପ୍ରମାଣ କରିବା କଷ୍ଟକର । ତେଣୁ ଆତ୍ମା ହେଉଛି ଶରୀର ବିହୀନ । ଏହାକୁ ପ୍ରମାଣ କରିବା ବା ନ କରିବା ଏକ ଅସମ୍ଭବ ବ୍ୟାପାର । ବିଶେଷତଃ ବର୍ତ୍ତମାନ ଜ୍ଞାନର ପରିସୀମା ଭିତରେ ।

ପ୍ରତି ସ୍ଥୂଳ ବସ୍ତୁ ମାନଙ୍କର ଏକ ନିର୍ଦ୍ଦିଷ୍ଟ ସମୟ ସୀମା ଥାଏ । ସେମାନେ ଗାଣିତିକ ନିୟମକୁ ମାନନ୍ତି ଏବଂ ସ୍ଥାନ ଓ ସମୟର ସୀମା ଭିତରେ ଆବଦ୍ଧ ରହିଥାନ୍ତି । ଯଦି ଆତ୍ମା ଥାଏ ତେବେ ଆମେ ସିଦ୍ଧାନ୍ତର ସହ ଭାବି ପାରିବାଯେ ତାହା ଏହି ସବୁ ନିୟମର ପୁରା ବିପରୀତ ହୋଇଥିବ । ତେଣୁ ଆତ୍ମାର ତିନୋଟି ଚରିତ୍ର ଥିବ ।

୧ -ଆତ୍ମାର ସ୍ଥାୟୀତ୍ୱ ଅସୀମ

୨ -ଆତ୍ମା ଆମ ଗାଣିତିକ ନିୟମର ବିପରୀତ

୩-ଆତ୍ମା ଆମର ଏହି ସ୍ଥାନ ଏବଂ ସମୟର ବାହାରେ ଅବସ୍ଥିତ ।

ଗଣିତର ମୌଳିକତା କେବେହେଲେ ବଦଳେ ନାହିଁ । ତେଣୁ ଆମେ ଭାବିନେବା ଯେ, ବିନା ଗଣିତ (Non-Mathematical) ର ମୌଳିକତା ସବୁବେଳେ ବଦଳୁଥାଏ । ଏହା ପ୍ରତ୍ୟେକଙ୍କର ଆତ୍ମାକୁ ଅନନ୍ୟ କରିପାରିଥାଏ କିନ୍ତୁ ସବୁବେଳେ ବଦଳୁଥାଏ । ଏହା ମଧ୍ୟ ଆତ୍ମାକୁ ସ୍ମୃତି ଶକ୍ତି ପ୍ରଦାନ କରିଥାଏ ।

ସିଆନ ଏମ୍. କାରୋଲ (Sean M. Carroll) ଜଣେ ପଦାର୍ଥବିତ, ମହାକାଶ ବିଜ୍ଞାନୀ, ମାଧ୍ୟାକର୍ଷଣ ଏବଂ କ୍ୟାଣ୍ଟମ ବୈଜ୍ଞାନିକ ଯିଏକି ମୃତ୍ୟୁ ପରେ ଜୀବନରେ ବିଶ୍ୱାସ କରୁଥିଲେ । ଏହି ବିଶ୍ୱାସ ପଦାର୍ଥ ବିଜ୍ଞାନର ମୌଳିକ ନିୟମ ଗୁଡ଼ିକୁ ଘେରି ରହିଥିଲା ଯାହା ପରମାଣୁର ପାରସ୍ପରିକ ପରିବେଶରେ ସେମାନଙ୍କ ଭୂମିକା ଗ୍ରହଣ କରିଥାଏ । ସିଆନ ଏହା ଉପରେ କହିଛନ୍ତି ଯେ; ମୃତ୍ୟୁ ପରେ ଜୀବନ ସତ୍ୟ ବୋଲି ପ୍ରମାଣ କରିବା ପାଇଁ ପଦାର୍ଥ ବିଜ୍ଞାନର ପରମାଣୁ ଏବଂ ଇଲେକ୍ଟ୍ରୋନିକ୍‌ସର ମୌଳିକ ଗଠନକୁ ଭାଙ୍ଗିବାକୁ ପଡ଼ିବ ଏବଂ କେହି ଜଣେ ଏକ ନୂତନ ମଡ଼େଲ ନିର୍ମାଣ କରିବାକୁ ପଡ଼ିବ । ମୃତ୍ୟୁ ପରେ ଜୀବନକୁ ବିଶ୍ୱାସ କରିବାକୁ ହେଲେ ଆମକୁ ବର୍ତ୍ତମାନର ପଦାର୍ଥ ବିଜ୍ଞାନକୁ ଏହାର ପରିସୀମାର ବାହାରକୁ ନେବାକୁ ପଡ଼ିବ । ସବୁଠାରୁ ଗୁରୁତ୍ୱପୂର୍ଣ୍ଣ କଥା ହେଉଛି, ସେହି "ନୂତନ ପଦାର୍ଥ ବିଜ୍ଞାନ" ପାଇଁ ଆମ ପାଖରେ ଥିବା ପରମାଣୁ ସହିତ ଯୋଗାଯୋଗ କରିବା ପାଇଁ ଆମକୁ କିଛି ଉପାୟ ବାହାର କରିବାକୁ ପଡ଼ିବ ।

ଗତ ଦଶନ୍ଧିରେ, କ୍ୱାଣ୍ଟମ ପଦାର୍ଥ ବିଜ୍ଞାନ ଦ୍ୱାରା ଆତ୍ମାର ଅସ୍ତିତ୍ୱକୁ ଗମ୍ଭୀର ଭାବରେ ବିଚାର କରାଯାଉଛି । ଏହାକୁ ଏକ ଅଜ୍ଞାତ ଶକ୍ତି ଭାବରେ ବର୍ଣ୍ଣନା କରାଯାଇଛି ଯାହା ମଣିଷର ଶରୀରରେ ପାରସ୍ପରିକ ସହଯୋଗରେ ଯୋଡ଼ି ହୋଇ ରହିଛି । କ୍ୱାଣ୍ଟମ ପଦାର୍ଥ ବିଜ୍ଞାନ ଦର୍ଶାଇଥାଏ ଯେ ଏହି ଶକ୍ତି ପରିମାଣିତ (quantified) ହୋଇଛି ଯେପରିକି ଏହାର ପୃଥକ ମୂଲ୍ୟ ଅଛି ଯାହା ଶକ୍ତି ସ୍ତର

ଭାବରେ ବାଖ୍ୟା କରାଯାଇଛି । ଏହିପରି, ଜଣେ ବ୍ୟକ୍ତିଙ୍କ ଜୀବନ କାଳରେ ତାଙ୍କ ଆତ୍ମାର ଶକ୍ତି, ଅନେକ ପରିମାଣର ଶକ୍ତି ସ୍ତର ଦ୍ୱାରା ପ୍ରଭାବିତ ହୋଇଥାଏ ।

ୱିଲ ଡୁରାଣ୍ଟ (Will Durant) କହିଛନ୍ତି, "ମୃତ୍ୟୁ ପରେ ଜୀବନର ଆଶା ଆମକୁ ଆମର ମୃତ୍ୟୁକୁ ସାମ୍ନା କରିବା ସାଙ୍ଗେ ସାଙ୍ଗେ ଆମର ନିଜ ଲୋକ ମାନଙ୍କ ମୃତ୍ୟୁର ଦୁଃଖକୁ ସହ୍ୟ କରିବାକୁ ଶକ୍ତି ଦେଇଥାଏ ।"

||୨||

ଆତ୍ମା ମାନଙ୍କର ସ୍ଥିତି

ଆତ୍ମା ମାନଙ୍କର ସ୍ଥିତି ବିଷୟରେ ଏଠାରେ କେତେକ ସତ୍ୟ ଘଟଣାର ଉପସ୍ଥାପନା କରାଯାଉଛି ଯାହାକି ଆତ୍ମା ଅଛି ବୋଲି ପ୍ରମାଣିତ କରିପାରିବ ।

୧. ଆର୍ଥର ଏଡ଼ଓ୍ୟାଡ଼ ଷ୍ଟିଲଓ୍ୱେଲ - (Arthur Edward Stilwell)

ଆର୍ଥର ଏଡ଼ଓ୍ୟାଡ଼ ଷ୍ଟିଲଓ୍ୱେଲ ୧୮୫୯ ମସିହା ଅକ୍ଟୋବର ୨୧ ତାରିଖରେ ଜନ୍ମ ଗ୍ରହଣ କରିଥିଲେ । ସେ ଉଚ୍ଚଶିକ୍ଷିତ ନଥିଲେ କିମ୍ବା ଉଚ୍ଚାଭିଳାସୀ ମଧ୍ୟ ନ ଥିଲେ । ମାସକୁ ୪୦ ଡଲାର ଦରମାରେ ଏକ ପରିବହନ କମ୍ପାନୀରେ କିରାଣୀ ଚାକିରୀ କରୁଥିଲେ ।

ତାଙ୍କୁ ଯେତେବେଳେ ଛଅବର୍ଷ ବୟସ ହୋଇଥିଲା ସେତିକିବେଳୁ ଆତ୍ମା ମାନେ ତାଙ୍କ ସହିତ ସମ୍ପର୍କ ସ୍ଥାପନ କରିଥିଲେ ଏବଂ ତାଙ୍କୁ ନିର୍ଦ୍ଦେଶ ଦେଇ ଆସୁଥିଲେ । ସେହି ଆତ୍ମା ମାନଙ୍କ ସଂଖ୍ୟା ଛଅ ଥିଲା - ତିନି ଜଣ ଇଂଜିନିୟର, ଜଣେ ହିସାବ ରକ୍ଷକ, ଜଣେ ଲେଖକ ଏବଂ ଜଣେ କବି । ଯେତେବେଳେ ଏହି ଆତ୍ମା ମାନେ ତାଙ୍କୁ କବଳିତ କରିନିଅନ୍ତି ସେତେବେଳେ ସେ ଚେତାଶୂନ୍ୟ ହୋଇ ଯାଉଥିଲେ ଏବଂ ସେହି ଅବସରରେ ଆତ୍ମାମାନେ ତାଙ୍କୁ ନିର୍ଦ୍ଦେଶ ଦେଉଥିଲେ । ଏହି ପରି ଘଟଣା ମାନ ତାଙ୍କର ସାରା ଜୀବନକାଳ ଭିତରେ ଘଟିଥିଲା ।

ତାଙ୍କୁ ୧୫ ବର୍ଷ ହୋଇଥିଲା ବେଳେ, ସେ ତାଙ୍କର ଅବଚେତନ ଅବସ୍ଥାରେ ଜେନି ୱେଭଉଡ଼ (Jennie weavewood) ନାମ ତିନି ଥର ଶୁଣି ପାରିଥିଲେ ।

ସେ ପଚାରିଥିଲେ "ସେ କିଏ" । ଆତ୍ମାମାନେ ତାଙ୍କୁ କହିଥିଲେ "ଏହା ଜଣେ ସୁନ୍ଦରୀ ଝିଅର ନାମ । ତୁମେ ତାକୁ ଚାରିବର୍ଷ ପରେ ବିବାହ କରିବ ।" ଆର୍ଥର ସେପରି କୌଣସି ଝିଅକୁ ଜାଣିନଥିଲେ । ସେ ମଧ୍ୟ ଏହାକୁ ସେତେ ବିଶ୍ୱାସ କରି ନ ଥିଲେ । ତଥାପି ସେ ସେହି ନାମଟିକୁ ଡାଏରୀରେ ଲେଖି ରଖିଥିଲେ କିନ୍ତୁ ସମୟକ୍ରମେ ସେ ତାହାକୁ ଭୁଲିଯାଇଥିଲେ । ତିନିବର୍ଷ ପରେ ଗୋଟେ ଚର୍ଚ୍ଚରେ ଅକସ୍ମାତ ତାଙ୍କର ଜଣେ ସୁନ୍ଦରୀ ଝିଅ ସାଙ୍ଗରେ ଦେଖା ହୋଇଥିଲା, ଯାହାଙ୍କର ନାଁ ଥିଲା ଜେନି ୱେଭଉଡ୍ । ସମୟର ଚକ ଗଡ଼ିବା ସାଙ୍ଗେ ସାଙ୍ଗେ ତାଙ୍କର ସେ ଝିଅ ସାଙ୍ଗରେ ବନ୍ଧୁତା ହୋଇଥିଲା ଏବଂ ଶେଷରେ ସେ ତାଙ୍କୁ ବିବାହ କରିଥିଲେ ।

ବିବାହ ଭବିଷ୍ୟବାଣୀ ସତ୍ୟ ହେଲାପରେ ଆର୍ଥରଙ୍କର ସେହି ଆତ୍ମା ମାନଙ୍କ ଉପରେ ବିଶ୍ୱାସ ଆସିଯାଇଥିଲା । କିଛିଦିନ ଗଲାପରେ ଆତ୍ମାମାନେ ତାଙ୍କୁ ବାରମ୍ବାର କହୁଥାନ୍ତି "ଯାଅ, ପଶ୍ଚିମ ଦିଗକୁ ଯାଅ ଓ ତୁମର ନିଜର ରେଳପଥ ବିଛାଅ ।" ଏହା ତାଙ୍କୁ ଅସମ୍ଭବ ପରି ଲାଗୁଥିଲା । ଏପରି ହୋଇପାରିବ ବୋଲି ସେ କେବେହେଲେ ଭାବିପାରୁ ନ ଥିଲେ । କିନ୍ତୁ ଆତ୍ମାମାନେ ତାଙ୍କୁ ଶାନ୍ତିରେ ଶୁଆଇ ଦେଲେ ନାହିଁ । ଦିନେ ସେମାନେ କହିଲେ "ଆର ଘରେ ଯାଇ ଶୁଅ ।" ସ୍ତ୍ରୀ ଜେନିଙ୍କ ସମ୍ମତିକ୍ରମେ ସେ ଆଉ ଗୋଟେ ଘରେ ଶୋଇଥିଲେ । ଆତ୍ମାମାନେ ସେମାନଙ୍କର ସେହି ଉପଦେଶ ଦେବାରୁ ଆର୍ଥର କହିଥିଲେ, "ମୋର ମୂଳଧନ ନାହିଁ, ମୁଁ ଇଞ୍ଜିନିୟର ନୁହେଁ । ରେଳପଥ ବିଛାଇବାର ଜ୍ଞାନ ମୋର ଆଦୌ ନାହିଁ । ତୁମେମାନେ ମୋତେ ପାଗଳ କରିଦେବକି ?" ଆତ୍ମାମାନେ ଉତ୍ତର ଦେଇଥିଲେ, "ସେ ଦାୟିତ୍ୱ ଆମର । ପଶ୍ଚିମ ଦିଗକୁ ଯାଇ କାମ ଆରମ୍ଭ କର – ସଫଳ ହେବ ।"

ଶେଷରେ ସେ ଚାକିରୀରୁ ଇସ୍ତଫା ଦେଇ ପଶ୍ଚିମ ଦିଗକୁ କାନ୍‌ସାସ ଯାଇଥିଲେ । ସେ ଅନେକ କମ୍ପାନୀରେ କାମ କରିଥିଲେ, ଯେଉଁମାନେ କି କମିଶନ ଏଜେଣ୍ଟ ଓ ଋଣ ଦିଆନିଆ କରନ୍ତି । ଆର୍ଥର ଖୁବ୍ ପରିଶ୍ରମ କରିଥିଲେ ଏବଂ ଅନେକ ରୋଜଗାର ମଧ୍ୟ କରିଥିଲେ । ଏହି ଭିତରେ ଆତ୍ମା ମାନେ ତାଙ୍କୁ ଉପଦେଶ ଦେଇ ଚାଲିଥାନ୍ତି । ଶେଷରେ ସେମାନଙ୍କର ନିର୍ଦ୍ଦେଶରେ ୨୬ ବର୍ଷ ବୟସରେ ସେ ନିଜର କାନସାସ୍ ସିଟି ୱେଷ୍ଟ ଲାଇନ (Cansas city west line) ନାମକ କମ୍ପାନୀ ସ୍ଥାପନ କରିଥିଲେ ଏବଂ ପ୍ରଚୁର ଲାଭ କରିଥିଲେ ।

ତାଙ୍କ ହାତ ତିଆରି ନକ୍ସା ଦେଖି ବଡ଼ ବଡ଼ ଇଂଜିନିୟର ମାନେ ମଧ୍ୟ ଆଶ୍ଚର୍ଯ୍ୟଚକିତ ହୋଇଯାଇଥିଲେ । ମାତ୍ର ତାହାର ରହସ୍ୟ କେବଳ ଆର୍ଥର ଏବଂ

ତାଙ୍କ ପତ୍ନୀଙ୍କୁ ହିଁ ଜଣାଥିଲା । ସେ ତାଙ୍କ ପତ୍ନୀଙ୍କୁ କହିଥିଲେ, "ଏହା ସବୁ ସେହି ଆତ୍ମା ମାନଙ୍କର କାମ । ମୁଁ କେବଳ ଟେବୁଲ ଉପରେ କାଗଜ ରଖିଦିଏ । ସେମାନେ ସବୁ କରିଦିଅନ୍ତି । ଦେଖୁନ ! ଏ ଅକ୍ଷର ମଧ୍ୟ ମୋର ନୁହେଁ ।"

ଦିନେ ଆର୍ଥର ସ୍ୱପ୍ନରେ ଶୁଣିଲେ, କେହିଜଣେ ତାଙ୍କୁ ବଡ଼ ପାଟିରେ କହୁଛି, "କାନସାସ୍‌ରୁ ମେକ୍ସିକୋ ପର୍ଯ୍ୟନ୍ତ ରେଳପଥ ବିଛାଅ ।" ସେ ଗଲୱେଷ୍ଟନ୍ନ ବନ୍ଦରକୁ ଏକ ରେଳପଥ ବିଛାଇବାର ନିଷ୍ପତ୍ତି ନେଇ କାର୍ଯ୍ୟ ଆରମ୍ଭ କରିଥିଲେ । କିନ୍ତୁ ଆତ୍ମା ମାନେ କହିଲେ ଏହା ଭଲ ଯୋଜନା ନୁହେଁ ।

ସେମାନେ ରେଳପଥ ବିଛାଇବା ସପକ୍ଷରେ ନ ଥିଲେ । ତେଣୁ ତାଙ୍କୁ ଏଥିରୁ ନିବୃତ୍ତି କରିବା ପାଇଁ ଚେଷ୍ଟା କରୁଥିଲେ । ସେମାନେ ତାଙ୍କୁ ସାବଧାନ କରାଇ ଦେଇଥିଲେ, "ତୁମେ ତଳି ତଲାନ୍ତ ହୋଇଯିବ ।" ଆର୍ଥର ବ୍ୟସ୍ତ ହୋଇ କହିଥିଲେ, "ତୁମ ମାନଙ୍କର ବିରୋଧର କାରଣ କ'ଣ ମୁଁ ବୁଝି ପାରୁନି । ସେ ଅଞ୍ଚଳରେ ଆଉ କୌଣସି ବନ୍ଦର ନାହିଁ ।" ଆତ୍ମାମାନେ ତାଙ୍କୁ ଉପଦେଶ ଦେଇଥିଲେ, "ତୁମେ ଆଉ ଏକ ନୂଆ ସହର ବସାଅ ଏବଂ ତା'ର ନାମ ଦିଅ-ପୋର୍ଟ ଆର୍ଥର ।"

ଆର୍ଥର କହିଥିଲେ, "ମୁଁ ଗାଲୱେଷ୍ଟନ୍ନ (Galwestern) ରେ ଜମି କିଣି ସାରିଛି । ବ୍ୟବସାୟୀ ମାନଙ୍କ ସାଙ୍ଗରେ ଚୁକ୍ତି ମଧ୍ୟ କରି ସାରିଛି। ଏବେ ଏଥିରୁ ମୁଁ ହଟିଗଲେ ସେମାନେ ମୋ ନାଁରେ ମକଦ୍ଦମା କରିବେ ।"

ଆର୍ଥରଙ୍କ ଯୁକ୍ତି ଠିକ୍ ଥିଲା । କିନ୍ତୁ ଆତ୍ମା ମାନେ ପୂର୍ବାପର କଥା ଜାଣିପାରନ୍ତି । ସେମାନେ କହିଥିଲେ, "ଲୋକମାନଙ୍କ ଟାହି ଟାପରାକୁ ଖାତିର କର ନାହିଁ । ଭବିଷ୍ୟତରେ ତୁମେ ମକଦ୍ଦମା ଜିଣିବ । ତୁମକୁ ନିଜେ ନିଜକୁ ତଳି ତଲାନ୍ତ ହେବାରୁ ରକ୍ଷା କରିବାକୁ ପଡ଼ିବ । ଗାଲୱେଷ୍ଟନ୍ନର ଏ ଚିତ୍ରଟିକୁ ଦେଖ ।"

କାନ୍ଥରେ ଟଙ୍ଗା ହୋଇଥିବା ଗାଲୱେଷ୍ଟନ୍ନ (Galwestern) ର ଫଟୋକୁ ଆର୍ଥର ଅନାଇଲେ । ଚିତ୍ର କ୍ରମଶ ଅସ୍ପଷ୍ଟ ଦେଖାଗଲା । ଲୋକମାନେ ରାସ୍ତାରେ ଯିବା ଆସିବା କରୁଥାନ୍ତି । ହଠାତ୍ ଉପସାଗର ଆଡୁ ଏକ ସାମୁଦ୍ରିକ ଝଡ଼ବାତ୍ୟା ଉଠିଲା । ଘରଦ୍ୱାର ଧ୍ୱଂସ ହୋଇଗଲା । ଲୋକମାନେ ଭୟରେ ଆଶ୍ରୟ ନିମନ୍ତେ ଦଉଡ଼ା ଦଉଡ଼ି କଲେ । ଅଳ୍ପ ସମୟ ଭିତରେ ସହରଟି ଧ୍ୱସ୍ତ ବିଧ୍ୱସ୍ତ ହୋଇଯାଇଥିଲା । ଆର୍ଥର ଭାବିଥିଲେ ଯେ, ସେ ଏକ ସିନେମା ଦେଖୁଛନ୍ତି । ପ୍ରକୃତିସ୍ଥ ହେଲାପରେ ଦେଖିଲେ ଯେ ସେ ଫଟୋଟି ସେହିଭଳି କାନ୍ଥରେ ଝୁଲୁଛି ।

ଆର୍ଥର ବାଧ୍ୟ ହୋଇ ତାଙ୍କର ଯୋଜନା ବଦଳାଇଥିଲେ ଏବଂ ରେଳ ଲାଇନର

ପଥ ପରିବର୍ତ୍ତନ କରିବେ ବୋଲି ମନସ୍ଥ କରିଥିଲେ । ସେ କେତେକ ଟାଙ୍ଗରା ଜମି କିଣିଥିଲେ ଓ ସେଠାରେ "ପୋର୍ଟ ଆର୍ଥର" ସହର ବସାଇବେ ବୋଲି ଘୋଷଣା କରିଥିଲେ । ଗାଲଭୈଷ୍ଟନ୍ନର ବ୍ୟବସାୟୀ ମାନେ ଏହା ଜାଣି ବିରକ୍ତ ହୋଇଥିଲେ ଏବଂ ଆର୍ଥର ତାଙ୍କୁ ଠକିଛନ୍ତି ବୋଲି ସେମାନ ଅନୁଭବ କରିଥିଲେ । ଆର୍ଥର ସେମାନଙ୍କୁ କହିଥିଲେ ଯେ, ସେମାନଙ୍କର ସହର ଧ୍ୱଂସ ହୋଇଯିବ । ସେମାନେ ସହର ଛାଡ଼ି ଚାଲିଯିବା ଉଚିତ । କିନ୍ତୁ ବ୍ୟବସାୟୀ ମାନେ ତାଙ୍କ କଥାରେ କର୍ଣ୍ଣପାତ କରି ନ ଥିଲେ । ଅନ୍ୟ ଜମି ମାଲିକ ମାନଙ୍କ ସହ ମିଶି ସେମାନେ ଆର୍ଥରଙ୍କ ବିରୁଦ୍ଧରେ ମକଦ୍ଦମା କରିଥିଲେ । କିନ୍ତୁ ଅଚିରେ ଆର୍ଥର ସେଥିରେ ଜୟଯୁକ୍ତ ହୋଇଥିଲେ ।

ଆର୍ଥର ତାଙ୍କ ଯୋଜନାର ସଫଳ ରୁପାୟନରେ ଲାଗି ପଡ଼ିଥିଲେ । ତାଙ୍କ ସ୍ୱପ୍ନର ସହର ସ୍ଥାପିତ ହୋଇଥିଲା ଓ ଖୁବ୍ ଆଡ଼ମ୍ବର ସହକାରେ ଉଦ୍‌ଘାଟିତ ହୋଇଥିଲା । ପୋର୍ଟ ଆର୍ଥର ଉଦ୍‌ଘାଟିତ ହେବାର ଚାରିଦିନ ପରେ ଏକ ଭୀଷଣ ଝଡ଼ ତୋଫାନରେ ଗାଲଭୈଷ୍ଟନ୍ନ ସହର ସଂପୂର୍ଣ୍ଣ ଧ୍ୱସ୍ତ ବିଧ୍ୱସ୍ତ ହୋଇ ଯାଇଥିଲା । ସମୁଦ୍ର ଲହରୀ ପୋର୍ଟ ଆର୍ଥର ପାଖକୁ ଆସିଥିଲେ ମଧ୍ୟ ତା'ର କିଛି କ୍ଷତି କରି ପାରି ନ ଥିଲା ।

ଆର୍ଥର ୬୮ ବର୍ଷ ପର୍ଯ୍ୟନ୍ତ ବଞ୍ଚି ଥିଲେ । ଜୀବନର ଶେଷ ଭାଗରେ ସେ ଲେଖା ଲେଖି ଆରମ୍ଭ କରିଥିଲେ । ଲେଖକ ଏବଂ କବି ଆତ୍ମା ମାନଙ୍କ ନିର୍ଦ୍ଦେଶରେ ସେ ପ୍ରାୟ ୩୦ ଖଣ୍ଡ ପୁସ୍ତକ ରଚନା କରିଥିଲେ । ୨୬ ସେପ୍ଟେମ୍ବର ୧୯୨୮ ମସିହାରେ ସେ ପ୍ରାଣତ୍ୟାଗ କରିଥିଲେ । ସେତେବେଳକୁ ତାଙ୍କର ପାଞ୍ଚଟି ରେଳ ପଥ, ଗୋଟେ ଆର୍ଥର ବନ୍ଦର, ଆର୍ଥର କେନାଲ ଓ କେତେ ନିୟୁତ ଡଲାର ସମ୍ପତ୍ତି ହୋଇପାରିଥିଲା । ସେ ରେଳପଥ, କେନାଲ ଏବଂ ଆର୍ଥର ବନ୍ଦର ଏ ପର୍ଯ୍ୟନ୍ତ ମଧ୍ୟ ଅଛି । ଲୋକମାନେ ସେହି ମହାନ ବ୍ୟକ୍ତି ଆର୍ଥର ଏବଂ ତାଙ୍କର ମଙ୍ଗଳାକାଂଖୀ ଆତ୍ମା ମାନଙ୍କୁ ଏବେ ମଧ୍ୟ ମନେ ପକାଉଛନ୍ତି । ତାଙ୍କର ଜୀବନ ହିଁ ଆତ୍ମା ମାନଙ୍କ ସ୍ଥିତିର ଜ୍ୱଳନ୍ତ ପ୍ରମାଣ !

ଶ୍ରୀମତୀ ବର୍ଟ ହୁଘେସ (Mrs Bert Hughes)

ଶ୍ରୀମତୀ ଏବଂ ଶ୍ରୀ ବର୍ଟ ହୁଘେସ (Mrs and Mr. Bert Hughes) ଇଂଲଣ୍ଡର ସସେକ୍ସ କାଉଣ୍ଟିରେ ବସବାସ କରୁଥିଲେ । ଶ୍ରୀ ହୁଘେସ ଗୋଟେ ବଡ଼ କମ୍ପାନୀରେ ଚାକିରୀ କରୁଥିଲେ ଏବଂ ଶ୍ରୀମତୀ ହୁଘେସ ଘରର କାର୍ଯ୍ୟ ତୁଲାଉ ଥିଲେ । ଦୁହେଁ ହସଖୁସିରେ ଥିଲେ । ସେଦିନ ଥିଲା ଜୁନ୍ ୨, ୧୯୫୭ । ସକାଳର

ପ୍ରାତଭୋଜନ ପାଇଁ ଆସି ବାର୍ଟ ଦେଖିଲେ ଯେ ତାଙ୍କର ଧର୍ମପତ୍ନୀ ବଡ଼ ମ୍ରିୟମାଣ ହୋଇ କାନ୍ଦୁଛନ୍ତି । ସେ ଆଶ୍ଚର୍ଯ୍ୟ ହୋଇଯାଇଥିଲେ । ଘରେ ସେମିତି କିଛି ଅଘଟଣ ଘଟି ନାହିଁ । ସେ କାହିଁକି କାନ୍ଦୁଛନ୍ତି ? ସେ ତାଙ୍କୁ ପଚାରିଲେ, "ତୁମେ କାହିଁକି କାନ୍ଦୁଛ ?"

ଉତ୍ତରରେ ସେ କେବଳ ଡୋରିସ, ଡୋରିସ ବୋଲି କହୁଥିଲେ । ବର୍ଟ ଜାଣିଥିଲେ ଡୋରିସ ହେଉଛନ୍ତି ତାଙ୍କ ସ୍ତ୍ରୀଙ୍କର ଜଣେ ଭଲ ବାନ୍ଧବୀ । ବିବାହ ପୂର୍ବରୁ ଶ୍ରୀମତୀ ବର୍ଟ ଗୋଟିଏ ଦୋକାନରେ ଚାକିରୀ କରୁଥିଲେ । ସେତେବେଳେ ଡୋରିସ ତାଙ୍କର ସହକର୍ମିଣୀ ଥିଲେ । ବର୍ଟ ପଚାରିଲେ ଆରେ ଡୋରିସଙ୍କର କ'ଣ ହେଲା । କିଛି କହିବ ନା ଖାଲି କାନ୍ଦୁଥିବ । ବଡ଼ କଷ୍ଟରେ ଶ୍ରୀମତୀ ବର୍ଟ କହିଲେ ଯେ ଡୋରିସ ମରିଯାଇଛି । ବର୍ଟ ପଚାରିଲେ, "କିନ୍ତୁ ତୁମେ କେମିତି ଜାଣିଲ ଯେ ସେ ମରିଯାଇଛନ୍ତି ବୋଲି ?" ଶ୍ରୀମତୀ ବର୍ଟ କହିଲେ କାଲି ରାତିରେ ମୁଁ ସ୍ୱପ୍ନ ଦେଖିଥିଲି । ବର୍ଟ କହିଲେ "ସ୍ୱପ୍ନ ଦେଖି କରି ତୁମେ ଏତେ ବିଚଳିତ ହୋଇ ପଡୁଛ ? ସ୍ୱପ୍ନ କ'ଣ କେବେ ସତ ହୁଏ ?"

ଯାହାହେଉ ବର୍ଟଙ୍କ ଆଶ୍ୱାସନାରେ ସେ ତ କିଛିଟା ବୁଝିଯାଇଥିଲେ । କିନ୍ତୁ ସେହି ସ୍ୱପ୍ନ ତାଙ୍କ ମନ ଭିତରୁ ଯାଉ ନ ଥିଲା । ସେଦିନ ରାତିରେ ପୁଣି ସେ ସେହି ସ୍ୱପ୍ନ ଦେଖିଲେ । ସେ ଚିତ୍କାର କରି ଉଠି ପଡ଼ିଲେ । ଦେଖିଲେ ପାଖରେ ସ୍ୱାମୀ ନିଶ୍ଚିନ୍ତରେ ଶୋଇ ରହିଛନ୍ତି । ସେ ତାଙ୍କୁ ଆଉ ନିଦରୁ ଉଠାଇଲେ ନାହିଁ । କିନ୍ତୁ ସେ ସ୍ୱପ୍ନ ତାଙ୍କ ମନ ଭିତରେ ଘୁରିବୁଲୁଥିଲା । ଏମିତି ଦିନେ ନୁହେଁ, ଦୁଇ ଦିନ ନୁହେଁ ସେ କ୍ରମାଗତ ଭାବରେ ୧୪ ଦିନ ସେହି ସ୍ୱପ୍ନ ଦେଖିଥିଲେ । ସେହି ତାଙ୍କରି ବାନ୍ଧବୀ ଡୋରିସ । ତାଙ୍କର ମୃତଦେହ ତାଙ୍କ ଘରର ଚୁଲି (oven) ର ପାଖ କାନ୍ଥ ଭିତରେ ଥିବାର ସେ ଦେଖି ପାରୁଥିଲେ ।

ଶେଷରେ ଜୁନ ୧୯ ତାରିଖରେ ସେ ହରଉଡ଼ ଥାନାର ଇନ୍‌ସପେକ୍ଟର ହାରି କକ୍ସ (Harry Cox) ଙ୍କୁ ଦେଖାକରିଥିଲେ । ତାଙ୍କୁ ସବୁକଥା ବିଶଦ୍‌ଭାବରେ ବର୍ଣ୍ଣନା କରିଥିଲେ ଏବଂ ତାଙ୍କ ବାନ୍ଧବୀଙ୍କୁ ଯେ କେହି ହତ୍ୟା କରିଥାଇ ପାରେ ସେ ସନ୍ଦେହ ମଧ୍ୟ ବ୍ୟକ୍ତ କରିଥିଲେ । ଇନ୍‌ସପେକ୍ଟର ଜଣେ ସମ୍ବେଦନଶୀଳ ମଣିଷ ଥିଲେ । ସେ ଶ୍ରୀମତୀ ବର୍ଟଙ୍କ ମନର ଅବସ୍ଥାକୁ ବୁଝିପାରିଥିଲେ ଏବଂ କେତେଜଣ ସିପାହୀଙ୍କୁ ନେଇ ସେମାନେ ଡୋରିସଙ୍କ ଘରକୁ ଯାଇଥିଲେ ।

ଡୋରିସଙ୍କ ଘର ପାଖକୁ ଯାଇ ଇନ୍‌ସପେକ୍ଟର ପାଖ ପଡ଼ୋଶୀଙ୍କୁ ପଚାରି ବୁଝିଥିଲେ ଯେ ବହୁତଦିନ ହେଲା ସେମାନେ ଡୋରିସଙ୍କୁ ଦେଖିନାହାନ୍ତି । ସେ

ଜାଣିପାରିଥିଲେ ଯେ ନିଶ୍ଚୟ କିଛି ଗୋଟେ ଘଟିଛି । ତାପରେ ସେମାନେ ଡୋରିସଙ୍କ ଘରକୁ ଯାଇଥିଲେ । ସେଠାରେ ଡୋରିସଙ୍କ ସ୍ୱାମୀ ଫ୍ରାନ୍‌ସିସ୍ (Francis) ସେମାନଙ୍କୁ ସ୍ୱାଗତ କରିଥିଲେ। ପଚାରିବାରୁ ସେ କହିଥିଲେ ଯେ, କିଛିଦିନ ତଳୁ ଡୋରିସ କେଉଁଆଡ଼େ ଚାଲିଯାଇଛନ୍ତି । ଏଇଟା ତାଙ୍କର ଅଭ୍ୟାସ । କିଛିଦିନ ପରେ ପୁଣି ସେ ଫେରି ଆସିବେ। ତାଙ୍କର କଥାବାର୍ତ୍ତାରୁ ଇନ୍‌ସପେକ୍ଟରଙ୍କର ସନ୍ଦେହ ଆହୁରି ବଢ଼ିଯାଇଥିଲା । ସେ ଘରର ସବୁ ଅଂଶ ନିରୀକ୍ଷଣ କରିବାରୁ ମନସ୍ଥ କରିଥିଲେ । ସେହି ସମୟରେ ହଠାତ୍ ଶ୍ରୀମତୀ ବର୍ଟଙ୍କର ଘର କୋଣରେ ଥିବା ଏକ ଓଭନ ଉପରେ ଦୃଷ୍ଟି ପଡ଼ିଥିଲା । ସେ ଇନ୍‌ସପେକ୍ଟରଙ୍କୁ ସେ ଓଭନଟି ଦେଖାଇ କହିଥିଲେ ଯେ ସ୍ୱପ୍ନରେ ସେ ଏହାକୁ ହିଁ ଦେଖିଥିଲେ । ଇନ୍‌ସପେକ୍ଟର ଓଭନ ପାଖରେ ଥିବା ଏକ କାନ୍ଥ ଆଲମାରୀକୁ ଖୋଲି ଦେଲେ । ସମସ୍ତଙ୍କୁ ଆଶ୍ଚର୍ଯ୍ୟ କରି ସେହି ଆଲମାରୀରୁ ଗୋଟେ ନରକଙ୍କାଳ ତଳକୁ ଖସି ପଡ଼ିଥିଲା । କହିବା ବାହୁଲ୍ୟ ଯେ ସେଇଟା ହିଁ ଡୋରିସଙ୍କ କଙ୍କାଳ ଥିଲା ।

ଇନ୍‌ସପେକ୍ଟରଙ୍କ ଜେରାରେ ଫ୍ରାନ୍‌ସିସ୍ ସବୁ ମାନିଯାଇଥିଲେ । ସେ ହିଁ ଡୋରିସଙ୍କୁ ହତ୍ୟା କରି ସେହି ଆଲମାରୀରେ ରଖିଥିଲେ । ଫ୍ରାନ୍‌ସିସ୍‌ଙ୍କର ବିଚାର ହୋଇ ଦଣ୍ଡ ମିଳିଥିଲା । ଇନ୍‌ସପେକ୍ଟର ଶ୍ରୀମତୀ ବର୍ଟଙ୍କୁ କହିଥିଲେ ଯେ ଆପଣଙ୍କ ସ୍ୱପ୍ନ ଯୋଗୁଁ ହିଁ ଗୋଟେ ହତ୍ୟାକାଣ୍ଡ ଲୋକ ଲୋଚନକୁ ଆସିପାରିଲା । ଶ୍ରୀମତୀ ବର୍ଟ କହିଲେ ଆପଣ କହୁଛନ୍ତି ମୋର ଅବଚେତନ ମନ ଯୋଗୁଁ ଏହା ସମ୍ଭବପର ହୋଇ ପାରିଛି । କିନ୍ତୁ ମୋର ଅବଚେତନ ମନ କିପରି ଜାଣିବ ଯେ ଓଭନ ନିକଟ କାନ୍ଥ ଆଲମାରୀରେ ଡୋରିସର ମୃତଦେହ ଅଛି ବୋଲି । କିନ୍ତୁ ଶ୍ରୀମତୀ ବର୍ଟ ଜାଣିଥିଲେ ସେ ଥିଲା ଡୋରିସର ଆତ୍ମା, ଯେକି ସ୍ୱପ୍ନରେ ତାଙ୍କୁ ତାର ହତ୍ୟା ରହସ୍ୟ ଜଣାଇ ଦେଇଥିଲା ।

ମୃତ ଡାକ୍ତରଙ୍କ ଚିକିତ୍ସା

ୱିଲିୟମ ଲାଙ୍ଗ ଡିସେମ୍ବର ୨୮ ତାରିଖ ୧୮୫୨ ମସିହାରେ ଇଂଲଣ୍ଡର ଏକ୍ସେଟରରେ ଜନ୍ମଗ୍ରହଣ କରିଥିଲେ । ସେ ଲଣ୍ଡନର ହ୍ୱାଇଟଚ୍ୟାପେଲ (Whitechapel) ରୁ ଡାକ୍ତରୀ ପାଶ କରି ତାଙ୍କର ଚିକିତ୍ସା ଆରମ୍ଭ କରିଥିଲେ । କେବଳ ସର୍ଜରୀ ନୁହେଁ, ଚିକିତ୍ସା ବିଜ୍ଞାନର ଅନ୍ୟାନ୍ୟ ବିଭାଗରେ ମଧ୍ୟ ଡାକ୍ତର ଲାଙ୍ଗ

ନିଜ କୃତିତ୍ୱ ରଖିଯାଇଛନ୍ତି । ଇଂଲଣ୍ଡର ବକିଙ୍ଗହମ୍‌ଶାୟାର୍ ଅନ୍ତର୍ଗତ ଆୟେଲସ୍‌ବରୀଠାରେ ତାଙ୍କର ଚିକିତ୍ସାଳୟ ଥିଲା । ତାହା ବ୍ୟତୀତ ସମଗ୍ର ଇଉରୋପ ଓ ଯୁକ୍ତରାଷ୍ଟ୍ର ଆମେରିକାର ବିଭିନ୍ନ ଅଞ୍ଚଳରେ ମଧ୍ୟ ତାଙ୍କର କ୍ଲିନିକ୍ ମାନ ରହିଥିଲା । ସେ ୧୩ ଜୁଲାଇ ୧୯୩୭ ମସିହାରେ ୮୪ ବର୍ଷ ବୟସରେ ପ୍ରାଣତ୍ୟାଗ କରିଥିଲେ ।

ମୃତ୍ୟୁ ସହିତ ତାଙ୍କର ଚିକିତ୍ସା ସରିଯାଇ ନ ଥିଲା । ଆଶ୍ଚର୍ଯ୍ୟ ଜନକ ଭାବେ ଏହି ମୃତ ଡାକ୍ତର ଜଣଙ୍କର ଆତ୍ମା ଅନ୍ୟ ଜଣେ ମଣିଷ ଦେହରେ ପ୍ରବେଶ କରି ରୋଗୀ ସେବା କରିଥିଲେ । ଏ କ୍ଷେତ୍ରରେ ଡାକ୍ତର ଲାଙ୍ଗଙ୍କ ମାଧ୍ୟମ ଥିଲେ ଜର୍ଜ ଚପମ୍ୟାନ ।

ଜର୍ଜ ଚପମ୍ୟାନ (George Chapman) ୪ ଫେବୃଆରୀ ୧୯୨୧ରେ ଲିଭରପୁଲ, ଇଂଲଣ୍ଡ ପାଖରେ ଜନ୍ମଗ୍ରହଣ କରିଥିଲେ । ଜର୍ଜ ଚପମ୍ୟାନ କୌଣସି ଡାକ୍ତର ନ ଥିଲେ । ସେ କ୍ଷେତ୍ରରେ ତାଙ୍କର କୌଣସି ବିଧିବଦ୍ଧ ଶିକ୍ଷା କିମ୍ବା ଅଭିଜ୍ଞତା ନ ଥିଲା । ଇଂଲଣ୍ଡର ରୟାଲ ଏୟାର ଫୋର୍ସ (Royal Air Force) ରେ ସେ ମାତ୍ର ୧୮ ବର୍ଷ ବୟସରେ ଯୋଗ ଦେଇ ଦ୍ୱିତୀୟ ବିଶ୍ୱଯୁଦ୍ଧ ସମୟରେ ଇନ୍‌ସଟ୍ରକ୍ଟର (instructor) ଭାବରେ କାର୍ଯ୍ୟ କରିଥିଲେ । ୨୨ ବର୍ଷ ବୟସରେ ତାଙ୍କର ବିବାହ ହୋଇଥିଲା । ଏହି ସମୟ ଭିତରେ ସେ ଗଭୀର ହତାଶାରେ ରହିଥିବାର ଜଣାଯାଇଥାଏ । ୧୯୪୫ରେ ମାତ୍ର ଏକମାସର ଶିଶୁକନ୍ୟା ଭିଭିଆନାକୁ ହରାଇ ସେ ଆହୁରି ଭାଙ୍ଗି ପଡ଼ିଥିଲେ । ଫଳ ସ୍ୱରୂପ ଜୀବନ ଓ ମୃତ୍ୟୁ ସଂପର୍କରେ ଅଧିକ ଜାଣିବା ପାଇଁ ସେ ପ୍ରଚୁର ପଢ଼ାପଢ଼ି ଆରମ୍ଭ କରିଥିଲେ । ମୃତ୍ୟୁ ପରେ କ'ଣ ଜୀବନ ଥାଏ ? ଏହି ପ୍ରଶ୍ନକୁ ନେଇ ସେ ଗବେଷଣା ଆରମ୍ଭ କରିଦେଇଥିଲେ । ସେହି ସମୟରେ ତାଙ୍କର ଜଣେ ବନ୍ଧୁ, ମୃତ୍ୟୁ ପରେ ବି ମଣିଷ ବଞ୍ଚି ରହିଥିବାର ଆଲୌକିକତା ବିଷୟରେ ସପ୍ରମାଣ ବୁଝାଇଥିଲେ । ଏ ଦିଗରେ କାମ କରୁ କରୁ ସେ ଆବିଷ୍କାର କରିଥିଲେ ଯେ, ଯେମିତି ତାଙ୍କ ଭିତରେ କିଏ ଜଣେ ତାଙ୍କୁ କହୁଛି, "ତୁମେ ଚିକିତ୍ସକ ହେବ ବୋଲି ତୁମକୁ ବଛାଯାଇଛି ।" ଏହାର କିଛିଦିନ ଭିତରେ ସେ ନିଜ ଭିତରେ ଏକ ଅଭିନବ ଶକ୍ତିର ସନ୍ଧାନ ପାଇଥିଲେ । ତାଙ୍କ ସାଙ୍ଗ ମାନଙ୍କ ଦେହ ଖରାପ ହେଲେ ସେ ତାର ନିରାକରଣ କରିପାରୁଥିଲେ । ପରଲୌକିକ ଶକ୍ତି ଉପରେ ଗବେଷଣା କରୁଥିବା ସେ ସମୟର ଜଣେ ପ୍ରସିଦ୍ଧ ଡାକ୍ତର ହଠାତ୍ ଦିନେ ଜର୍ଜ ଚପମାନଙ୍କୁ ଦେଖି କହିଥିଲେ ଯେ, ମୃତ ଡାକ୍ତର ଲାଙ୍ଗ ତାଙ୍କ ଶରୀରରେ ପ୍ରବେଶ କରିଛନ୍ତି । ଏହି ଡାକ୍ତର ଲାଙ୍ଗଙ୍କର ସହକର୍ମୀ ଥିଲେ ।

ଚପମ୍ୟାନ ଏବଂ ଲାଙ୍ଗଙ୍କ ଚିକିତ୍ସା ପୁରା ୬୫ ବର୍ଷକାଳ ଚାଲିଥିଲା ଏବଂ ୨୦୦୬ରେ ଚପମ୍ୟାନ୍‌ଙ୍କ ଦେହାନ୍ତ ସହ ଏହାର ଅନ୍ତ ହୋଇଥିଲା । ଏହି ସମୟରେ ସମସ୍ତ ରୋଗୀ ନିସନ୍ଦେହ ଭାବରେ କହୁଥିଲେ ଯେ ଚପମ୍ୟାନ୍‌ଙ୍କ ମାଧ୍ୟମରେ ଡାକ୍ତର ଲାଙ୍ଗ୍ ହିଁ ସବୁ କାର୍ଯ୍ୟ ସମ୍ପାଦନ କରୁଛନ୍ତି ।

ଥରେ ଜଣେ ଲେଖକ ଏବଂ ସାମ୍ବାଦିକ ଜେ. ବର୍ଣ୍ଣାଡ଼୍ ହଟନ୍ (J. Bernad Hutton) ତାଙ୍କର ଆଖିର ଚିକିତ୍ସା ପାଇଁ ଚପମ୍ୟାନ୍‌ଙ୍କ ପାଖକୁ ଆସିଥିଲେ । ତାଙ୍କୁ କୁହାଯାଇଥିଲା ଯେ ଡ. ଲାଙ୍ଗ୍ ତାଙ୍କର ଚିକିତ୍ସା କରିବେ । ସେ ଦେଖିଥିଲେ ଜଣେ ଲୋକ ଧଳା କୋର୍ଟ ପିନ୍ଧି ତାଙ୍କୁ ଡ. ଲାଙ୍ଗ୍ ବୋଲି ପରିଚୟ ଦେଇଥିଲେ । ତାଙ୍କର ଚକ୍ଷୁଦ୍ୱୟ ସବୁବେଳେ ବନ୍ଦ ଥିଲା । କିନ୍ତୁ ସେହି ବନ୍ଦ ଆଖିରେ ସେ ସବୁ କାର୍ଯ୍ୟ କରିପାରୁଥିଲେ । ତାଙ୍କର ବୁଢ଼ା ଆଙ୍ଗୁଠିକୁ ତାଙ୍କ ଆଖି ଉପରେ ରଖି ସେ ତାଙ୍କ ଆଖିର ଅବସ୍ଥା ଜାଣିପାରିଥିଲେ ଏବଂ କହିଥିଲେ ତାଙ୍କ ଆଖିର ଅପରେଶନ ପିଲାଦିନେ ହୋଇଥିଲା । ସେ ତାଙ୍କର ଦେହର ଅନ୍ୟାନ୍ୟ ଅଂଶକୁ ଛୁଇଁ ତାଙ୍କର ଅନ୍ୟ ରୋଗ ବିଷୟରେ ଜାଣିପାରିଥିଲେ ଏବଂ କହିଥିଲେ ଯେ ଏକ ହେପାଟାଇଟିସ ଜୀବାଣୁ ଯୋଗୁଁ ତାଙ୍କୁ non-Paralytic Poliomyeltis ରୋଗ ଅଛି ଯାହାକି ହଟନଙ୍କୁ ଆଗରୁ ଜଣେ ଡାକ୍ତର କହିଥିଲେ କିନ୍ତୁ ସେ ଲାଙ୍ଗ୍‌ଙ୍କୁ କହି ନ ଥିଲେ । ତାପରେ ଲାଙ୍ଗ୍ ତାଙ୍କୁ ଶୋଇ ଯିବାକୁ କହିଥିଲେ ଏବଂ ତାଙ୍କର ପୋଷାକ ନ ଖୋଲି ତାଙ୍କର ଅସ୍ତ୍ରୋପଚାର କରିବାକୁ ଲାଗିଥିଲେ । ଏପରିକି ମଝିରେ ମଝିରେ ସେ ତାଙ୍କର ଅଦୃଶ୍ୟ ସାହାଯ୍ୟକାରୀ (ଏପରିକି କି ତାଙ୍କ ପୁଅ ବାସିଲ, ଯେ କି ମରି ସାରିଥିଲେ) ଙ୍କୁ ବିଭିନ୍ନ ଉପକରଣ ଦେବା ପାଇଁ ଡାକୁଥିଲେ । ତାଙ୍କ ହାତ ଅପରେଶନ କଲା ପରି ଲାଗୁଥିଲା । ହଟନଙ୍କୁ କୌଣସି କଷ୍ଟ ଲାଗୁନଥିଲା । ଶେଷରେ ସେ ମଧ୍ୟ ତାଙ୍କ କ୍ଷତ ସିଲେଇ (Stich) ହେଲାପରି ଅନୁଭବ କରିଥିଲେ । ସେ ସଂପୂର୍ଣ୍ଣ ରୋଗମୁକ୍ତ ହୋଇ ପାରିଥିଲେ । ସେ ତାଙ୍କର ଏହି ଅଭିଜ୍ଞତା ଗୋଟେ ବହି Healing Hands ରେ ଲେଖିଛନ୍ତି । ଏହିପରି ଚପମ୍ୟାନ୍‌ଙ୍କ ମାଧ୍ୟମରେ ବହୁତ ରୋଗୀଙ୍କ ସଫଳ ଚିକିତ୍ସା ହୋଇପାରିଥିଲା ।

୧୯୪୭ରେ ଚପମ୍ୟାନ୍ ମୃତ ଡାକ୍ତର ଲାଙ୍ଗ୍‌ଙ୍କ ଝିଅ ଲାୟଣ୍ଡନ୍‌ଙ୍କୁ ଭେଟିଥିଲେ ଏବଂ ତାପରେ ସେମାନେ ଦୁହେଁ ଭଲ ବନ୍ଧୁ ହୋଇଯାଇଥିଲେ । ଲାୟଣ୍ଡନ୍ ଚପମ୍ୟାନ୍‌ଙ୍କ ମାଧ୍ୟମରେ ତାଙ୍କ ମୃତ ପିତାଙ୍କ ସହ ଅନେକ ଥର କଥାବାର୍ତ୍ତା ହୋଇଥିବା ସଂପର୍କରେ ନିଜେ ଲେଖିଛନ୍ତି । ଡାକ୍ତର ଲାଙ୍ଗ୍‌ଙ୍କ ନାତୁଣୀ ଶ୍ରୀମତୀ ସୁସାନ୍ ଫଏରଟଲଫ

କିନ୍ତୁ ପ୍ରଥମେ ଏହାକୁ ବିଶ୍ୱାସ କରି ପାରି ନ ଥିଲେ । ସେ ଋପମ୍ୟାନ୍‌ଙ୍କୁ ଠକ ବୋଲି ପ୍ରମାଣ କରିବା ପାଇଁ ଆୟଲେସ୍‌ବରୀ ଆସିଥିଲେ । କିନ୍ତୁ ଶେଷରେ କହିବାକୁ ବାଧ ହୋଇଥିଲେ ଯେ, ଋପମ୍ୟାନ୍ ମିଛୁଆ ନୁହନ୍ତି । ସେହିପରି ଜଣେ ଲେଖକ ଡେଭିଡ୍ ହାଭେ ଋପମ୍ୟାନ୍‌ଙ୍କୁ ଭେଟି, ତାଙ୍କର କାର୍ଯ୍ୟ ଅନୁଶୀଳନ କରି ଲେଖିଛନ୍ତି ଯେ ପ୍ରକୃତରେ ଡାକ୍ତର ଲାଙ୍ଗ୍‌ଙ୍କ ଆତ୍ମା ହିଁ ଜର୍ଜ ଋପମ୍ୟାନ୍‌ଙ୍କ ଭିତରେ ରହି ଚିକିତ୍ସା କରୁଥିଲା । କେବଳ ଶରୀର ଗଠନରେ ଦୁଇଜଣଙ୍କ ଭିତରେ ଅସାମଞ୍ଜସ୍ୟତା ଥିଲା । କିନ୍ତୁ ସେ ଡାକ୍ତର ଲାଙ୍ଗ୍ ହିଁ ଥିଲେ । ଜର୍ଜ ଋପମ୍ୟାନ୍ ଏବଂ ରୟ ଷ୍ଟେମାନ (Roy Stemman) ଙ୍କ ଦ୍ୱାରା ଲିଖିତ ସର୍ଜନ ଫ୍ରମ ଆନାଦର ଓ୍ୱାର୍ଲଡ୍ (Surgeon from another world) ରେ ଏ ସବୁ ବିଷୟରେ ସବିଶେଷ ବିବରଣୀ ମିଳିପାରିବ ।

■

॥ ୩ ॥
ଆତ୍ମାମାନଙ୍କ ସାଙ୍ଗରେ ସଂପର୍କ

ମଣିଷର ଯଦି ଆତ୍ମା ଅଛି ତେବେ ତା'ର ମୃତ୍ୟୁ ପରେ ତାହାର ଆତ୍ମା ସାଙ୍ଗରେ ସମ୍ପର୍କ ସ୍ଥାପନ କରି ହେବକି ନାହିଁ ? ଏହାର ଉତ୍ତର ହେଉଛି ହଁ । ଯେମିତିକି ରେଡ଼ିଓ କିମ୍ବା ଟେଲିଭିଜନର ଆଣ୍ଟେନା ଶୂନ୍ୟରେ ଥିବା ରେଡ଼ିଓ ବା ଟେଲିଭିଜନର ତରଙ୍ଗକୁ ଗ୍ରହଣ କରି ରେଡ଼ିଓ ବା ଟେଲିଭିଜନକୁ ପଠାଇଥାଏ ଯାହାଦ୍ୱାରା ଆମେ ରେଡ଼ିଓ ଶୁଣିପାରୁ ବା ଟେଲିଭିଜନ ଦେଖିପାରୁ ସେହିପରି ଆତ୍ମା ମାନଙ୍କ ସାଙ୍ଗରେ ସମ୍ପର୍କ ସ୍ଥାପନ ପାଇଁ ଆଣ୍ଟେନା ଦରକାର । ସେହି ଆଣ୍ଟେନା ହେଉଛନ୍ତି ବିଶେଷ ମଣିଷ ମାନେ ଯେଉଁମାନଙ୍କର ଦେହରେ କିଛି ମାନସିକ ଶକ୍ତି (Phychic Power) ଅଛି ଯାହାଦ୍ୱାରା ଆତ୍ମା ମାନେ ସେହିମାନଙ୍କ ମାଧ୍ୟମରେ ସାଧାରଣ ଲୋକମାନଙ୍କ ସାଙ୍ଗରେ ସମ୍ପର୍କ ସ୍ଥାପନ କରିପାରିଥାନ୍ତି ।

ଆମେମାନେ ପିଲାଦିନେ ଦେଖୁଥିଲେ କିଛି ସ୍ଥାନରେ କାଳସୀ ଲାଗନ୍ତି । ମାନେ କାଳସୀ ଜଣେ ବ୍ୟକ୍ତି ଯାହାଙ୍କ ଦେହରେ ଆତ୍ମା ବା ଠାକୁରାଣୀ ପ୍ରବେଶ କରି ଲୋକମାନଙ୍କର ଆଗତ ଭବିଷ୍ୟତ କଥା କହିଥାନ୍ତି ଏବଂ ବିପଦ ଆପଦର ନିରାକରଣ କରିଥାନ୍ତି । ଯଦିଓ ଏଥିରୁ ଅଧିକାଂଶ ଠକ ହୋଇଥାନ୍ତି ତଥାପି ପ୍ରକୃତରେ ଏପରି କିଛି ବ୍ୟକ୍ତି ଅଛନ୍ତି ଯାହାଙ୍କ ଦେହରେ ପରଲୋକର ଆତ୍ମା ପ୍ରବେଶ କରିଥାନ୍ତି ।

୧୮୬୦ ମସିହାରେ ଲିଖିତ ତାଙ୍କର ବହି "ଦି ସ୍ପିରିଟସ୍ ବୁକ୍" (The Spirts Book) ରେ ଆଲାନ କାର୍ଡ଼େକ (Allan Kardec) ଲେଖିଛନ୍ତି ଯେ, ସେହି ମାଧ୍ୟମ ମାନଙ୍କର ପାଞ୍ଚ ପ୍ରକାର ଶକ୍ତିଥାଏ ଯାହାଦ୍ୱାରା ସେମାନେ ଆତ୍ମା ମାନଙ୍କ ସହ ସମ୍ପର୍କ ସ୍ଥାପନ କରିପାରିଥାନ୍ତି ।

୧-କ୍ଲେରଭୋୟାନ୍ସ (Clairvoyance) - ଯେଉଁଥିରେ ଜଣେ ସାଧାରଣ ମଣିଷ ଦେଖି ନ ପାରୁଥିବା ଜିନିଷକୁ ମାଧ୍ୟମ ଜଣଙ୍କ ଦେଖିପାରେ ଏବଂ ମୃତବ୍ୟକ୍ତିର ନିର୍ଜୀବ ବସ୍ତୁରୁ କିଛି ଦେଖିପାରେ ବା ଜାଣିପାରେ ।

୨-କ୍ଲେରଅଡ଼ିଏନ୍ସ (Clairaudience) - ଯେ କି ଅଶରିରୀ ଆତ୍ମାର ସ୍ୱର ଶୁଣିପାରେ ।

୩-କ୍ଲେରସେଣ୍ଟିଏନ୍ସ (Clairsentience) - ଆତ୍ମାର ଉପସ୍ଥିତିକୁ ଜାଣି ପାରିବାର ଶକ୍ତି ।

୪-କ୍ଲେରକଗ୍ନିଜନ୍ସ (Claircognizance) - କ'ଣ ଘଟିବାକୁ ଯାଉଛି କିମ୍ବା ଘଟିଯାଇଛି ତାହା ଜାଣିବାର ଶକ୍ତି ।

୫-କ୍ଲେରଆଲିଏନ୍ସ (Clairalience) - ଗନ୍ଧ ବା ବାସ୍ନାରୁ ଯେପରିକି ଅତର ବା ଟବାକୋ ବାସ୍ନାରୁ ଆତ୍ମାକୁ ଜାଣିବାର ଶକ୍ତି ।

ଏହି ଦିବ୍ୟ ଦୃଷ୍ଟି ବା ଆଲୌକିକ ଶକ୍ତି ବିଷୟରେ ବହୁତ ଦେଶ ଏପରିକି ଆମେରିକା ଏବଂ ପୂର୍ବର ସୋଭିଏତ୍ ରୁଷ ମଧ୍ୟ ବୈଜ୍ଞାନିକ ଗବେଷଣା ପାଇଁ ପ୍ରୋତ୍ସାହନ ଯୋଗାଇ ଦେଇଥିଲେ । ଯୁକ୍ତରାଷ୍ଟ୍ର ଆମେରିକାର ସୋସାଇଟି ଫର୍ ସାଇକିକାଲ ରିସର୍ଚ୍ଚ (Society for Phychical Research) ଏହି ଅସାଧାରଣ, ଆଲୌକିକ, ଭୌତିକ ତଥା ଦିବ୍ୟ ଦୃଷ୍ଟି ଶକ୍ତି ଉପରେ ୧୯୭୦ ମସିହାରୁ ଗବେଷଣା କରି ଆସୁଛି ।

୧୯୭୨ରେ, SPR ସହିତ ସଂଯୁକ୍ତ ଅଧ୍ୟୟନରେ, ହରୋଲ୍ଡ ପୁଥୋଫ୍ ଏବଂ ରସେଲ ଟାର୍ଗ ଅନୁସନ୍ଧାନ କରିଥିଲେ ଯେ, ମାନସିକ ଶକ୍ତି ଥିବା ବୋଲି ଦାବି କରୁଥିବା ବ୍ୟକ୍ତିମାନେ ସେମାନଙ୍କର ମାନସିକ ଶକ୍ତିକୁ ବ୍ୟବହାର କରି କିଛି ଜିନିଷକୁ ଠିକ୍ ଭାବରେ ଚିହ୍ନଟ କରିପାରୁଛନ୍ତି ଯାହା ସେମାନେ ବା ସାଧାରଣ ଲୋକ ଦେଖି ପାରୁନାହାନ୍ତି । ଷ୍ଟାନଫୋର୍ଡ଼ ଅନୁସନ୍ଧାନ ପ୍ରତିଷ୍ଠାନ (Stanford research Institute) ରେ ଏହି ଅଧ୍ୟୟନରୁ ଏହି ସିଦ୍ଧାନ୍ତରେ ଉପନିତ ହୋଇଥିଲାଯେ ଟାର୍ଗ ଏବଂ ପୁଥୋଫ୍‌ଙ୍କ ଦ୍ୱାରା ପ୍ରସ୍ତୁତ ଏକ ନୂତନ ଶବ୍ଦ "ସୁଦୂର ଦର୍ଶନ" (Remote viewing) ସମ୍ଭବ ଥିଲା ଏବଂ ସମ୍ଭବ ଅଟେ । ସେମାନେ ବିଶ୍ୱାସ କରୁଥିଲେ ଯେ ଏହି ଆଲୌକିକ ମାନସିକ ଦକ୍ଷତା ବହୁ ପ୍ରସିଦ୍ଧ ବ୍ୟକ୍ତି ଯେପରିକି ଉରି ଗେଲର, ପ୍ୟାଟ୍ ପ୍ରାଇସ ଏବଂ ଲଙ୍ଗୋ ସ୍ୱାନ ପ୍ରଭୃତିଙ୍କ ପାଖରେ ଥିଲା ଯାହାକୁ "ଅତିରିକ୍ତ ସମ୍ବେଦନଶୀଳ ମାନସିକ ଦକ୍ଷତା" ଭାବରେ ବର୍ଣ୍ଣନା କରାଯାଇପାରେ ।

■

।। ୪ ।।

ଆତ୍ମାମାନଙ୍କ ସଂସ୍ପର୍ଶରେ ଆସିଥିବା କିଛି ମାଧ୍ୟମ

••

ଡେନ୍‌ମାର୍କର ଜଣେ ମାଧ୍ୟମ ଆନ୍ନା ରାସ୍‌ମୁସିନଙ୍କର ଆତ୍ମା ମାନଙ୍କ ସାଙ୍ଗରେ ଅଦ୍‌ଭୁତ ସଂପର୍କ ଥିଲା । ତାଙ୍କର ଆଶ୍ଚର୍ଯ୍ୟାନ୍ୱିତ ଶକ୍ତି ବିଷୟରେ ସେ ବାର ବର୍ଷରୁ ହିଁ ଜାଣିପାରିଥିଲେ । ୧୯୨୦ ମସିହାରେ ବହୁତ ବୈଜ୍ଞାନିକ ତାଙ୍କ ସହିତ ମିଶି ବିଭିନ୍ନ ପ୍ରୟୋଗ ତଥା ଗବେଷଣା କରିଥିଲେ । ପଲିଟେକ୍‌ନିକ୍ ଏକାଡ଼େମୀ, କୋପେନ୍‌ହାଗେନର ପ୍ରଫେସର ଖ୍ରୀଷ୍ଟିୟାନ ଊିନ୍‌ଥର ତାଙ୍କ ସହିତ ୧୧୬ଟି ବୈଠକ କରିଥିଲେ ଯଉଁଥିରେ ମୃତ ଆତ୍ମା ମାନଙ୍କୁ ଆବାହାନ କରାଯାଉଥିଲା ଏବଂ ପ୍ରତିଥର ସେହି ଆତ୍ମା ମାନଙ୍କ ଦ୍ୱାରା କିଛି ନା କିଛି ଶାରିରୀକ କାର୍ଯ୍ୟ କରାଯାଉଥିଲା ।

ସେହି ସମୟରେ ବ୍ରିଟେନରେ ମଧ୍ୟ ଜଣେ ମହିଳା ନର୍ସ ଷ୍ଟେଲା କ୍ରାନ୍‌ସ ଜଣେ ମାଧ୍ୟମ ଭାବରେ ପ୍ରସିଦ୍ଧି ଲାଭ କରିଥିଲେ । ସେ ଜଣେ ଗବେଷଣାକାର ହାରୀ ପ୍ରାଇସଙ୍କର ନାସନାଲ ଲାବୋରାଟରୀ ଅଫ ଫିଜିକାଲ ରିସର୍ଚ୍ଚ (National Laboratory of Physical Research) ଲଣ୍ଡନରେ ନିଜ ଶକ୍ତିର ପରୀକ୍ଷା ଦେବା ପାଇଁ ରାଜି ହୋଇଥିଲେ । ହାରୀ ପ୍ରାଇସ କୌଣସି ଠକାମୀ କି ଧୋକାଘଡ଼ିକୁ ରୋକିବା ପାଇଁ ଏକ ସ୍ୱତନ୍ତ୍ର ଟେବୁଲ ତିଆରି କରିଥିଲେ । ପ୍ରକୃତରେ ସେ ଟେବୁଲଟି ଦୁଇଟି ଟେବୁଲର ସମାହାର ଥିଲା ଯାହା ଗୋଟିକ ତଳେ ଆଉ ଗୋଟିଏ ଟେବୁଲ

ଥିଲା । ତଳ ଟେବୁଲରେ ଗୋଟେ ଟ୍ରାପ ଦ୍ୱାର ଖଞ୍ଜା ଯାଇଥିଲା ଯାହା କେବଳ ତଳ ପଟରୁ ହିଁ ଖୋଲି ପାରିବ । ହାରମୋନିୟନ, ଘଣ୍ଟି ପ୍ରଭୃତି ବାଦ୍ୟ ଯନ୍ତ୍ର ଗୁଡ଼ିକ ତଳ ଟେବୁଲର ଗୋଡ଼ରେ ଲାଗିଥିବା ଗୋଟେ ଥାକରେ ରହିଥିଲା । ପ୍ରତି ଟେବୁଲର ଚାରିପାଖ କାଠ ପଟା ଦ୍ୱାରା ବନ୍ଦ କରାଯାଇଥିଲା । ଏହା ଏଇଥିପାଇଁ କରାଯାଇଥିଲା ଯେ କୌଣସି ମଣିଷ ସେହି ବାଦ୍ୟଯନ୍ତ୍ର ଗୁଡ଼ିକ ଛୁଇଁବା ପୁରାପୁରି ଅସମ୍ଭବ ।

ଷ୍ଟେଲା କ୍ରାନ୍ସ ସେହି ଟେବୁଲ ପାଖରେ ଅନ୍ୟମାନଙ୍କ ପାଖରେ ଅନ୍ୟମାନଙ୍କ ସହ ବସି ଯାଇଥିଲେ । ପୁରା ଘଟଣା ସମୟରେ ସେମାନଙ୍କ ଭିତରୁ ଦୁଇଜଣ ଷ୍ଟେଲାଙ୍କର ଦୁଇ ହାତ ଏବଂ ଦୁଇ ଗୋଡ଼କୁ ଧରି ରଖିଥିଲେ । ଯେତେବେଳେ ଷ୍ଟେଲା ସମ୍ମୋହିତ ସ୍ତରକୁ ଚାଲିଯାଇଥିଲେ ସେତେବେଳେ ଭିତରେ ଥିବା ଘଣ୍ଟି ଏବଂ ହାରମୋନିୟନ ବାଜିବାକୁ ଲାଗିଥିଲା । ଟେବୁଲ ଉପରେ ଥିବା ଟ୍ରାପ ଦ୍ୱାରଟି ଭିତର ପଟୁ ଖୋଲି ଯାଇଥିଲା ଏବଂ ଯେତେବେଳେ ସେହି ସ୍ଥାନରେ ଗୋଟେ ରୁମାଲକୁ ବିଛାଇ ଦିଆଯାଇଥିଲା, ବସିଥିବା ଲୋକମାନେ ଆଙ୍ଗୁଠି ପରି ଜିନିଷ ରୁମାଲ ତଳେ ଗତି କରୁଥିବାର ଜାଣିପାରିଥିଲେ । ଏହାହିଁ ଥିଲା ଷ୍ଟେଲାଙ୍କ ଦ୍ୱାରା ଆବାହାନ କରାଯାଇଥିବା ଆତ୍ମା ମାନଙ୍କର ଖେଳ ।

●●

ଜନ୍ କ୍ୟାମ୍ପବେଲ ସ୍ଲୋଆନ (John Campbell Sloan) ହେଉଛନ୍ତି ଜଣେ ମାଧ୍ୟମ ଯାହାଙ୍କ ଉପସ୍ଥିତିରେ ଆତ୍ମା ମାନେ ସେମାନଙ୍କର ନିକଟ ସଂପର୍କୀୟ ମାନଙ୍କ ସାଙ୍ଗରେ କେବଳ କଥାବାର୍ତ୍ତା କରିପାରିଥାନ୍ତି । ୨୦ ସେପ୍ଟେମ୍ବର ୧୯୧୮ରେ ଏହିପରି ଏକ ଘଟଣା ଘଟିଥିଲା ଜେ. ଆର୍ଥର ଫିଣ୍ଡଲେ (J. Arthur Findlay) ଙ୍କ ସାଙ୍ଗରେ । ଗୋଟେ ଅନ୍ଧାର ରୁମ୍‌ରେ ସେ ବସିଥିବା ବେଳେ ହଠାତ୍ ତାଙ୍କ ସମ୍ମୁଖରୁ ଗୋଟେ ସ୍ୱର ଶୁଣାଯାଇଥିଲା । ସେ ଡରିଯାଇଥିଲେ । ସେ ପଚାରିଥିଲେ "ତୁମେ କିଏ ?" ସେହି ସ୍ୱରରୁ ଉତ୍ତର ଆସିଥିଲା, "ତୁମର ବାପା, ରବର୍ଟ ଡୋଉନି ଫିଣ୍ଡଲେ" ସେହି କଥାବାର୍ତ୍ତା ଭିତରେ ତାଙ୍କର ପିତା ଏମିତି କିଛି ବିଷୟରେ କଥା ହୋଇଥିଲେ ଯାହାକି ସେ, ତାଙ୍କ ପିତା ଏବଂ ଆଉ ଜଣେ ବ୍ୟକ୍ତିଙ୍କ ବ୍ୟତୀତ ଆଉ କେହି ଜାଣି ନ ଥିଲେ । ସେ ଆଉଜଣେ ବ୍ୟକ୍ତି ମଧ୍ୟ ଇହଧାମ ତ୍ୟାଗ କରି ସାରିଥିଲେ । ତେଣୁ ଫିଣ୍ଡଲେ କେବଳ ଏ ଜଗତରେ ଏକମାତ୍ର ବ୍ୟକ୍ତି ଥିଲେ ଯେକି ସେହି ବିଷୟରେ ଜାଣିଥିଲେ । କିନ୍ତୁ ଆଶ୍ଚର୍ଯ୍ୟର କଥା, ତାଙ୍କ ପିତାଙ୍କର କଥାବାର୍ତ୍ତା ଶେଷ ହୋଇଗଲା ପରେ ଆଉ ଜଣେ ବ୍ୟକ୍ତି ଆସିଥିଲେ, ଡେଭିଡ୍ କିଡ୍‌ଷ୍ଟୋନ୍ (David Kidston),

ଯେ କି ସେହି ବ୍ୟକ୍ତି ଥିଲେ ଯେ ଏହି ବିଷୟରେ ଜାଣିଥିଲେ । ସେ ମଧ୍ୟ ସେହି ବିଷୟରେ କିଛି କଥା ହୋଇଥିଲେ । ଫିଣ୍ଡ୍‌ଲେ କହିଛନ୍ତି ଯେ, ସେ ସେହି ସମାବେଶରେ ପୁରାପୁରି ନୂଆ ଥିଲେ । ସେଠାରେ ତାଙ୍କୁ କେହି ଜାଣି ନ ଥିଲେ । ତଥାପି ମଧ୍ୟ ସ୍ଲୋଆନଙ୍କ ଶକ୍ତି ଯୋଗୁଁ ସେ ତାଙ୍କ ବାପା ତଥା ଡେଭିଡ଼ଙ୍କ ସହିତ କଥାବାର୍ତ୍ତା ହୋଇପାରିଥିଲେ ।

●●

ଦୁଇ ବର୍ଷର ନାଦ୍‌ଜା ମାଟେଇ (Nadja Mattei) ୧୯୬୫ ମସିହାରେ ମୃତ୍ୟୁବରଣ କରିଥିଲେ । ତାଙ୍କ ମା' କହୁଥିଲେ ଯେ, ଦୀର୍ଘ ୧୨ ବର୍ଷ କାଳ ତାଙ୍କ ଝିଅ ତାଙ୍କ ସ୍ୱପ୍ନରେ ଆସୁଛି ଏବଂ ତାକୁ କଫିନ୍‌ରୁ ବାହାରକୁ ଆଣିବାକୁ ଅନୁରୋଧ କରୁଛି । ୧୯୭୭ ମସିହାରେ ଅଧିକାରୀ ମାନେ ତାଙ୍କୁ ଅନୁମତି ଦେଇଥିଲେ ତାଙ୍କ ଝିଅର କଫିନ ଖୋଲି ବାହାର କରିବାକୁ । କଫିନ ଖୋଲିଲା ପରେ ସମସ୍ତେ ଆଶ୍ଚର୍ଯ୍ୟ ହୋଇଯାଇଥିଲେ । ଝିଅଟିର ୧୨ ବର୍ଷ ତଳର ମୃତଦେହ ପୁରା ପୁରି ସତେଜ ରହିଥିଲା ।

●●

ଉନ୍ନତ ଦେଶ ମାନଙ୍କରେ ଗଭୀର ଭାବରେ ପିଡ଼ିତ କିମ୍ବା ମରଣାସନ୍ନ ରୋଗୀ ମାନଙ୍କୁ ଡାକ୍ତରଖାନାରେ ଭର୍ତ୍ତି କରାଯାଇଥାଏ । ସେଠାରେ ସେମାନେ ଚିକିତ୍ସିତ ହୋଇଥାନ୍ତି ଏବଂ ପୁରାପୁରି ଅଜଣା ଲୋକମାନଙ୍କ ମଧ୍ୟରେ ମୃତ୍ୟୁବରଣ କରିଥାନ୍ତି । ଏହିପରି ରୋଗୀ ମାନଙ୍କର ଶେଷ ଅବସ୍ଥାରେ ଧୈର୍ଯ୍ୟ, ସାହାସ ତଥା ଉପଦେଶ ଦେବା ପାଇଁ ଆମେରିକାର ଜଣେ ଡାକ୍ତର ଏଲିଜାବେଥ କୁବ୍‌ଲାର ରସ୍ (Elisabeth Kubler Ross) ଆଗେଇ ଆସିଥିଲେ । ୧୯୭୪ ମସିହାରେ ଡ. କୁବ୍‌ଲର ରସ୍ ଏହିପରି କହିଥିଲେ- "ମୃତ୍ୟୁ ମୁଖରେ ପଡ଼ିବାକୁ ଯାଉଥିବା ରୋଗୀ ମାନଙ୍କ ସାଙ୍ଗରେ କାମ କରିବା ପୂର୍ବରୁ, ମୁଁ ମୃତ୍ୟୁ ପରେ ଜୀବନର ସତ୍ତା ଅଛି ବୋଲି କେବେ ବି ବିଶ୍ୱାସ କରି ନ ଥିଲି । କିନ୍ତୁ ଏବେ ମୁଁ ଏହାକୁ ତିଳେମାତ୍ର ସନ୍ଦେହ ନ କରି ବିଶ୍ୱାସ କରୁଛି ।"

ତାଙ୍କର ଅଭିଜ୍ଞତାରୁ ସେ କହିଛନ୍ତି ଯେ, ଜଣେ ଭୀଷଣ ଭାବରେ ରୋଗାକ୍ରାନ୍ତ ଲୋକ ମୃତ୍ୟୁ ପୂର୍ବରୁ ପାଞ୍ଚୋଟି ସ୍ତର ଦେଇ ଗତି କରିଥାଏ ଯଦିଓ ସେ ଶେଷ ସ୍ତରକୁ ମୃତ୍ୟୁ ପୂର୍ବରୁ ପହଞ୍ଚି ପାରିଥାଏ ବା ନ ପାରିଥାଏ । ପ୍ରଥମଟି ହେଉଛି ଅସ୍ୱୀକାର କରିବା । ଯେପରିକି "ଏପରି ମୋ ସହିତ ହୋଇ ପାରିବ ନାହିଁ ।" ଏବଂ "ମୁଁ ଏ ବିଷୟରେ

କାହା ସାଙ୍ଗରେ କଥାବାର୍ତ୍ତା କରିବି ନାହିଁ ।” ଦ୍ୱିତୀୟଟି ହେଉଛି “କ୍ରୋଧ” । ମୁଁ କାହିଁକି ? ମୋ ଠାରୁ ବଡ଼, ଅଶିକ୍ଷିତ ବା ଅନ୍ୟ ମାନଙ୍କୁ କାହିଁକି ଏପରି ହେଲାନି ? ତୃତୀୟ ସ୍ତର ହେଉଛି “ମୂଲଚଲ” । ମାନେ ସେ କହିଥାନ୍ତି “ମୁଁ ଯଦି ତୁମ କଥା ଅନୁସାରେ କାମ କରିବି ତେବେ ତୁମେ କ’ଣ ମୋତେ ଭଲ କରିଦେବ ?” ତାପରେ ଚତୁର୍ଥ ସ୍ତରରେ “ଅବସାଦ” । ପ୍ରକୃତରେ ମୁଁ ମରିବାକୁ ଯାଉଛି ଏବଂ ଶେଷରେ “ସ୍ୱୀକାର ।”

ଏହି ଶେଷ ଅବସ୍ଥାରେ ନର୍ସମାନେ କହିଥାନ୍ତି ଯେ, ରୋଗୀର ବ୍ୟବହାରରେ ଆମୂଳଚୁଳ ପରିବର୍ତ୍ତନ ହୋଇଥାଏ । ସେ ଅଶରିରୀ ମାନଙ୍କର ସ୍ୱର ଶୁଣିପାରିଥାନ୍ତି । ତାଙ୍କର ମରିଯାଇଥିବା ସଂପର୍କୀୟ ମାନଙ୍କୁ ଦେଖି ପାରିଥାନ୍ତି ଯେଉଁମାନେ ବୋଧହୁଏ ତାଙ୍କୁ ତାଙ୍କର ନୂତନ ସ୍ଥାନକୁ ନେଇ ଯିବାରୁ ଆସିଥାନ୍ତି । ଇତ୍ୟାଦି ଇତ୍ୟାଦି ।

ଡ. କୁବ୍‌ଲର ରସ୍ ଏମିତି ବହୁତ ମୃତ୍ୟୁଗାମୀ ରୋଗୀ ମାନଙ୍କୁ ସାହାଯ୍ୟ କରିଥିଲେ । ତାଙ୍କ ଜୀବନରେ ତାଙ୍କର ବହୁତ ଭୌତିକ ତଥା ଆଧ୍ୟାତ୍ମିକ ଅଭିଜ୍ଞତା ଥିଲା । ଦିନେ ସେ ତାଙ୍କ ଅଫିସରେ ବସିଥିବା ବେଳେ ତାଙ୍କର ଜଣେ ପୂର୍ବତନ ରୋଗୀ ତାଙ୍କ ଅଫିସ ଗୃହକୁ ପଶି ଆସିଥିଲେ ଏବଂ ତାଙ୍କୁ ତାଙ୍କ କାମର ପ୍ରଶଂସା କରିବା ସାଙ୍ଗେ ସାଙ୍ଗେ ତାକୁ ଜାରି ରଖିବାକୁ ଅନୁରୋଧ କରିଥିଲେ । କୁବ୍‌ଲର ରସ୍ ସାଙ୍ଗେ ସାଙ୍ଗେ ତାଙ୍କୁ ଶ୍ରୀମତୀ ଶ୍ୱାର୍ଯ (Mrs Schwartz) ବୋଲି ଚିହ୍ନି ପାରିଥିଲେ । କିନ୍ତୁ ଭାବିଥିଲେ ଯେ ତାଙ୍କର ବୋଧହୁଏ ମତିଭ୍ରମ ହୋଇଯାଇଛି । କାହିଁକି ନା ଶ୍ରୀମତୀ ଶ୍ୱାର୍ଯ ସେତେବେଳକୁ କିଛିଦିନ ତଳେ ମରିଯାଇଥିଲେ । ତଥାପି ତାଙ୍କର ଡାକ୍ତରୀ ଶିକ୍ଷା ପାଇଥିବା ମସ୍ତିସ୍କ କାମ କରିଥିଲା । ସେ ସାଙ୍ଗେ ସାଙ୍ଗେ ଗୋଟେ କାଗଜ ଏବଂ କଲମ ଶ୍ରୀମତୀ ଶ୍ୱାର୍ଯଙ୍କୁ ଦେଇଥିଲେ ଏବଂ ତାଙ୍କୁ ସେଥିରେ କିଛି ଲେଖି ତାଙ୍କର ଦସ୍ତଖତ ଏବଂ ତାରିଖ ପକାଇବାକୁ କହିଥିଲେ ଯାହାକୁ ସେ କରିଥିଲେ ଏବଂ ଚାଲିଯାଇଥିଲେ । ତାଙ୍କର ଲେଖା ଏବଂ ଦସ୍ତଖତ ହସ୍ତଲେଖା ବିଶାରଦଙ୍କ ଦ୍ୱାରା ପୁଙ୍ଖାନୁପୁଙ୍ଖା ଭାବରେ ପରୀକ୍ଷା କରାଯାଇଥିଲା । ଏବଂ ତାହା ଶ୍ରୀମତୀ ଶ୍ୱାର୍ଯଙ୍କର ବୋଲି ପ୍ରମାଣ ହୋଇଥିଲା ।

■

॥ ୫ ॥
ମୃତବ୍ୟକ୍ତିଙ୍କ ଶେଷ ବିଦାୟ

ଆମ ନିଜ ପରିବାର ବା ନିକଟ ସମ୍ପର୍କୀୟ ମାନଙ୍କ ମଧ୍ୟରୁ କିଏ ସେ ପ୍ରାଣତ୍ୟାଗ କଲେ ଆମେ ହଠାତ୍ ତାହାକୁ ବିଶ୍ୱାସ କରି ପାରୁନଥାଏ । କେତେକ କ୍ଷେତ୍ରରେ ଯେତେବେଳେ କେହି ନିଜ ଲୋକ ମରି ଯାଇଥାନ୍ତି, ସେ ପରଲୋକକୁ ଯିବା ଆଗରୁ ନିଜ ପ୍ରିୟଲୋକ ମାନଙ୍କୁ ବିଦାୟ ଜଣାଇଥାନ୍ତି ।

ସେହିପରି କେତୋଟି ଘଟଣା

••

ବିଲ କହିଛନ୍ତି ଯେ, ମୋର ଜେଜେବାପାଙ୍କୁ ପାକସ୍ଥଳୀରେ କ୍ୟାନସର ହୋଇଥିବାର ୨୦୦୫ ମସିହାରେ ଜଣା ପଡ଼ିଥିଲା । ଆମେମାନେ ତାଙ୍କୁ ବହୁତ ଭଲ ପାଉଥିଲୁ । ଘରେ ସମସ୍ତେ ବ୍ୟସ୍ତ ହୋଇପଡ଼ିଥିଲେ । ଯାହାହେଉ ଡାକ୍ତରଖାନାରେ ଚିକିତ୍ସା ଏବଂ ଔଷଧ ଖାଇବାରୁ ସେ ଟିକେ ଭଲ ହୋଇ ଆସୁଥିଲେ । କିନ୍ତୁ ୨୦୦୭ ମସିହାରେ ତାଙ୍କର ଦେହ ଅବସ୍ଥା ଦ୍ରୁତ ଗତିରେ ଅବନତି ହେବାରୁ ଲାଗିଲା ଏବଂ ତାଙ୍କୁ ପୁଣି ଡାକ୍ତରଖାନା ଭର୍ତ୍ତି କରାଯାଇଥିଲା । ଆମେ ସବୁ ପାଳିକରି ତାଙ୍କୁ ଜଗୁଥିଲୁ ଯଦିଓ ଅଧିକାଂଶ ସମୟ ସେ ଚେତାଶୂନ୍ୟ ଅବସ୍ଥାରେ ରହୁଥିଲେ ।

ଆମର ପଡ଼ୋଶୀ ଗ୍ଲେଣ୍ଡା (Glenda) ଜଣେ ନର୍ସ ଥିଲେ ଏବଂ ସେ ପ୍ରାୟ ସବୁବେଳେ ଜେଜେଙ୍କୁ ଦେଖିବାକୁ ଆସୁଥିଲେ । ସେ ଘରେ ଥିଲା ବେଳେ ଆଉ ମଧ୍ୟ ଡାକ୍ତରଖାନାରେ ଥିଲାବେଳେ ବି । ମୋ ଜେଜେ ତାଙ୍କୁ ବହୁତ ଭଲ ପାଉଥିଲେ କାହିଁକି ନା ସେ ଜଣେ ସ୍ନେହଶୀଳା ମହିଳା ଥିଲେ ।

ଜେଜେ ଭୋର ୩.୩୦ରେ ଦେହ ତ୍ୟାଗ କରିଥିଲେ । ମୋର ଜେଜେ ମା ଏବଂ ମା ତାଙ୍କ ଶେଷ ବେଳରେ ତାଙ୍କୁ ବିଦାୟ ଦେବାପାଇଁ ଉପସ୍ଥିତ ଥିଲେ । ଏଇଟା ଆମପାଇଁ ବହୁତ ଦୁଃଖଦ ଘଟଣା ଥିଲା । ଆମେ ଯେତେବେଳେ ଗ୍ଲେଣ୍ଡାଙ୍କୁ ଏ ବିଷୟ ଜଣାଇବାକୁ ଯାଇଥିଲୁ ସେ ଆମକୁ ଏକ ଆଶ୍ଚର୍ଯ୍ୟ ଘଟଣା ଶୁଣାଇଥିଲେ ଯାହାକି ଗଲା ରାତିରେ ଘଟିଥିଲା ।

ଗଲା ରାତିରେ ପ୍ରାୟ ୩.୩୦ ବା ୪ଟା ବେଳେ ସେ ପାଣି ପିଇବା ପାଇଁ ତଳ ମହଲାକୁ ଆସିଥିଲେ । ସେତିକି ବେଳେ ସେ ତାଙ୍କର ବଗିଚା ଭିତରେ ଏକ ଅସ୍ପଷ୍ଟ ଧଳା କୁହୁଡ଼ି ପରି ଛାୟା ଦେଖିପାରିଥିଲେ । ସେ ମଧ୍ୟ ମୋ ଜେଜେଙ୍କର ସ୍ୱର ଶୁଣିପାରିଥିଲେ ଯେପରିକି ସେ କହୁଛନ୍ତି "ବିଦାୟ" (Bye) । ଆମେ ଯେତେବେଳେ ତାଙ୍କୁ କହିଥିଲୁ ଯେ ଜେଜେ ଠିକ୍ ସେହି ସମୟରେ ହିଁ ପ୍ରାଣତ୍ୟାଗ କରିଛନ୍ତି, ସେ ପୁରାପୁରି ବିଶ୍ୱାସ କରିଥିଲେ ଯେ ଜେଜେ ତାଙ୍କୁ ବିଦାୟ କହିବା ପାଇଁ ଆସିଥିଲେ ।

●●

ରାଚେଲଙ୍କ ଜେଜେ ଗଲା ଖ୍ରୀଷ୍ଟମାସରେ ମୃତ୍ୟୁବରଣ କରିଥିଲେ । ତାଙ୍କୁ ଭୀଷଣ ବ୍ରେନ୍ ଷ୍ଟ୍ରୋକ ହୋଇଥିଲା ଯେଉଁଥିରେ ସେ ଆଉ ଚେତା ଫେରି ପାଇନଥିଲେ । ଶେଷଦିନ ଗୁଡ଼ିକ ସେ କୋମାରେ ହିଁ ଥିଲେ । ଏହା ହଠାତ୍ ଘଟିଥିଲା ଏବଂ ପୂରା ପରିବାର ସ୍ତବ୍ଧ ହୋଇଯାଇଥିଲେ । ସେହିନ ଭୋର ୫.୪୫ A.M.ରେ ଡାକ୍ତରଖାନାରୁ ଫୋନ୍ ଆସିଲା ଯେ ଜେଜେ ଆଉ ନାହାନ୍ତି । ସେ ବଡ଼ ଆଶ୍ଚର୍ଯ୍ୟ ହୋଇଯାଇଥିଲେ । କାହିଁକିନା ସେହି ଟିକିଏ ପୂର୍ବରୁ ସେ ତାଙ୍କ ଜେଜେଙ୍କୁ ସ୍ୱପ୍ନରେ ପରିଷ୍କାର ଭାବରେ ଦେଖି ପାରିଥିଲେ । ଯାହାହେଉ ପରିବାରର ସବୁ ଲୋକ ଡାକ୍ତରଖାନା ଯାଇଥିଲେ । ରାଚେଲଙ୍କ ମା ଜଣେ ନର୍ସ ଥିଲେ । ସେ ସେତେବେଳେ ଡ୍ୟୁଟିରେ ଥିଲେ । ଖବର ପାଇ ସେ ମଧ୍ୟ ଆସିଥିଲେ । ଡାକ୍ତରଖାନାରେ କହିଲେ ଯେ ରାଚେଲଙ୍କ ଜେଜେ ସକାଳ ୫.୩୦ A.Mରେ ପ୍ରାଣତ୍ୟାଗ କରିଥିଲେ ।

ତା ପରଦିନ ତାଙ୍କର ଜେଜେ ମା ତାଙ୍କ ଘରକୁ ରହିବାକୁ ଆସିଥିଲେ । ତାଙ୍କ କହିବା ଅନୁସାରେ ଜେଜେଙ୍କ ମୃତ୍ୟୁ ଭୋର ୪ଟାରେ ହୋଇଛି । ୫.୩୦ A.Mରେ ନୁହେଁ । କାହିଁକିନା ଜେଜେ ମରିବା ରାତି ୪.୩୦ A.Mରେ ଜେଜେ ମା ଜେଜେଙ୍କୁ ତାଙ୍କ ଶୋଇବା ଘରେ ଦେଖିଥିଲେ । ସେ ଡାକ୍ତରଖାନା ଗଲାବେଳେ ଯେଉଁ ପାଇଜାମା ନେଇଥିଲେ ସେହି ପାଇଜାମାକୁ ପିନ୍ଧିଥିଲେ ।

ସେହିଦିନ ମଧ୍ୟ ତାଙ୍କର ମାଉସୀ (ମାଙ୍କର ଭଉଣୀ) ଆସିଥିଲେ । ସେ କହିଥିଲେ ଯେ ଗତ ରାତି ୪.୩୦ A.Mରେ କୌଣସି କାରଣରୁ ତାଙ୍କର ନିଦ ଭାଙ୍ଗିଯାଇଥିଲା ଏବଂ ସେ ଜେଜେଙ୍କର ସ୍ୱର ଶୁଣିପାରିଥିଲେ, ସେ ତାଙ୍କୁ କହିଥିଲେ ବିଦାୟ (goodby) କିନ୍ତୁ ସେ କାହାକୁ ଦେଖି ପାରିନଥିଲେ । ତା ମାନେ ସେହି ଏକା ସମୟରେ ତାଙ୍କର ଜେଜେ ରାଚେଲ, ତାଙ୍କର ଜେଜେ ମା ଏବଂ ମାଉସୀଙ୍କ ଠାରୁ ବିଦାୟ ନେଇଥିଲେ ।

●●

କାଥେରାଇନ ତାଙ୍କର ଅଭିଜ୍ଞତା ବର୍ଣ୍ଣନା କରିଛନ୍ତି । ତାଙ୍କର ପୂର୍ବତମ ପୁରୁଷ ବନ୍ଧୁ ମାର୍ଚ୍ଚ ୧୯୯୮ ମସିହାରେ ଆତ୍ମହତ୍ୟା କରିଥିଲେ । ସେତେବେଳେ ସେହି ବନ୍ଧୁ ଜଣଙ୍କ କାଥେରାଇନଙ୍କର ଜଣେ ସଂପର୍କୀୟ ଏଡ଼ିଙ୍କ ସାଙ୍ଗରେ ଗୋଟିଏ ଘରେ ରହୁଥିଲେ । ସେ ଏଡ଼ିଙ୍କ ପିସ୍ତଲରେ ହିଁ ଆତ୍ମହତ୍ୟା କରିଥିଲେ । ଦାରୁଣ ଆର୍ଥିକ ସମସ୍ୟା ହିଁ ତାଙ୍କର ଆତ୍ମହତ୍ୟାର କାରଣ ଥିଲା । ସେତେବେଳେ ଏଡ଼ିଙ୍କୁ ୮୦ ବର୍ଷ ବୟସ ହୋଇଥିଲା । ପୁରୁଷ ବନ୍ଧୁଙ୍କ ଅନ୍ତିମ ସଂସ୍କାରରେ କାଥେରାଇନଙ୍କର ଏଡ଼ିଙ୍କ ସହ ସାକ୍ଷାତ ହୋଇଥିଲା । ଏଡ଼ି କହିଥିଲେ ଯେ, ସେ ଆଉ ବେଶୀଦିନ ଏ ସଂସାରରେ ରହିବେନି । କିନ୍ତୁ ମୁଁ ଯେତେବେଳେ ପରଲୋକକୁ ଯିବି ସେତେବେଳେ ତୁମର ପୁରୁଷ ବନ୍ଧୁଙ୍କୁ ଖୋଜିବି ଏବଂ କହିବି ତୁମେ କେମିତି ତାଙ୍କୁ ତାଙ୍କର ଅସୁବିଧା ସମୟରେ ସାହାଯ୍ୟ କରିପାରିଲନି ବୋଲି ମନଦୁଃଖ କରୁଛ ।

ପ୍ରକୃତରେ ଏଡ଼ି ଜୁନ୍ ୧୯୯୮ ମସିହାରେ ମୃତ୍ୟୁବରଣ କରିଥିଲେ । ତାପର ଖ୍ରୀଷ୍ଟମାସରେ କାଥେରାଇନ ତାଙ୍କର ନୂତନ ପୁରୁଷ ବନ୍ଧୁଙ୍କ ସହ ଟି.ଭି. ଦେଖୁଥିଲେ । ସେତେବେଳେ ଘରର ଗୋଟେ କୋଣରେ ଦୁଇଟି ଅସ୍ପଷ୍ଟ ଶରୀର ଆବିର୍ଭୁତ ହୋଇଥିଲେ । କିନ୍ତୁ ସେମାନଙ୍କୁ ଚିହ୍ନି ହେଉଥିଲା । ସେଥିରୁ ଜଣେ ଏଡ଼ି ଏବଂ ଅନ୍ୟଜଣକ ତାଙ୍କର ପୂର୍ବତନ ପୁରୁଷ ବନ୍ଧୁ । କାଥେରିନ ତାଙ୍କ ସାଙ୍ଗରେ ଥିବା ପୁରୁଷ ବନ୍ଧୁ, ଜ୍ୟାକଙ୍କୁ ପଚାରିଥିଲେ ଯେ ସେ କ'ଣ କିଛି ଦେଖି ପାରୁଛନ୍ତି ? କିନ୍ତୁ ଜ୍ୟାକ କିଛି ଦେଖି ପାରୁନାହାନ୍ତି ବୋଲି କହିଥିଲେ । କାଥେରାଇନଙ୍କ ପୂର୍ବ ପୁରୁଷ ବନ୍ଧୁ ଟିକିଏ ଟିକିଏ ହସୁଥିଲେ ଏବଂ ଏଡ଼ି ସମ୍ମତି ସୁଚକ ଭଙ୍ଗୀରେ ତାଙ୍କର ମୁଣ୍ଡ ହଲାଉଥିଲେ । କାଥେରାଇନ ଭାବିଥିଲେ ବୋଧହୁଏ ସେମାନେ ତାଙ୍କର ଏହି ନୂଆ ସଂପର୍କକୁ ଆଗେଇ ନେବା ପାଇଁ ସମ୍ମତି ଜଣାଇବାକୁ ଆସିଥିଲେ ।

●●

ଗ୍ରିସେଲ୍‌ଡ଼ାଙ୍କୁ ଯେତେବେଳେ ୪ ବର୍ଷ ବୟସ ହୋଇଥିଲା ସେତେବେଳେ ତାଙ୍କର ୩ ବର୍ଷ ଭାଇ, ମା ଏବଂ ଜେଜେମାଙ୍କ ସହ ଗୋଟେ ଛୋଟ ଘରେ ରହୁଥିଲେ । ତାଙ୍କର ପଡ଼ୋଶୀ ଥିଲେ ସୁଏ ଯାହାଙ୍କର ଜମ୍ମି ନାମରେ ୧୦ ବର୍ଷର ପୁଅଟିଏ ଥିଲା । ତାଙ୍କ ମା ଏବଂ ସୁଏଙ୍କ ମଧ୍ୟରେ ଭଲ ବନ୍ଧୁତ୍ୱ ଥିଲା । ଦୁଇ ଘର ଭିତରେ ଯିବା ଆସିବା ଲାଗି ରହିଥିଲା ।

ବସନ୍ତ ଋତୁର ଏମିତି ଗୋଟେ ଦିନରେ ସେମାନେ ସବୁ ତାଙ୍କ ଘରକୁ ଯାଇଥିଲେ । ପାଗ ଭଲ ଥିଲା । ସୂର୍ଯ୍ୟ କିରଣ ଯୋଗୁଁ ବାହାରେ ଉଷୁମ ଥିଲା । ଗ୍ରିସେଲ୍‌ଡ଼ା, ତାଙ୍କ ଭାଇ ଏବଂ ଜମ୍ମି ଘର ବାହାରେ ଖେଳିବାକୁ ବାହାରିଗଲେ । ଜିମ୍ମି ତାଙ୍କ ସହିତ କିଛି ସମୟ ଖେଳିଲା ପରେ ତାର ଜଣେ ସାଙ୍ଗ ଡାକିବାରୁ ତା ସହ ଖେଳିବାକୁ ଚାଲିଗଲା । ତାପର ଗ୍ରିସେଲ୍‌ଡ଼ା ଘରର ଚାରିପାଖକୁ ନିରୀକ୍ଷଣ କରିବାକୁ ଲାଗିଲେ । ଘରର ପଛପଟେ ଗୋଟେ ବଡ଼ ଟିଣ ଘର ଥିଲା । ଆଗରୁ ସେ ତା ଭିତରକୁ କେବେବି ଯାଇ ନ ଥିଲେ । କୌତୁହଳ ବଶତ ସେ ତାର ଦ୍ୱାର ଖୋଲି ଭିତରକୁ ପଶିଯାଇଥିଲେ । ସେ ଘର ପୁରୁଣା ଜିନିଷ, ପୁରୁଣା ଆସବାବ ପତ୍ରରେ ତଳୁ ଉପର ଯାଏଁ ଭର୍ତ୍ତି ହୋଇଥିଲା । ଭିତରେ ବୁଲାଚଲା କରିବାକୁ ବହୁତ ଅଳ୍ପ ଜାଗା ଥିଲା । ହଠାତ୍ ସେ ତାଙ୍କର ବାମ ପଟେ କିଛି ହଲଚଲ ହେଉଥିବାର ଜାଣିପାରିଥିଲେ । ସେ ବୁଲିପଡ଼ି ଦେଖିଲେ ଜଣେ ବୃଦ୍ଧା ଗୋଟେ କପ୍‌ରେ ଚା ପିଉଛନ୍ତି ।

ତାଙ୍କୁ ଆଦୌ ଡର ଲାଗି ନଥିଲା । କିନ୍ତୁ ସେ ଭାବୁଥିଲେ ଏ ବୃଦ୍ଧା ଜଣକ ଘର ଭିତରକୁ କାହିଁକି ଯାଉନାହାନ୍ତି ? ଜାଣିଗଲା ପରି ସେ କହିଲେ, ମୁଁ ଆଉ ସେ ଘର ଭିତରକୁ ଯାଇ ପାରିବି ନାହିଁ ବରଂ ଏହିଠାରୁ ମୁଁ ତାହାକୁ ଜଗି ରହିବି । ସେ ବହୁତ ଶାନ୍ତ ଏବଂ ଖୁସୀ ଥିଲେ । ଗ୍ରିସେଲ୍‌ଡ଼ା କିଛି ସମୟ ତାଙ୍କ ସାଙ୍ଗରେ କଥା ହୋଇଥିଲେ । ତାପରେ ସେ ବୃଦ୍ଧା ତାଙ୍କୁ କହିଥିଲେ ଯେ, ବର୍ତ୍ତମାନ ତୁମର ଫେରିବାର ସମୟ ହୋଇଗଲା । ତୁମେ ମୋ ତରଫରୁ ସମସ୍ତଙ୍କୁ ଚିର ବିଦାୟ ଜଣାଇଦେବ । ଏତିକି କହି ସେ ଦ୍ୱାର ଖୋଲି ଚାଲିଯାଇଥିଲେ । ଗ୍ରିସେଲ୍‌ଡ଼ା ଦ୍ୱାର ପାଖକୁ ଦଉଡ଼ିଯାଇ ଦେଖିଥିଲେ କିନ୍ତୁ ତାଙ୍କୁ ପାଇ ନ ଥିଲେ ।

ତାଙ୍କ ମା ଡାକିବାରୁ ଗ୍ରିସେଲ୍‌ଡ଼ା ଘର ଭିତରକୁ ଚାଲିଯାଇଥିଲେ ଏବଂ ମା'ଙ୍କୁ ବୃଦ୍ଧାଙ୍କ ବିଷୟରେ କହିଥିଲେ । କିନ୍ତୁ ତାଙ୍କ ମା ଏହାକୁ ବିଶ୍ୱାସ କରି ନଥିଲେ । ସେହିଦିନ ସନ୍ଧ୍ୟା ସମୟରେ ସୁଏ ତାଙ୍କ ଘରକୁ ଆସିଥିଲେ ଏବଂ ବଡ଼ ବ୍ୟସ୍ତ ଜଣା

ପଢୁଥିଲେ । ସେ ଏବେ କିଛିକ୍ଷଣ ଆଗରୁ ତାଙ୍କ ଜେଜେ ମାଙ୍କ ଦେହାନ୍ତ ର ଖବର ପାଇଥିଲେ । ଗ୍ରିସେଲଡ଼ାଙ୍କ ମା ଚା ତିଆରି କରିଥିଲେ ଏବଂ ସେମାନେ ସମସ୍ତେ ଏକାଠି ବସି ଚା ପିଉଥିଲେ । ସେତିକି ବେଳେ ଗ୍ରିସେଲଡ଼ା ସୁଏଙ୍କୁ ସକାଳର ଘଟଣା ଶୁଣାଇଥିଲେ ଏବଂ ସେହି ବୃଦ୍ଧା ମହିଳାଙ୍କର ସଠିକ୍ ବର୍ଣ୍ଣନା କରିଥିଲେ । ସୁଏ ଚମକି ପଡ଼ିଥିଲେ । କାରଣ ସେହି ବୃଦ୍ଧାଙ୍କର ବର୍ଣ୍ଣନା ଅବିକଳ ତାଙ୍କ ଜେଜେ ମାଙ୍କର ଥିଲା ଯେକି ପ୍ରାୟ ସେହି ସମୟରେ ମୃତ୍ୟୁବରଣ କରିଥିଲେ । ପୁଣି ଯେତେବେଳେ ଚା ପିଉଥିବା କଥା ଶୁଣିଲେ, ସେ କହିଥିଲେ ତାଙ୍କ ଜେଜେ ମାଙ୍କର ଚା ପିଇବା ଗୋଟେ ନିଶା ଥିଲା ଏବଂ ସେ ଦିନକୁ ପ୍ରାୟ ୨୦ କପ୍ ଚା ପିଉଥିଲେ ।

ଆମେମାନେ ନିଶ୍ଚିତ ହୋଇଥିଲୁ ଯେ ସେ ବୃଦ୍ଧା ମହିଳା ଜଣକ ସମସ୍ତଙ୍କୁ ବିଦାୟ କହିବାକୁ ଆସିଥିଲେ । ବୋଧହୁଏ ସେ ତାହା ଗ୍ରିସେଲଡ଼ାଙ୍କ ମାଧ୍ୟମରେ କରିଥିଲେ କାରଣ ସେ ସୁଏଙ୍କୁ ବିବ୍ରତ କରିବାକୁ ଚାହୁଁ ନ ଥିଲେ ।

●●

ଡାନିଙ୍କ ମା ଗୋଟେ ଫ୍ୟାକ୍ଟରିରେ ରାତିରେ କାମ କରନ୍ତି । ତାଙ୍କର ବାପା ତାଙ୍କୁ ୭ ବର୍ଷ ହୋଇଥିଲା ବେଳେ ମରିଯାଇଥିଲେ । ତେଣୁ ରାତିରେ ମା କାମକୁ ଗଲା ପରେ ଜଣେ ପଡ଼ୋଶୀ ତାଙ୍କ ଘରକୁ ଆସି ତାଙ୍କ ପାଖରେ ରହୁଥିଲେ । ଡାନିଙ୍କୁ ଯେତେବେଳେ ୧୪ ବର୍ଷ ହୋଇଗଲା ସେ ପଡ଼ୋଶୀଙ୍କୁ ଅନୁରୋଧ କରିଥିଲେ ରାତିରେ ଆଉ ନ ଆସିବାକୁ ।

ଗୋଟେ ରାତିରେ ମା କାମକୁ ଚାଲିଯିବା ପରେ ଡାନି ଚଞ୍ଚଳ ଶୋଇବାକୁ ଯାଇଥିଲେ । କାରଣ ଟି.ଭି.ରେ ସେମିତି କିଛି କାର୍ଯ୍ୟକ୍ରମ ନଥିଲା ଏବଂ ସେ ତାଙ୍କର ପଢ଼ାପଢ଼ି ଶେଷ କରିଦେଇଥିଲେ । ରାତି ଅଧରେ ହଠାତ୍ ତାଙ୍କର ନିଦ ଭାଙ୍ଗି ଯାଇଥିଲା । ସେ ତାଙ୍କ ରୁମ୍ ଭିତରେ କିଛି ଗୋଟେ ଶବ୍ଦ ଶୁଣି ପାରିଥିଲେ । ସେ ଜଣେ ଡେଙ୍ଗା ବ୍ୟକ୍ତିଙ୍କୁ ଦେଖି ପାରିଥିଲେ ଯେ କି ଦୁଃଖର ସହିତ ଟିକିଏ ହସି ଦେଇଥିଲେ ଏବଂ ତାଙ୍କୁ "ଗୁଡ୍ ବାୟ" (goodbye) କହିଥିଲେ । ତାପରେ ସେ ବ୍ୟକ୍ତି ଜଣକ ଅଦୃଶ୍ୟ ହୋଇଯାଇଥିଲେ ।

ତା ପରଦିନ ସକାଳେ ଆମେ ଜଳଖିଆ ଖାଉଥିବା ସମୟରେ ହଠାତ୍ ଟେଲିଫୋନଟିର ଘଣ୍ଟି ବାଜି ଉଠିଥିଲା । ମା ଫୋନ ଉଠାଇଥିଲେ ଏବଂ କଥାବାର୍ତ୍ତା ଭିତରେ ବିବ୍ରତ ହୋଇ ପଡ଼ିଥିଲେ । ଟେଲିଫୋନ ରଖିଲା ପରେ ସେ ଡାନିଙ୍କୁ କହିଥିଲେ ଯେ, କିଛି ଘଣ୍ଟା ତଳେ ତାଙ୍କର ଭାଇ ମାନେ ଡାନିଙ୍କ ମାମୁଁ ଜାମି ଇରାକରେ ପ୍ରାଣ

ହରାଇ ଥିଲେ । ଡାନି ଜାମିଙ୍କର ସମ୍ପର୍କ ବହୁତ ନିବିଡ଼ ଥିଲା । ଏବଂ ଜାମି ସବୁବେଳେ ତାଙ୍କୁ ଯୁଦ୍ଧକ୍ଷେତ୍ରରେ ସୈନ୍ୟମାନଙ୍କ କାହାଣୀ ଶୁଣାଉ ଥିଲେ । ଡାନି ଜାଣି ପାରିଥିଲେ ଯେ ଗଲା ରାତିରେ ତାଙ୍କର ମାମୁଁ ହି ତାଙ୍କଠାରୁ ବିଦାୟ ନେବା ପାଇଁ ଆସିଥିଲେ ।

●●

ମିଚେଲ (Michelle) ଙ୍କ ଜେଜେମା ୨୦୦୬ ମସିହାରେ ଆଲଜାଇମର ରୋଗରେ ପ୍ରାଣ ହରାଇଥିଲେ । ମିଚେଲ ବହୁତ ଦୁଃଖିତ ହୋଇଥିଲେ କାହିଁକିନା ଜେଜେମା ତାଙ୍କୁ ବହୁତ ଭଲପାଉଥିଲେ। ସେ ତାଙ୍କ ଜେଜେମାଙ୍କ ଆପାର୍ଟମେଣ୍ଟକୁ ଯିବାକୁ ଭଲପାଉଥିଲେ । କାହିଁକିନା ତାଙ୍କର ଗୋଟେ ସ୍ୱତନ୍ତ୍ର ବାସ୍ନା ଥିଲା ଯେପରିକି ଗୋଲାପ ଏବଂ ଡାଲଚିନି ପରି ବାସ୍ନା । ୨୦୦୮ ମସିହାରେ ମିଚେଲଙ୍କର ଗୋଟେ ପୁଅ ହୋଇଥିଲା । ତାଙ୍କ ମନରେ ଦୁଃଖ ଥିଲା ଯେ ତାଙ୍କ ପୁଅ ତାର ଅଣ ଜେଜେ ମାଙ୍କୁ ଦେଖି ପାରିଲା ନାହିଁ ।

ତାଙ୍କ ପୁଅକୁ ଯେତେବେଳେ ଏକ ବର୍ଷ ହୋଇଥିଲା, ସେ ଦିନେ ଘର ସଫା କରୁଥିଲେ । ପୁଅକୁ ଖଟ ଉପରେ ଶୁଆଇ ଦେଇଥିଲେ । ସେହି ସମୟରେ ହଠାତ୍ ସେ ଗୋଲାପ ଏବଂ ଡାଲଚିନିର ବାସ୍ନା ସବୁଆଡ଼େ ଅନୁଭବ କରିପାରିଥିଲେ । ସେ ସବୁଆଡ଼େ ଲକ୍ଷ କରିଥିଲେ କିନ୍ତୁ କିଛି ଅସ୍ୱାଭାବିକତା ଦେଖି ପାରିନଥିଲେ । କିଛି ସମୟ ପରେ ସେ ପୁଅକୁ ନେବାକୁ ଆସି ଆଶ୍ଚର୍ଯ୍ୟ ହୋଇଯାଇଥିଲେ । ତାଙ୍କ ପୁଅ ଖଟ ଉପରେ ଠିଆ ହୋଇ ଛାତ ଆଡ଼କୁ ଅନାଇ "ଦିଦି, ଦିଦି, ଦିଦି" ବୋଲି ପାଟି କରି ଉଠୁଛି । ତା ସାଙ୍ଗେ ସାଙ୍ଗେ ହସି ଉଠୁଛି । କହିବା ବାହୁଲ୍ୟ ଯେ ମିଚେଲଙ୍କ ଜେଜେ ମାଙ୍କ ଡାକ ନାଁ "ଦିଦି" ହିଁ ଥିଲା । ସେ ତାଙ୍କ ପୁଅକୁ ପଚାରିଲେ ଦିଦି କିଏ ସେ । ସାନପୁଅଟି ତା'ର କଅଁଳ ହାତକୁ ଛାତ ଆଡ଼କୁ ଦେଖାଇ ଖୁସିରେ ପାଟିକରି ଉଠିଲା ଦିଦି, ଦିଦି ଏବଂ ପୁଣି ହସି ଉଠିଲା । ସେ ବହୁତ ଖୁସି ମିଜାଜରେ ଥିଲା । ମିଚେଲ ମଧ୍ୟ ତାଙ୍କ ଚାରି ପାଖରେ ଗୋଲାପ ଏବଂ ଡାଲଚିନିର ବାସ୍ନା ଅନୁଭବ କରିପାରୁ ଥିଲେ । ସେତେବେଳେ ସେ ପରିଷ୍କାର ଭାବରେ ତାଙ୍କ ଜେଜେମାଙ୍କ ସ୍ୱର ତାଙ୍କ ମନ ଭିତରେ ଶୁଣିପାରିଲେ "ମୁଁ ବହୁତ ଖୁସୀ ଯେ ତୁ ତୋ ଜୀବନରେ ଖୁସୀ ପାଇପାରିଛୁ ।" ମିଚେଲ ଜାଣିପାରିଥିଲେ ଯେ ସେ ହିଁ ତାଙ୍କର ଜେଜେମା ଥିଲେ ଏବଂ ତାଙ୍କ ଜୀବନରେ ସବୁକିଛି ଭଲରେ ଚାଲିବ ବୋଲି ଜଣାଇ ଦେଇଥିଲେ । ସେଥିପାଇଁ ମଧ୍ୟ ତାଙ୍କର ଛୋଟ ପୁଅଟି ଦିଦି, ଦିଦି ବୋଲି ପାଟି କରୁଥିଲା ।

••

୧୯୯୮ ମସିହାର ଇଷ୍ଟର ରବିବାରର ଦୁଇଦିନ ପରେ ମେ ଙ୍କର ମା କାମ ପାଇଁ ବାହାରି ଯାଇଥିଲେ ଏବଂ ମେ ଙ୍କୁ ଗେଟ ବନ୍ଦ କରିବାକୁ କହିଥିଲେ । ପ୍ରାୟ ଦୁଇଘଣ୍ଟା ପରେ ମେ ଘରେ ବସି ଟି.ଭି. ଦେଖୁଥିଲା ବେଳେ ହଠାତ୍ ଘର ଭିତରଟା ଫ୍ରିଜ ପରି ଥଣ୍ଡା ହୋଇଗଲା ପରି ସେ ଅନୁଭବ କରିଥିଲେ ଏବଂ ତାଙ୍କ ଛାତିରେ ଭୀଷଣ ଯନ୍ତ୍ରଣା ମଧ୍ୟ ଅନୁଭବ କରିଥିଲେ । ଠିକ୍ ପରେ ପରେ ଡାକ୍ତରଖାନାରୁ ଫୋନ୍ ଆସିଥିଲା ଯେ, ତାଙ୍କର ମାଙ୍କର ହୃଦଘାତ ହୋଇଛି ଏବଂ ସେ ଡାକ୍ତରଖାନାରେ ଭର୍ତ୍ତି ହୋଇଛନ୍ତି । ମେ କାରରେ ଡାକ୍ତରଖାନା ବାହାରିଲେ । ସେ ବାଟଯାକ ତାଙ୍କ ମାଙ୍କର କଣ୍ଠସ୍ୱର ଶୁଣିପାରୁଥିଲେ "ଚଞ୍ଚଳ ଆସ, ଚଞ୍ଚଳ ଆସ"। ମେ ଡାକ୍ତରଖାନାରେ ପହଞ୍ଚିବାର ପାଞ୍ଚ ମିନିଟ ପରେ ତାଙ୍କ ମାଙ୍କର ମୃତ୍ୟୁ ହୋଇଥିଲା । ତାପରେ ମଧ୍ୟ ସେ ତାଙ୍କ ମାଙ୍କର ସ୍ୱର ଶୁଣି ପାରୁଥିଲେ । ଯେତେବେଳେ ସେ କୌଣସି ନିଷ୍ପତ୍ତି ନେବାରେ ଦ୍ୱନ୍ଦରେ ପଡୁଥିଲେ ତାଙ୍କ ମାଙ୍କର ସ୍ୱର ତାଙ୍କୁ ବାଟ ବତାଇ ଦେଉଥିଲା ଠିକ୍ ଯେପରି ତାଙ୍କ ମା ଜୀବିତ ଅବସ୍ଥାରେ କରୁଥିଲେ ।

••

୧୯୯୮ ମସିହାରେ ପ୍ରିତୀଙ୍କ ଝିଅ ସୁରିନ୍ଦରଙ୍କର ଓଭାରୀ କ୍ୟାନସର ହୋଇଥିବାର ଜଣା ପଡ଼ିଥିଲା । ତାପରେ ବର୍ଷକ ଭିତରେ ଦୁଇ ଦୁଇ ଥର ଅପରେଶନ, ରେଡ଼ିଓ ଥିରାପି, କେମୋ ଥିରାପି କିଛି କାମ ଦେଇ ନ ଥିଲା । ବର୍ଷକ ପରେ ସୁରିନ୍ଦରଙ୍କର ମୃତ୍ୟୁ ହୋଇଥିଲା । ସେତେବେଳେ ତାଙ୍କୁ ମାତ୍ର ୩୩ ବର୍ଷ ବୟସ ହୋଇଥିଲା ଏବଂ ସେ ଦୁଇଜଣ ପିଲା, ୮ ବର୍ଷର ଜଣେ ପୁଅ ଏବଂ ୬ ବର୍ଷର ଝିଅକୁ ଛାଡ଼ି ଯାଇଥିଲେ ।

ପ୍ରିତୀ ବହୁତ ଦିନ ତଳ କଥା ମନେପକାଉଥିଲେ କେମିତି ସୁରିନ୍ଦରଙ୍କର ଆଲୌକିକ ମାନସିକ ଶକ୍ତି ଥିଲା । ଥରେ ସେମାନେ ତାଙ୍କର ପୁରୁଣା ମରିସ କାରରେ ସେଠାରେ ଥିବା ମା ଏବଂ ଶିଶୁ କ୍ଲବକୁ ଯାଇଥିଲେ । ସେଠାରୁ ଫେରିଲା ପରେ ସେ ତାଙ୍କ ଘର ଆଗରେ ସବୁଦିନ ପରି ଗୋଟେ ନିର୍ଦ୍ଧିଷ୍ଟ ଜାଗାରେ କାର ପାର୍କିଂ କରିବାକୁ ଗଲାବେଳେ ସୁରିନ୍ଦର ଚିତ୍କାର କରି ଉଠିଥିଲେ ଏବଂ ତାଙ୍କୁ ରାସ୍ତାର ଅପରପାର୍ଶ୍ୱରେ କାର ରଖିବାକୁ କହିଥିଲେ । ପ୍ରିତୀ ଏତେ ଆଶ୍ଚର୍ଯ୍ୟ ହୋଇଯାଇଥିଲେ ଯେ ସେ କିଛି ନ କହି ରାସ୍ତାର ଅପର ପାର୍ଶ୍ୱରେ କାର ପାର୍କିଂ କରିଥିଲେ । କିଛି ସମୟ ପରେ ଜୋରରେ ପବନ ବୋହିଥିଲା ଏବଂ ଗୋଟେ ବଡ଼ ଗଛର ବିରାଟ ଏକ ଡାଳ ଭାଙ୍ଗି

ତାଙ୍କର ପୂର୍ବ ପାର୍କିଂ ଜାଗାରେ ପଡ଼ିଥିଲା । ଯଦି ସେ କାରଟି ସେଠାରେ ରଖିଥାନ୍ତେ ତେବେ ନିଶ୍ଚୟ କାରଟି ଭାଙ୍ଗି କରି ଚୁରମାର ହୋଇଯାଇଥାନ୍ତା ।

ଯାହାହେଉ ସୁରିନ୍ଦରଙ୍କର ମୃତ୍ୟୁ ପରେ ତାଙ୍କର ପୁଅ, ଝିଅଙ୍କର ଯତ୍ନ ଜେଜେମା ଆଉ ଜେଜେ ବାପା ନେଉଥିଲେ । ସେମାନଙ୍କର ବାପା କାମକୁ ଗଲାପରେ ସେମାନେ ତାଙ୍କର ଦେଖା ଚାହାଁ କରୁଥିଲେ ଏବଂ ସପ୍ତାହର ଛୁଟିଦିନ ବ୍ୟତୀତ ଅନ୍ୟ ଦିନ ମାନଙ୍କରେ ରାତିରେ ପିଲାମାନେ ସେମାନଙ୍କ ପାଖରେ ହିଁ ରହୁଥିଲେ । କିଛିଦିନ ପରେ ସେ ଅନୁଭବ କରିଥିଲେ ଯେ ତାଙ୍କର ନାତୁଣୀ ମୋଲି ରାତିରେ ମମି, ମମି ବୋଲି ଅନେକଥର ପାଟି କରୁଛି । ଦିନେ ସକାଳୁ ସେ ପଚାରିବାରୁ ମୋଲି କହିଥିଲା ଯେ ପ୍ରତିଦିନ ସେ ଆଲୋକ ନିର୍ବାପିତ କଲା ପରେ ମାମି ତା ପାଖକୁ ଆସିଥାନ୍ତି ଏବଂ ସେ ଜେଜେମାଙ୍କ ପାଖରେ ଖୁସିରେ ଅଛି କି ନାହିଁ ବୋଲି ପଚାରିଥାନ୍ତି । ସେତେବେଳେ ହିଁ ପ୍ରିତୀଙ୍କର ସୁରିନ୍ଦରର ଆଲୌକିକ ମାନସିକ ଶକ୍ତି କଥା ମନେପଡ଼ିଥିଲା ।

ଦିନେ ରାତିରେ ମୋଲିର ମାମି, ମାମି ସ୍ୱର ଶୁଣି ସେ ଆସ୍ତେକରି ତା ରୁମକୁ ପଶିଥିଲେ । ସେ ଦେଖିଥିଲେ ଯେ ତା ଖଟର କଡ଼ରେ ମୋଲି ତା'ର ଖେଳଣା ହାତୀ ଏଲମାରକୁ ଅନ୍ଧାର ଭିତରେ ହଲାଇ ହଲାଇ ହସି ଉଠୁଛି । ଯେତେବେଳେ ପ୍ରିତି ଭଲ ଭାବରେ ନିରୀକ୍ଷଣ କରିଥିଲେ ସେ ଜାଣିପାରିଥିଲେ ଯେ ମୋଲି ନିଦରେ ହିଁ ଅଛି । ତା ପରଦିନ ସକାଳୁ ପଚାରିବାରୁ ମୋଲି କହିଥିଲା ଯେ ସେ ଗତ ରାତିରେ ଏଲମାର ଏବଂ ତା ମାଙ୍କ ସହ ଖେଳୁଥିଲା । ପ୍ରିତୀ ଭାବିଥିଲେ ଯେ ସୁରିନ୍ଦର ତାର ଆଲୌକିକ ଶକ୍ତିକୁ ତା ଝିଅକୁ ଦେଇ ଦେଇଛି ।

●●

ଦେବୋରାଙ୍କ ଭଉଣୀ ଆନା ୨୦୦୪ ମସିହାରେ ୪୬ ବର୍ଷ ବୟସରେ ଦୁଇବର୍ଷ କାଳ କ୍ୟାନସରରେ ପିଡ଼ିତ ହୋଇ ମୃତ୍ୟୁ ବରଣ କରିଥିଲେ । ସେ ତିନି ଭଉଣୀଙ୍କ ଭିତରୁ ବଡ଼ ଥିଲେ ଏବଂ ବହୁତ ଖୁସମିଜାଜର ଥିଲେ । ସେ ମରିବାର କିଛି ସପ୍ତାହ ଆଗରୁ ଡାକ୍ତରଖାନାରେ ପଡ଼ିଥିଲେ ଏବଂ ଏତେ ଦୁର୍ବଳ ହୋଇଯାଇଥିଲେ ଯେ ଚଲାବୁଲା କରିବାକୁ ସକ୍ଷମ ହେଉନଥିଲେ । କ୍ୟାନସର ତାଙ୍କର ଫୁସଫୁସକୁ ବ୍ୟାପି ଯାଇଥିଲା ଏବଂ ସେ ନିଶ୍ୱାସ ପ୍ରଶ୍ୱାସ ନେବାକୁ କଷ୍ଟ ଅନୁଭବ କରୁଥିଲେ । ସେ ମରିବାର ଦୁଇ ତିନିଦିନ ଆଗରୁ ଦେବୋରା ଡାକ୍ତରଖାନାରେ ତାଙ୍କ ରୁମ୍ ଆଗରେ ଯାଉଥିଲେ । ସେତେବେଳେ ସେ ଆନା କହୁଥିବାର ଶୁଣି ପାରିଥିଲେ, "ମମ୍, ହ୍ୟାଲୋ ମମ୍" । ଆମମାନଙ୍କର ମା ବହୁତ ଦିନ ଆଗରୁ ୪୦ ବର୍ଷ ବୟସରେ ସେହି

କ୍ୟାନସରରେ ମୃତ୍ୟୁବରଣ କରିଥିଲେ । ଦେବୋରା ଅଟକି ଯାଇ ସେ ରୁମ୍ ଭିତରକୁ ଅନାଇଲେ । ଆନା କାନ୍ଥକୁ ଏକଲୟରେ ଅନାଇ ମମ୍, ମମ୍ ହେଉଥିଲେ ।

ତା ପରଦିନ ସେ ଆନାଙ୍କୁ ଦେଖା କରି ତାଙ୍କର ଭଲ ମନ୍ଦ ପଚାରି ଥିଲେ । ଆନା କହିଥିଲେ ଯେ ମମ୍ ଆସିଥିଲେ ତାଙ୍କୁ ଦେଖା କରିବାକୁ । ସେହି ରାତିରେ ହିଁ ଆନାଙ୍କର ଦେହାନ୍ତ ହୋଇଥିଲା । ଦେବୋରା ଭାବିଥିଲେ ଯେ, ସେମାନଙ୍କ ମା ବୋଧହୁଏ ଆସିଥିଲେ ଆନାଙ୍କୁ ଜଣାଇବାକୁ ଯେ, ସେ ଚଞ୍ଚଳ ତାଙ୍କ ସାଙ୍ଗରେ ଯୋଗ ଦେବେ । ଦେବୋରା ମଧ୍ୟ ଶାନ୍ତି ପାଇଥିଲେ ଯେ, ସେ ବି ଦିନେ ନା ଦିନେ ତାଙ୍କ ମା ଏବଂ ଭଉଣୀଙ୍କ ସାଙ୍ଗରେ ମିଶିବେ ।

●●

ଡେଭିଡ଼ଙ୍କ ସବୁଠାରୁ ଭଲ ବନ୍ଧୁ କେନି ଜାଣିବାକୁ ପାଇଥିଲେ ଯେ ତାଙ୍କ ସ୍ତ୍ରୀଙ୍କର ଅନ୍ୟ ଜଣେ ଲୋକ ସାଙ୍ଗରେ ସଂପର୍କ ଅଛି । ସେତେବେଳେ ସେ ଆଇନର ଶେଷବର୍ଷ ପରୀକ୍ଷା ଦେବା ପାଇଁ ପ୍ରସ୍ତୁତ ହେଉଥିଲେ । ଏହି କଥା ତାଙ୍କୁ ବିଶେଷ ମର୍ମାହତ କରିଥିଲା । ୧୯୯୮ ମସିହାରେ ଗୋଟେ ଦିନ ସେ ପୁରା ଗୋଟେ ବୋତଲ ହ୍ୱିସ୍କି ପିଇକରି ନିଜକୁ ଗୁଳି କରି ଆତ୍ମହତ୍ୟା କରିଥିଲେ । ଡେଭିଡ୍‌ଙ୍କ ସ୍ତ୍ରୀ ଫୋନ କରି ତାଙ୍କୁ ଏହି ବିଷୟ ଜଣାଇଥିଲେ ଏବଂ ଦୁହେଁ ସ୍ୱାମୀ ସ୍ତ୍ରୀ ବହୁତ ବ୍ୟସ୍ତ ବିବ୍ରତ ହୋଇ ପଡ଼ିଥିଲେ । କାହିଁକିନା ଦୁହେଁ କେନିଙ୍କୁ ବହୁତ ଭଲ ପାଉଥିଲେ ।

ସବୁଠାରୁ କିନ୍ତୁ ବେଶୀ ଆଘାତ ପାଇଥିଲେ କେନିଙ୍କ ସ୍ତ୍ରୀ । ସେ କହିଥିଲେ ଯେ ସେ କେନିଙ୍କୁ ବହୁତ ଭଲପାଉଥିଲେ ଏବଂ ତାଙ୍କୁ ଛାଡ଼ିବା କଥା କେବେହେଲେ ଚିନ୍ତା କରି ନ ଥିଲେ । ଏ ଭିତରେ ତିନି ବର୍ଷ ବିତିଯାଇଥିଲା । କେନିଙ୍କ ସ୍ତ୍ରୀ ଅନୁତାପରେ ଜଳୁଥିଲେ ଏବଂ ସେ ପର୍ଯ୍ୟନ୍ତ ବିବାହ କରି ନ ଥିଲେ ।

ଗୋଟେ ଦିନ ରାତିରେ ଡେଭିଡ୍ ଶୋଇଥିଲାବେଳେ ଏକ ସ୍ୱପ୍ନ ଦେଖିଲେ ଯେ କେନି ତାଙ୍କ ଖଟ ପାଖକୁ ଆସିଛନ୍ତି ଏବଂ ତାଙ୍କ ସ୍ତ୍ରୀଙ୍କୁ ଗୋଟେ ଖବର ଦେବାକୁ କହୁଛନ୍ତି । ସେ କହିଥିଲେ ଯେ, ସେ ତାଙ୍କ ସ୍ତ୍ରୀଙ୍କର ଗତିବିଧି, ଚାଲିଚଳନକୁ ଲକ୍ଷ କରୁଛନ୍ତି ଏବଂ ଅନୁଭବ କରିପାରିଛନ୍ତି ଯେ ତାଙ୍କ ସ୍ତ୍ରୀ ତାଙ୍କ କାର୍ଯ୍ୟ ପାଇଁ ଅନୁତପ୍ତ ଅଛନ୍ତି । ସେ ତାଙ୍କ ସ୍ତ୍ରୀଙ୍କୁ କହିଦେବାକୁ କହିଲେ ଯେ, ବର୍ତ୍ତମାନ ସେ ନିଜକୁ ଦଣ୍ଡ ଦେବାରୁ ନିବୃତ୍ତ ରୁହନ୍ତୁ ଏବଂ ସେ ପୁର୍ନବିବାହ କରିଗଲେ ସେ ଖୁସି ହେବେ । ମୁଁ ସେହି କଥା ତାଙ୍କୁ କହିଥିଲି ଏବଂ କିଛିଦିନ ପରେ ସେ ବିବାହ କରିଥିଲେ ।

●●

ଡିଆନାଙ୍କ ବାପା କ୍ୟାନସର୍‌ରେ ପୀଡ଼ିତ ଥିଲେ । ସେମାନେ ବେଳେବେଳେ ଜୀବନ, ମୃତ୍ୟୁ, ପରଲୋକ ବିଷୟରେ କଥାବାର୍ତ୍ତା ହେଉଥିଲେ । ଏମିତି ଥରେ କଥାବାର୍ତ୍ତା ସମୟରେ ଡିଆନା ତାଙ୍କ ବାପାଙ୍କୁ କହିଥିଲେ ମୃତ୍ୟୁ ପରେ ଆମମାନଙ୍କ ସାଙ୍ଗରେ ସଂପର୍କ ରଖିବାକୁ ଯଦି କିଛି ବାଟ ଥାଏ ତେବେ ସେ ଚେଷ୍ଟା କରିବେ ଏବଂ ଆମ ମାନଙ୍କୁ ଜଣାଇ ଦେବେ ଯେ, ସେ ଭଲରେ ଅଛନ୍ତି ।

କ୍ୟାନସର ହୋଇଛି ବୋଲି ଜାଣିବାର ବର୍ଷକ ପରେ ଡିଆନାଙ୍କ ବାପା ମୃତ୍ୟୁବରଣ କରିଥିଲେ । ଯଦିଓ ଡିଆନା ଜାଣିଥିଲେ ଯେ ତାଙ୍କ ବାପାଙ୍କର ମୃତ୍ୟୁ ଅବଶ୍ୟାମ୍ଭାବୀ ତଥାପି ତାଙ୍କ ମୃତ୍ୟୁ ତାଙ୍କୁ ବହୁତ ଆଘାତ ଦେଇଥିଲା । ସେ କିଛିଦିନ ପାଇଁ ତାଙ୍କ ବଡ଼ ଭଉଣୀଙ୍କ ପାଖକୁ ରହିବାକୁ ଚାଲିଯାଇଥିଲେ । ଦିନେ ବିଳମ୍ବିତ ରାତିରେ ଟି.ଭି. ଦେଖୁଥିବା ସମୟରେ ସେ ହଠାତ୍ ରୁମ୍ ଭିତରେ ଶୀତଳ ପବନର ଲହରୀ ଖେଳିଯାଇଥିବାର ଅନୁଭବ କରିପାରିଥିଲେ । ତା ସଙ୍ଗେ ସଙ୍ଗେ ତାଙ୍କ ବାପାଙ୍କର ବାସ୍ନା ଯେମିତି କି ଟବାକୋ ଏବଂ ଅତରର ବାସ୍ନା ନିଶ୍ଚିତ ଭାବରେ ଜାଣି ପାରିଥିଲେ । ସେ ପଛକୁ ଅନାଇଲା ବେଳେ ଦେଖିଲେ ତାଙ୍କ ବାପା ଆର୍ମ ଚେୟାରରେ ବସି ମୁରୁକି ମୁରୁକି ହସୁଥିଲେ ଏବଂ କହିଥିଲେ "ଦେଖ, ମୁଁ କହିଥିଲି ନା ମୁଁ କରିକି ଦେଖାଇବି ବୋଲି ।" ଯେମିତି ସେ ହଠାତ୍ ଆସିଥିଲେ ସେମିତି ସେ ହଠାତ୍ ଅଦୃଶ୍ୟ ହୋଇଯାଇଥିଲେ ।

●●

ଡେବୀଙ୍କର ସବୁଠାରୁ ଭଲବନ୍ଧୁ ଡିନଙ୍କର ୨୦୦୯ ମସିହାରେ ଗୋଟେ କାର ଦୁର୍ଘଟଣାରେ ଦେହାନ୍ତ ହୋଇଥିଲା । ସେ ତାଙ୍କର ଜଣେ ବନ୍ଧୁଙ୍କ ଘରୁ ବାପା, ମାଙ୍କ ସହ ଘରକୁ ଫେରୁଥିଲେ । ବାଟରେ ଗୋଟେ ଟ୍ରକ ହଠାତ୍ ତାଙ୍କୁ ଆଗରୁ ଧକ୍କା ଦେଇଥିଲା । ଡିନଙ୍କ ମାଙ୍କର ମଧ ଘଟଣାସ୍ଥଳରେ ମୃତ୍ୟୁ ହୋଇଥିଲା ଏବଂ ବାପା ଗୁରୁତର ହୋଇ ଡାକ୍ତରଖାନାରେ ଭର୍ତ୍ତି ହୋଇଥିଲେ ।

ଡେବୀ ସବୁବେଳେ ଡିନ୍‌ଙ୍କ ବିଷୟରେ ଭାବିବାକୁ ଲାଗିଥିଲେ । ତାଙ୍କର ହଠାତ୍ ମୃତ୍ୟୁକୁ ସେ ସହଜରେ ଗ୍ରହଣ କରିପାରୁନଥିଲେ । କିଛି ଦିନ ତାଙ୍କୁ ରାତିରେ ନିଦ ମଧ ହେଲାନାହିଁ । ଦିନେ ରାତିରେ ତାଙ୍କର ଆଖି ପତା ଲାଗିଯାଇଥିଲା । ହଠାତ୍ ଗୋଟେ ଶବ୍ଦରେ ତାଙ୍କର ନିଦ ଭାଙ୍ଗିଗଲା । ସେ ଦେଖିବାକୁ ପାଇଥିଲେ ଯେ ଡିନ ତାଙ୍କ ଖଟ ଉପରେ ବସିଛନ୍ତି । ସେ ବହୁତ ଖୁସିଥିଲା ପରି ଜଣା ପଡୁଥିଲେ ଏବଂ ଦୁଇ

ସାଙ୍ଗ ତାଙ୍କ ସ୍କୁଲ ଏବଂ ସାଙ୍ଗ ମାନଙ୍କ ବିଷୟରେ ଗପି ଚାଲିଥିଲେ । ହଠାତ୍ ଡେବୀଙ୍କର ମନେପଡ଼ିଗଲା ଯେ ଡିନ୍ ମରିଯାଇଛନ୍ତି । ସେ ପଚାରିଲେ ତୁମେ ତ ମରିଯାଇଛ ପୁଣି କ'ଣ ପାଇଁ ଆସିଛ । ଡିନ୍ କହିଥିଲେ ତୁମକୁ ଶେଷ ବିଦାୟ ଜଣାଇବାକୁ ଆସିଥିଲି । ସେ ଡେବୀଙ୍କ ହାତରେ ଚାରିପତ୍ର ଥିବା ଗୋଟେ କ୍ଲୋଭର ଗଛର ଛୋଟ ପ୍ରଶାଖା ବଢ଼ାଇ ଦେଇ ଅଦୃଶ୍ୟ ହୋଇଯାଇଥିଲେ । ତା ପରଦିନ ଡେବୀ ଜାଣିପାରୁନଥିଲେ ସେ ପ୍ରକୃତରେ ଡିନ୍‌କୁ ଦେଖିଛନ୍ତି ନା ସ୍ୱପ୍ନ ଦେଖୁଥିଲେ । କିନ୍ତୁ ସେ ଯେତେବେଳେ ତାଙ୍କର ପୋଷାକ ଥୋଇଥିବା ଜାଗାକୁ ଦେଖିଲେ ସେଠାରେ କ୍ଲୋଭର ପତ୍ର ରଖାଯାଇଥିବାର ଦେଖିବାକୁ ପାଇଥିଲେ ।

●●

ଡାରେନଙ୍କ ଜେଜେଙ୍କ ମୃତ୍ୟୁ କ୍ୟାନସର ଯୋଗୁଁ ହୋଇଥିଲା । ତାଙ୍କର ଦେହାନ୍ତ ପରେ ସେ ଯାଇ କିଛିଦିନ ତାଙ୍କ ଜେଜେ ମା ଙ୍କ ପାଖରେ ରହିଥିଲେ କାହିଁକି ନା ତାଙ୍କ ଜେଜେମା, ଜେଜେଙ୍କ ମୃତ୍ୟୁରେ ବହୁତ ଆଘାତ ପାଇଥିଲେ ଏବଂ ସେ କେବେହେଲେ ଏକୁଟିଆ ରହି ନ ଥିଲେ ।

ଦିନେ ରାତିରେ ଡାରେନଙ୍କ ନିଦ ଭାଙ୍ଗିଯାଇଥିଲା । ଯଦିଓ କୌଣସି ଶବ୍ଦ ସେ ଶୁଣି ନ ଥିଲେ ତଥାପି ସେ ଏବଂ ଜେଜେମାଙ୍କ ବ୍ୟତୀତ ଆଉ କେହି ତୃତୀୟ ବ୍ୟକ୍ତିଙ୍କର ଉପସ୍ଥିତି ସେ ଅନୁଭବ କରିପାରିଥିଲେ । ସେ ତାଙ୍କର ଶୋଇବା ଘରୁ ବାହାରି ତଳ ମହଲାକୁ ଯାଇ ସବୁ ଦ୍ୱାର, ଝରକା ଭଲ ଭାବରେ ଦେଖିଥିଲେ । ସବୁକିଛି ଠିକ୍ ଠାକ୍ ଥିଲା । ସେ ପୁଣି ଉପରମହଲାରୁ ଫେରି ଆସିଥିଲେ । ଆସିବା ବାଟରେ ସେ ତାଙ୍କ ଜେଜେମାଙ୍କ ରୁମ୍ ଭିତରକୁ ମୁଣ୍ଡ ଗଳାଇ ଅନାଇଥିଲେ । ଆଶ୍ଚର୍ଯ୍ୟର କଥା । ଜେଜେମାଙ୍କ ଖଟ ଉପରେ ତାଙ୍କ ପାଖରେ ଆଉ ଜଣେ କିଏ ଶୋଇଛି । ଭଲଭାବରେ ନିରୀକ୍ଷଣ କଲାପରେ ସେ ନିଶ୍ଚିତ ହୋଇଥିଲେ ଯେ, ସେ ତାଙ୍କର ମୃତ ଜେଜେବାପା ହିଁ ଥିଲେ । ସେ ଡରିଯାଇଥିଲେ ଏବଂ ଚୁପ୍ ଚାପ୍ ନିଜ ରୁମ୍‌କୁ ଆସି ଶୋଇପଡ଼ିଥିଲେ ।

ତାଙ୍କ ଆଖି ଟିକିଏ ଲାଗି ଯାଇଥିଲା । ହଠାତ୍ ସେ ଆଖି ଖୋଲିଲା ବେଳକୁ ଦେଖିଲେ ଯେ ତାଙ୍କ ଜେଜେବାପା ତାଙ୍କ ପାଖରେ ଠିଆ ହୋଇଛନ୍ତି । ଟିକିଏ ନଇଁପଡ଼ି ସେ କହିଥିଲେ ଯେ, "ତୁମେ ମେ (ତାଙ୍କ ଜେଜେମାଙ୍କ ନାମ) ଙ୍କ ସାଙ୍ଗରେ ରହିଥିବାରୁ ଅଶେଷ ଧନ୍ୟବାଦ । ମୁଁ ତୁମ ପାଇଁ ଗର୍ବ ଅନୁଭବ କରୁଛି । ତୁମ ଜେଜେମାଙ୍କୁ କହିଦେବ ଯେ ମୁଁ ତାଙ୍କୁ ବହୁତ ଭଲପାଏ ଏବଂ ସେ ଯେପର୍ଯ୍ୟନ୍ତ ଆରପାରିରେ ମୋ ସାଙ୍ଗରେ ନ ମିଶିଛନ୍ତି ସେ ପର୍ଯ୍ୟନ୍ତ ମୁଁ ତାଙ୍କ ପାଖେ ପାଖେ ରହିଥିବି । ମୁଁ ସବୁବେଳେ ତୁମମାନଙ୍କ

ଉପରେ ଦୃଷ୍ଟି ରଖୁଛି ।" ତା ପରଦିନ ଡାରେନ ଯେତେବେଳେ ଗତ ରାତି କଥା ତାଙ୍କ ଜେଜେମାଙ୍କୁ କହିଥିଲେ ସେ କାନ୍ଦି ପକାଇଥିଲେ ଏବଂ କହିଥିଲେ ଯେ ଅନେକ ସମୟରେ ରାତିରେ ସେ ଅନୁଭବ କରିଥାନ୍ତି ଯେପରିକି ଜେଜେବାପା ତାଙ୍କ ପାଖରେ ଥାଆନ୍ତି ।

••

ଗ୍ରେଟାଙ୍କ ବାପା ଏକ ରାସ୍ତା ଦୁର୍ଘଟଣାରେ ପ୍ରାଣ ହରାଇଥିଲେ । ଏହା ଏତେ ଅକସ୍ମାତ ଥିଲା ଯେ ଗ୍ରେଟା ସେ ଧକ୍‌କାକୁ ସମ୍ଭାଳି ପାରିନଥିଲେ । ମୃତ୍ୟୁର କିଛିଦିନ ପରେ ତାଙ୍କର ମା ଏବଂ ଭଉଣୀ ନିଜ ନିଜକୁ ସମ୍ଭାଳି ନେଇ ତାଙ୍କ କର୍ମରେ ଲାଗିପଡ଼ିଥିଲେ । କିନ୍ତୁ ଗ୍ରେଟା ସବୁବେଳେ ଖଟ ଉପରେ ପଡ଼ି ବାପାଙ୍କୁ ଝୁରି ହେଉଥିଲେ । ତାଙ୍କର ମା ଓ ଭଉଣୀ ଯେତେ ବୁଝାଇଲେ ମଧ୍ୟ ସେ ବୁଝୁନଥିଲେ ।

ତାଙ୍କ ପିତାଙ୍କ ମୃତ୍ୟୁର ପ୍ରାୟ ଚାରି ସପ୍ତାହ ପରେ ସେମିତି ଦିନେ ଗ୍ରେଟା ତାଙ୍କ ଖଟ ଉପରେ ଶୋଇଥିବା ବେଳେ ତାଙ୍କ ବାପାଙ୍କର କଣ୍ଠସ୍ୱର ଶୁଣିପାରିଥିଲେ ସେ ଯେମିତି ତାଙ୍କର କାନ ପାଖରେ କହୁଛନ୍ତି "ଏବେ ସମୟ ହୋଇଯାଇଛି ମୋତେ ଯିବାକୁ ଦିଅ ।" ଗ୍ରେଟା ତାଙ୍କ ରୁମର ଚାରିଆଡ଼େ ନଜର ବୁଲାଇ ଆଣିଲେ । କାହିଁ କେହିତ ନାହାନ୍ତି । ସେ ଭାବିଲେ କାଳେ ତାଙ୍କର ଭଉଣୀ କିଛି ଥଟା ମଜ୍ଜା କରୁଥିବ । ତେଣୁ ସେ ତାଙ୍କ ଭଉଣୀଙ୍କ ରୁମ୍ ଯାଇ ମଧ୍ୟ ଦେଖିଥିଲେ । କିଛି ନ ପାଇ ସେ ପୁଣି ଆସି ଶୋଇପଡ଼ିଲେ । କିଛି ସମୟ ପରେ ସେ ପୁଣି ଏକ ସ୍ୱର ଶୁଣିପାରିଥିଲେ ତାହା ଜଣେ ନାରୀଙ୍କର ଥିଲା । ସେ କହୁଥିଲେ "ତାଙ୍କୁ ଯିବାକୁ ଦିଅ"। ସେତେବେଳେ ଗ୍ରେଟା ଜାଣି ପାରିଲେ ଯେ ସେ ମହିଳା ତାଙ୍କ ପିତାଙ୍କ କଥା ହିଁ କହୁଥିଲେ ଏବଂ ମୃତ୍ୟୁ ପରେ ମଧ୍ୟ ଆଉ ଗୋଟେ ଜୀବନ ଅଛି । ତେଣୁ ସେ ନିଶ୍ଚୟ ତାଙ୍କ ପିତାଙ୍କ ସହ କେତେବେଳେ ହେଲେ ଦେଖା କରିପାରିବେ । ତାଙ୍କୁ ତାଙ୍କ ଜୀବନ ପଥରେ ଗତି କରିବାକୁ ପଡ଼ିବ ଏବଂ ପିତାଙ୍କୁ ତାଙ୍କ ରାସ୍ତାରେ ଯିବାକୁ ଛାଡ଼ିଦେବାକୁ ପଡ଼ିବ । ତାପରେ ଗ୍ରେଟା ଆସ୍ତେ ଆସ୍ତେ ତାଙ୍କର ପୂର୍ବ ଅବସ୍ଥାକୁ ଫେରିଆସିଥିଲେ ଏବଂ ସାଧାରଣ ଜୀବନ ନିର୍ବାହ କରିଥିଲେ ।

••

ଟିମ୍ ତାଙ୍କ ବାପା, ମାଙ୍କ ସହ ଗୋଟେ ଆପାର୍ଟମେଣ୍ଟର ଦ୍ୱିତୀୟ ମହଲାରେ ରହୁଥିଲେ । ତଳମହଲାର ଠିକ୍ ତାଙ୍କ ତଳେ ଜଣେ ମହିଳା ରହୁଥିଲେ ଯିଏକି ସବୁବେଳେ ହ୍ୱିଲ ଚୌକି ବ୍ୟବହାର କରୁଥିଲେ । ସାଧାରଣ ତ ସେ ମହିଳା ଜଣଙ୍କ

କାହା ସାଙ୍ଗରେ କଥାବାର୍ତ୍ତା କରୁନଥିଲେ ଏବଂ ଯେତେବେଳେ କରୁଥିଲେ ବଡ଼ ରୁକ୍ଷ ବ୍ୟବହାର କରୁଥିଲେ । ସେଥିପାଇଁ ଟିମ୍ ଏବଂ ତାଙ୍କର ସାଙ୍ଗମାନେ ତାଙ୍କୁ "ଡାହାଣୀ" ଆଖ୍ୟା ଦେଇଥିଲେ ।

ଦିନେ ରାତିରେ ଖାଇବା ସମୟରେ ଟିମ୍‌ଙ୍କ ପରିବାରରେ ତାଙ୍କରି ବିଷୟରେ କଥାବାର୍ତ୍ତା ହେଉଥିଲେ । କାହିଁକିନା ସେ ମହିଳା କିଛି ଦିନ ହେଲା ଦେଖାଯାଉ ନ ଥିଲେ । ସେ ପ୍ରାୟ ସବୁବେଳେ ତଳ ବଗିଚାରେ ତାଙ୍କର ହ୍ୱିଲ ଚୌକୀ ଉପରେ ବସିଥାନ୍ତି । କିନ୍ତୁ ଏବେ ଆଉ ବସୁ ନ ଥିଲେ । ସେମାନେ ଭାବିଲେ ବୋଧହୁଏ ସେ ଅନ୍ୟ କେଉଁ ସ୍ଥାନକୁ ଚାଲିଯାଇଛନ୍ତି ।

ସେହିଦିନ ରାତିରେ ଟିମ୍ ଅର୍ଦ୍ଧଚେତନ ଅବସ୍ଥାରେ ଥିଲାବେଳେ ଗୋଟେ ସ୍ୱପ୍ନ ଦେଖିଥିଲେ । ସ୍ୱପ୍ନରେ ସେ ମହିଳା ଜଣଙ୍କ ଆସି ଟିମକୁ ତାଙ୍କର ରୁକ୍ଷ ବ୍ୟବହାର ପାଇଁ ଦୁଃଖ ପ୍ରକାଶ କରିଥିଲେ । ସେ ଆଉ ମଧ୍ୟ କହିଥିଲେ ଯେ ସେ ମରିଯାଇଛନ୍ତି ଏବଂ ଖୁସିରେ ଅଛନ୍ତି କାହିଁକିନା ବର୍ତ୍ତମାନ ସେ ଚାଲିପାରୁଛନ୍ତି । ତା'ର କିଛିଦିନ ପରେ ସେମାନେ ଦେଖିଥିଲେ ଯେ କିଛି ଲୋକ ଆସି ସେ ମହିଳାଙ୍କ ଘରୁ ଜିନିଷପତ୍ର ବାହାର କରି ନେଉଛନ୍ତି । ସେମାନଙ୍କୁ ପଚାରିଲାରୁ ସେମାନେ କହିଲେ ଯେ, ସେ ମହିଳା ପ୍ରାୟ ଦୁଇ ସପ୍ତାହ ତଳୁ ଡାକ୍ତରଖାନାରେ ମୃତ୍ୟୁବରଣ କରିସାରିଛନ୍ତି ।

●●

ଏ ହେଉଛି ଭୁବନେଶ୍ୱରର ଘଟଣା । ଡ. ବିବେକାନନ୍ଦ ଦାସ ଭୁବନେଶ୍ୱରର ଜଣେ ପ୍ରଖ୍ୟାତ ଡାକ୍ତର । ମେଡ଼ିସିନ୍ ସ୍ପେସିଆଲିଷ୍ଟ (Medicine specialist) ଭାବରେ ତାଙ୍କର ଯଥେଷ୍ଟ ଖ୍ୟାତି ରହିଛି । ସେ ମଧ୍ୟ ଷ୍ଟେଟ ବ୍ୟାଙ୍କ, ରିଜର୍ଭ ବ୍ୟାଙ୍କ ଏବଂ ନାବାର୍ଡ଼ର ଡାକ୍ତର ଥିଲେ । ଏହି ଘଟଣାଟିର ଅନୁଭବୀ ସେ ନିଜେ । ନଭେମ୍ବର ୨୦୨୩ରେ ତାଙ୍କ ଧର୍ମପତ୍ନୀ ଶ୍ରୀମତୀ ଆଲୋକ ପ୍ରଭା ଦାସଙ୍କର ହଠାତ୍ ବ୍ରେନ୍ ଷ୍ଟ୍ରୋକ (Brain stroke) ହୋଇଥିଲା । ଅବିଳମ୍ବେ ସେ ଏଠାର ଆପୋଲ ହସପିଟାଲରେ ଚିକିତ୍ସା ପାଇଁ ଭର୍ତ୍ତି କରିଥିଲେ । ନଭେମ୍ବର ଏଗାର ତାରିଖ ରାତି ଦଶଟାରେ ସେମନେ ହସପିଟାଲରୁ ଘରକୁ ଫେରିଥିଲେ । ରୋଗୀ I.C.U. ରେ ଥିଲେ । ପାଖରେ ଭଣଜା ରହିଥିଲେ ।

ଦିନଯାକର ଶାରିରୀକ ଏବଂ ମାନସିକ କ୍ଳାନ୍ତି ପରେ ସମସ୍ତେ ଶୋଇ ପଡ଼ିଥିଲେ । ଉପର ମହଲାର ଗୋଟେ ରୁମ୍‌ରେ ଡ. ଦାସ, ଅନ୍ୟଟିରେ ତାଙ୍କର ଝିଅ ଡ. ଦେବଜାନୀ ଦାସ ଏବଂ ଦୁଇ ବର୍ଷର ନାତୁଣୀ ଭାନ୍‌ଭୀ ଏବଂ ଅନ୍ୟ ଗୋଟେ ରୁମ୍‌ରେ ତାଙ୍କର

ପୁଅ, ବୋହୂ ଶୋଇଥିଲେ । ରାତି ୧୨.୪୦ ମିନିଟ୍ । ହଠାତ୍ ଭାନଭୀ ଚିତ୍କାର କରି କାନ୍ଦି ଉଠିଥିଲା । ଏମିତି ରାତିରେ ସେ କେବେହେଲେ ଉଠେ ନାହିଁ । ଯଦିବା କେତେବେଳେ ଉଠିପଡ଼େ ତା ମାମାକୁ ଧରି ପୁଣି ଶୋଇ ପଡ଼େ । କିନ୍ତୁ ସେଦିନ ସେ ଏତେ ଜୋରରେ କାନ୍ଦିଥିଲା ଯେ ଘରେ ସମସ୍ତେ ଉଠିପଡ଼ିଥିଲେ । ତା'ର କାନ୍ଦ ବନ୍ଦ ହେଉ ନ ଥିଲା । ସେ କାନ୍ଦି କାନ୍ଦି କହୁଥିଲା "ମୁଁ ମା ପାଖକୁ ଯିବି ।" ସେ ତା ଜେଜେ ମାଙ୍କୁ ମା ବୋଲି ଡାକୁଥିଲା । ସେମାନେ ଯେତେ ବୁଝାଇଲେ ଯେ ମା ଡାକ୍ତରଖାନାରେ ଅଛନ୍ତି, ସେ କିନ୍ତୁ ବୁଝିବାକୁ ନାରାଜ । ଭଲ ଭାବରେ କଥା କହି ପାରୁ ନ ଥିବା ଭାନଭୀ ଜୋରରେ ଚିତ୍କାର କରି ପରିଷ୍କାର ଭାବରେ କହିଥିଲା, "ମୁଁ କହିଲି ପରା ମା ପାଖକୁ ଯିବି । ମା ତଳେ ଅଛି ।" ଠିକ୍ ସେହି ସମୟରେ ଡାକ୍ତରଖାନାରୁ ଫୋନ୍ ଆସିଥିଲା । ଭଣଜା ଫୋନ୍ କରି କହିଥିଲେ "ମାଇଁ ଆଉ ନାହାନ୍ତି ।" ଏ କି ଆଶ୍ଚର୍ଯ୍ୟ କଥା ! ଦୁଃଖ, ଶୋକରେ ଜର୍ଜରିତ ଡ. ଦାସ ହଠାତ୍ ସ୍ତମ୍ଭିଭୂତ ହୋଇଯାଇଥିଲେ । ଜେଜେ ମାଙ୍କର ମୃତ୍ୟୁ ଏବଂ ନାତୁଣୀର ଚିତ୍କାର କରି କାନ୍ଦିବା ସମୟ ପ୍ରାୟ ସମାନ ଥିଲା । ଡ. ଦାସ ଏବଂ ତାଙ୍କ ଝିଅ ଡ. ଦେବଜାନୀ ଦାସ ଉଚ୍ଚ ଶିକ୍ଷିତ, ଆଧୁନିକ । ସେମାନେ ପୁରାପୁରି ନିଶ୍ଚିତ ଯେ ଆଲୋକ ପ୍ରଭା ଦେବୀଙ୍କର ଆତ୍ମା ସେଦିନ ନିଶ୍ଚୟ ଆସିଥିଲା ଘରର ସମସ୍ତଙ୍କ ଠାରୁ ବିଶେଷତଃ ତାଙ୍କର ଆଦରର ନାତୁଣୀ ଠାରୁ ବିଦାୟ ନେବା ପାଇଁ ।

॥ ୬ ॥

ମୃତ ଆତ୍ମାମାନଙ୍କଠାରୁ ଶୁଣିବା ଏବଂ ଦେଖିବା

ଆମ ମାନଙ୍କ ଭିତରେ କେତେକ ଲୋକ ଅଛନ୍ତି ଯାହାଙ୍କୁ ଆମେ ମାଧମ କହିପାରିବା ଯେଉଁମାନେ ମୃତବ୍ୟକ୍ତି ମାନଙ୍କ ଆତ୍ମା ସହ ସଂପର୍କ ସ୍ଥାପନ କରିପାରନ୍ତି, ସେମାନଙ୍କ ସାଙ୍ଗରେ କଥାବାର୍ତ୍ତା କରିପାରନ୍ତି ଏବଂ ସେମାନଙ୍କୁ ଦେଖି ପାରନ୍ତି । ସେମାନଙ୍କ ସହାୟତାରେ ସାଧାରଣ ଲୋକମାନେ ସେମାନଙ୍କ ମୃତ ଆତ୍ମୀୟ ମାନଙ୍କ ସହ ଯୋଗାଯୋଗ କରିପାରିଥାନ୍ତି । ସେହିପରି କେତେକ ଘଟଣା ।

••

କୋନାର୍ଡ଼ ତାଙ୍କ ଜେଜେବାପାଙ୍କୁ ବହୁତ ଭଲପାଉଥିଲେ । ତାଙ୍କ ମୃତ୍ୟୁର କିଛି ବର୍ଷ ପରେ ସେ ଜଣେ ବ୍ୟକ୍ତିଙ୍କ ସହ ଦେଖା କରିବାକୁ ଯାଇଥିଲେ ଯେ କି ଭବିଷ୍ୟତର କଥା କହିପାରୁଥିଲେ ଏବଂ ଆତ୍ମା ମାନଙ୍କ ସହ ସଂପର୍କ ସ୍ଥାପନ କରିପାରୁଥିଲେ । କୋନାର୍ଡ଼ଙ୍କ ଠାରୁ ସବୁ ଶୁଣି ସେ ତାଙ୍କର ଜେଜେବାପାଙ୍କ ସହ ଯୋଗାଯୋଗ କରିବାକୁ ଚେଷ୍ଟା କରିଥିଲେ ଏବଂ କହିଥିଲେ ଯେ ସେ ତାଙ୍କ ଜେଜେବାପାଙ୍କୁ ଦେଖି ପାରୁଛନ୍ତି ଯିଏ କି ଗୋଟେ ପୁରୁଣା କାଳିଆ ଚକୋଲେଟ ଡବା ଧରିଛନ୍ତି ଏବଂ ଇଶାରା କରୁଛନ୍ତି ଯେ ଏହି ଚକୋଲେଟ ବାକ୍ସକୁ ଖୋଜିକରି ବାହାର କରିବା ନିହାତି ଆବଶ୍ୟକ । ସେ ଆଉ ମଧ୍ୟ କହିଥିଲେ ଯେ ସେ ଚକୋଲେଟ ଡବାଟି ତାଙ୍କ ମାଙ୍କ ଘରେ ଅଛି ଯାହାକୁ ସମସ୍ତେ ଭୁଲି ଯାଇଛନ୍ତି । ତାପରେ କୋନାର୍ଡ଼ ତାଙ୍କ ମାଙ୍କ ଘରକୁ ଯାଇଥିଲେ ଏବଂ ଏହି ବିଷୟରେ ତାଙ୍କୁ ସବୁ କହିଥିଲେ ।

ମା, ପୁଅ ଦୁହେଁ ଚକୋଲେଟ ଡବାକୁ ଖୋଜିବାରେ ଲାଗିପଡ଼ିଲେ । ଶେଷରେ ସେମାନଙ୍କ ପରିଶ୍ରମ ସଫଳ ହୋଇଥିଲା । ଚକୋଲେଟ ଡବାଟି ମିଳି ଯାଇଥିଲା । ସେ ଡବା ଖୋଲି ଦୁଇଜଣଯାକ ବିସ୍ମୟରେ ଅଭିଭୁତ ହୋଇ ପଡ଼ିଥିଲେ । ସେ ଡବା ଭିତରେ ଗୁଡ଼ାଏ ବ୍ୟାଙ୍କ ଖାତାର ତଥ୍ୟ ଥିଲା ଏବଂ ଗୋଟେ ଉଇଲ ଥିଲା । ସେ ଉଇଲରେ ଜେଜେ ବାପା ତାଙ୍କୁ ଏବଂ ତାଙ୍କ ମାଙ୍କୁ ସବୁ ଟଙ୍କା ପଇସା ଦାନ କରିଦେଇଥିଲେ । ତାଙ୍କ ମା ଜୀବନ ସାରା ପରିଶ୍ରମ କରି ଏକାକୀ ତାଙ୍କୁ ମଣିଷ କରିଥିଲେ । ଏହା ପରଲୋକରୁ ସେମାନଙ୍କ ପାଇଁ ଗୋଟେ ଅତୀବ ସୁନ୍ଦର ଉପହାର ଥିଲା ।

●●

ମାର୍ଥା ଚିତ୍ର ଆଙ୍କିବାକୁ (painting) ବହୁତ ଭଲ ପାଉଥିଲେ । କିନ୍ତୁ ବାହା ହେଲା ପରେ ଏବଂ ପିଲାଛୁଆ ହେଲାପରେ ସେ ସେଥିପାଇଁ ଆଉ ସମୟ ଦେଇ ପାରୁନଥିଲେ । ତାଙ୍କର ଆତ୍ମା କିମ୍ବା ଆତ୍ମା ମାନଙ୍କ ସହ ଯୋଗାଯୋଗ କରିପାରୁଥିବା ମାଧ୍ୟମ (medium) ମାନଙ୍କ ଉପରେ ଆଦୌ ବିଶ୍ୱାସ ନ ଥିଲା । ଥରେ ତାଙ୍କର ଜଣେ ସାଙ୍ଗ ତାଙ୍କୁ ଜଣେ ମିଡ଼ିୟମଙ୍କ ପାଖକୁ ଡାକି ନେଇଥିଲା । ସେ ମଧ୍ୟ କୌତୁହଳବଶତଃ ସେଠାକୁ ଯାଇଥିଲେ ।

ସେ ମିଡ଼ିଅମ (medium) ସାଙ୍ଗରେ ଯେତେବେଳେ ତାଙ୍କର ଅଧିବେଶନ ଆରମ୍ଭ ହୋଇଥିଲା, ସେତେବେଳେ ସେ ଜଣେ ମହିଳାଙ୍କୁ ଦେଖି ପାରୁଥିବା କହିଥିଲେ । ଏବଂ ତାଙ୍କର ଆକୃତିର ବର୍ଣ୍ଣନାରୁ ମାର୍ଥା ତାହାଙ୍କୁ ତାଙ୍କର ବଡ଼ ମାଉସୀ, ସାରା ବୋଲି ଜାଣି ପାରିଥିଲେ ଯିଏକି ତିନି ବର୍ଷ ତଳୁ ଇହଧାମ ତ୍ୟାଗ କରିସାରିଥିଲେ । ସେ ମାଧ୍ୟମ କହିଥିଲେ ଯେ, ସାରା ତାଙ୍କ ହାତରେ ଗୋଟେ ପେଣ୍ଟ ବ୍ରସ (paint brush) ଧରିଛନ୍ତି ଏବଂ ମାର୍ଥାଙ୍କୁ ତାକୁ ବ୍ୟବହାର କରିବା ପାଇଁ କହୁଛନ୍ତି ।

ମାର୍ଥା ଆଶ୍ଚର୍ଯ୍ୟ ହୋଇଯାଇଥିଲେ । କାହିଁକିନା ବଞ୍ଚିଥିଲା ବେଳେ ସାରା ସବୁବେଳେ ତାଙ୍କୁ ପେଟିଂ କରିବା ପାଇଁ ଉତ୍ସାହିତ କରୁଥିଲେ । ଆଜି ମଧ୍ୟ ସେ ସେହିପରି କରିଛନ୍ତି । ସେତେବେଳକୁ ମାର୍ଥାଙ୍କର ପିଲାଦୁଇଟିଙ୍କର ବୟସ ୧୬ ଏବଂ ୧୮ ବର୍ଷ ହୋଇଯାଇଥିଲା । ସେ ପୁଣି ପେଣ୍ଟିଙ୍ଗ କରିବା ଆରମ୍ଭ କରିଦେଇଥିଲେ । ସହରରେ ତାଙ୍କର ଗୋଟେ ପେଣ୍ଟିଙ୍ଗ ଗ୍ୟାଲେରୀ (painting gallery) ଖୋଲିଥିଲେ ଏବଂ କିଛି ପେଣ୍ଟିଙ୍ଗ ମଧ୍ୟ ବିକ୍ରୀ କରି ପାରିଥିଲେ ।

●●

ଆନା ଗୋଟେ ଆପାର୍ଟମେଣ୍ଟର ତୃତୀୟ ମହଲାରେ ରହୁଥିଲେ । ଦିନେ ରାତି ୯ଟାରେ ଅଫିସ ପରେ ସେ ତାଙ୍କ ସାଙ୍ଗ ମାନଙ୍କ ସାଙ୍ଗରେ ବାହାରେ ଥିବାବେଳେ ଚତୁର୍ଥ ମହଲାର ଠିକ୍ ତାଙ୍କ ଉପର ଘରେ ରହୁଥିବା ଜୁଲି ତାଙ୍କ ମୋବାଇଲକୁ ଫୋନ କରିଥିଲେ । ଜୁଲି କହିଥିଲେ ଯେ, କିଛି ସମୟ ତଳେ ସେ ଅଳିଆ (garbage) ପକାଇବାକୁ ତଳକୁ ଯାଇଥିଲେ । ସେ ତାଙ୍କ ଘରର ଝରକା ଆଡ଼କୁ ଅନାଇଲା ବେଳେ ଘର ଭିତରେ ଜଣେ ସ୍ତ୍ରୀ ଲୋକ ସେହି ଝରକା ଦେଇ ଚାଲିଯାଇଥିଲା । ପରେ ପରେ ସେ ସ୍ତ୍ରୀଲୋକ ଜଣକ ଫେରି ଆସି ସେହି ଝରକା ଦେଇ ଜୁଲିଙ୍କୁ ଚାହିଁ ରହିଥିଲା । ସେ ଭାବିଲେ ବୋଧେ ଆନାଙ୍କର କେହି ଅତିଥି ଆସିଥିବେ କିନ୍ତୁ ରାତି ପ୍ରାୟ ୮ଟା ବେଳକୁ ସେ ତଳଘରୁ ଜୋର୍‌ରେ ଶବ୍ଦ ଶୁଣି ପାରିଥିଲେ । କେହି ଯେମିତି ଆନାଙ୍କ ଛାତକୁ ତଳଆଡୁ ହାତୁଡ଼ିରେ ବାଡ଼ଉଛି । ସେ ଡରିଯାଇ ଆନାଙ୍କୁ ସେଇଥିପାଇଁ ଫୋନ୍ କଲେ ।

ଆନା ସଙ୍ଗେ ସାଙ୍ଗେ ଘରକୁ ଚାଲି ଆସିଲେ । ଘରର ଚାବି ଖୋଲିଲା ବେଳେ ଅନାଗତ ଆଶଙ୍କାରେ ଥରି ଉଠିଥିଲେ । ଭିତରେ ସେ କେଉଁ ଦୃଶ୍ୟ ଦେଖିବେ ସେହି ଚିନ୍ତାରେ । ସେ ଭିତରକୁ ଯାଇ ଘରର ସବୁ ଆଲୋକ ଜଳାଇ ଦେଇଥିଲେ କିନ୍ତୁ କୌଣସି ଠାରେ କିଛି ହେଲେ ବ୍ୟତିକ୍ରମ ଦେଖିବାକୁ ପାଇ ନ ଥିଲେ । ସେ ଆଶ୍ଚର୍ଯ୍ୟ ହୋଇଯାଇଥିଲେ । ତଥାପି ସେ ଏବଂ ଜୁଲି ନିଷ୍ପତ୍ତି ନେଇଥିଲେ ଯେ, ଏ ବିଷୟରେ କାହାକୁ କିଛି ଜଣାଇବେ ନାହିଁ ।

ଆନାଙ୍କର ଠିକ୍ ଆଗ ଘରେ ଜେକ୍ ତାଙ୍କର ମହିଳା ବନ୍ଧୁ (girl friend) ସାରାଙ୍କ ସାଙ୍ଗରେ ରହୁଥିଲେ । ସେ କହିଥିଲେ ଯେ, ଥରେ ଯେତେବେଳେ ସେ ତାଙ୍କର ସମୁଖ ଦ୍ୱାର ଖୋଲିଥିଲେ, ସେ ଦେଖିଥିଲେ ଜଣେ ମହିଳା ଧୂସର ରଙ୍ଗର ଛୋଟ ସ୍କାର୍ଟ ପିନ୍ଧି ଆନାଙ୍କ ଘରର ହଲ ଶେଷରେ ଥିବା ଝରକା ପାଖରେ ଠିଆ ହୋଇ ବାହାରକୁ ଅନାଇ ଥିଲେ । ସାରା ତାଙ୍କୁ କେବେହେଲେ ଆଗରୁ ଦେଖି ନ ଥିଲେ । ତଥାପି ମଧ ସେ ତାଙ୍କୁ ହ୍ୟାଲୋ କହିଥିଲେ । କିନ୍ତୁ ସେ ମହିଳା ଜଣଙ୍କ କୌଣସି ଉତ୍ତର ଦେଇ ନଥିଲେ । ଆଉଥରେ ଜୁଲି ତାଙ୍କ ଅଫିସରୁ ଫେରି ଆନାଙ୍କ ଘର ଆଗରେ ଗଲାବେଳେ ଘର ଭିତରେ କେହି ଜଣେ ନାରୀର କ୍ରନ୍ଦନ ଶୁଣିପାରିଥିଲେ । ସେତେବେଳେ ଆନା ଘରେ ନ ଥିଲେ । ସେ କହିଥିଲେ ଯେ ସେ ଘରେ ନିଶ୍ଚୟ କୌଣସି ଭୂତ ପ୍ରେତ ଅଛି । ଆନା କିନ୍ତୁ କୌଣସି ଅସ୍ୱାଭିକତା ଅନୁଭବ କରି ପାରି

ନଥିଲେ । କିନ୍ତୁ ଗୋଟେ ରାତିରେ ଆନାଙ୍କର ଅର୍ଦ୍ଧନିଦ୍ରିତ ଅବସ୍ଥାରେ ସେ ଅନୁଭବ କରିଥିଲେ ଯେ କେହି ଜଣେ ତାଙ୍କ ଖଟ ଦେହରେ ବାଡ଼େଇ ହୋଇଗଲା । ଏବଂ କିଛି ସମୟ ପରେ ସେ ଶୋଇଥିବା ଖଟ ପାଖ ଦବିଯିବାକୁ ଲାଗିଲା ଯେମିତି କେହି ଜଣେ ତାଙ୍କ ଖଟ ଉପରେ ବସି ପଡ଼ିଥିଲା ।

ଆନା ସେ ଘରର ଇତିହାସ ଜାଣିବାକୁ ଚେଷ୍ଟା କରିଥିଲେ । ସେ ସ୍ଥାନୀୟ ଲାଇବ୍ରେରୀକୁ ଯାଇ ପୁରୁଣା ଖବରକାଗଜ ଇତ୍ୟାଦି ଖୋଜା ଖୋଜି କରିଥିଲେ । ସେ ଜାଣିବାକୁ ପାଇଥିଲେ ଯେ ସେହି ଘରେ ୧୯୪୮ ମସିହାରେ ଜଣେ ସ୍ତ୍ରୀ ଲୋକଙ୍କୁ ଛୁରୀ ଭୁଷି ହତ୍ୟା କରାଯାଇଥିଲା । ହତ୍ୟାକରୀ ଘରର ଅଗ୍ନି ନିରାପତା ଦ୍ୱାର (Fire escape door) ଭାଙ୍ଗି ଭିତରେ ପଶିଥିଲା ଏବଂ ହତ୍ୟାକରି ଫେରାର ହୋଇଯାଇଥିଲା ଯାହାକୁ ପୋଲିସ ଧରି ପାରି ନ ଥିଲା । ଆନା ସେ ସ୍ତ୍ରୀ ଲୋକଙ୍କର ଫଟୋ ପାଇ ନଥିଲେ କିନ୍ତୁ ସେଥିରେ ତାଙ୍କର ଯାହା ବର୍ଣ୍ଣନା କରାଯାଇଛି ତାଙ୍କ ଘରେ ଦେଖାଯାଉଥିବା ସ୍ତ୍ରୀ ଲୋକଙ୍କ ସହ ମେଳ ଖାଇ ଯାଉଥିଲା ।

ଆନା ବ୍ୟସ୍ତ ହୋଇ ପଡ଼ିଥିଲେ । ସେ ଭାବୁଥିଲେ ଏ ସ୍ତ୍ରୀଲୋକ ଜଣଙ୍କ ଆଗରୁ ତ ଦେଖା ଯାଉ ନ ଥିଲେ ତେବେ ଏବେ କାହିଁକି ଦେଖାଯାଉଛନ୍ତି ? ତାଙ୍କର ପଡ଼ୋଶୀ ମାନେ କହିଲେ ବୋଧହୁଏ ସେ ସ୍ତ୍ରୀଲୋକଙ୍କର ଆତ୍ମା ଆନାଙ୍କୁ କିଛି ସତର୍କ କରାଇଦେବାକୁ ଚାହୁଁଛି ଯେପରିକି ସେ ନିରାପଦରେ ରହିବେ । ସେହି ଭିତରେ ସ୍ଥାନୀୟ ଖବର କାଗଜରେ ଗୋଟେ ଖବର ବାହାରିଥିଲା ଜଣେ ଧର୍ଷଣକାରୀଙ୍କ ବିଷୟରେ ଯେ କି ଏହି ଭିତରେ ଦୁଇ ଜଣ ମହିଳାଙ୍କୁ ସେମାନଙ୍କ ଆପାର୍ଟମେଣ୍ଟରେ ଆକ୍ରମଣ କରିଥିଲା । ତାପରେ ଆନା ତାଙ୍କ ଘରର ସବୁ କବାଟର ତାଲା ଗୁଡ଼ାକ ପରୀକ୍ଷା କରିଥିଲେ । ଯେତେବେଳେ ସେ ଅଗ୍ନି ନିରାପତ୍ତା ଦ୍ୱାର (Fire escape door) ର ତାଲା ଧରିଲେ ତାହା ଅକ୍ଳେଶରେ ଭାଙ୍ଗି ତାଙ୍କ ହାତରେ ଖସି ପଡ଼ିଥିଲା । ସେ ସାଙ୍ଗେ ସାଙ୍ଗେ ଜଣେ ତାଲା ମିସ୍ତ୍ରୀ ଡାକି ତାହା ମରାମତି କରି ଦେଇଥିଲେ । ଆଶ୍ଚର୍ଯ୍ୟର କଥା ତାପରେ ସେ ମହିଳାଙ୍କୁ ଆଉ କେହି ଦେଖି ନଥିଲେ । ଆନା ଭାବୁଥିଲେ ସେହି ଆତ୍ମା ତାଙ୍କର ନିରାପତ୍ତା କାମନା କରୁଥିଲା ।

●●

ଜାନି ତାଙ୍କ ପିଲାଦିନୁ ଆତ୍ମା ମାନଙ୍କୁ ଦେଖିପାରୁଥିଲେ । ପିଲାଦିନେ ସେମାନେ ରାତିରେ ତାଙ୍କ ଖଟ ଚାରିପାଖେ ଦେଖାଯାଉଥିଲେ । ଜଣେ ବୟସ୍କା ମହିଳା ଯେ କି ତାଙ୍କ ବାଳକୁ ପଛରୁ ଖୋସା କରି ଗଣ୍ଠି ପକାଉଥିଲେ, ସବୁବେଳେ

ତାଙ୍କୁ ଦେଖାଯାଉଥିଲେ । ପ୍ରଥମେ ପ୍ରଥମେ ତାଙ୍କୁ ଡର ଲାଗିଥିଲା ଏବଂ ସେ ଏ ବିଷୟରେ ତାଙ୍କ ମାଙ୍କୁ କହିଥିଲେ । ତାଙ୍କ ମା ସେ ବୃଦ୍ଧା ମହିଳାଙ୍କର ଆକୃତି ବର୍ଣ୍ଣନା କରିବାକୁ କହିଥିଲେ । ଜାନି ବର୍ଣ୍ଣନା କଲାପରେ ତାଙ୍କ ମା ହଠାତ୍ ଉଠିକରି ଉପର ମହଲାକୁ ଯାଇଥିଲେ ଏବଂ ଗୋଟେ ଫଟୋ ଆଣି ଜାନିଙ୍କୁ ଦେଖାଇଥିଲେ । ଜାନି ଆଶ୍ଚର୍ଯ୍ୟ ହୋଇଯାଇଥିଲେ କାହିଁକିନା ଫଟୋରେ ଥିବା ମହିଳା ଏବଂ ରାତିରେ ଆସୁଥିବା ଆତ୍ମା ଏକାପରି ଥିଲେ । ଜାନିଙ୍କୁ ମା କହିଥିଲେ ଯେ ସେ ହେଉଛନ୍ତି ତାଙ୍କର ଜେଜେମା ଯିଏକି ସେ ଶିଶୁ ଥିଲାବେଳେ କ୍ୟାନସରରେ ମରିଯାଇଥିଲେ । ମରିବା ଆଗରୁ ତାଙ୍କର ଅବଶୋଷ ଥିଲା ଯେ ସେ ଜାନିଙ୍କୁ ବଡ଼ହେବାର ଦେଖି ପାରିବେନି । ସେଇଥିପାଇଁ ବୋଧହୁଏ ସେ ସବୁବେଳେ ଜାନିଙ୍କୁ ଦେଖିବାକୁ ଆସୁଛନ୍ତି । ଜାନିଙ୍କର ଭୟଭାବ ଦୂର ହୋଇଯାଇଥିଲା । ଏବେ ସେ ପ୍ରତିଦିନ ଶୋଇବାକୁ ଯିବା ଆଗରୁ ତାଙ୍କ ଜେଜେମାଙ୍କ ଉଦ୍ଦେଶ୍ୟରେ ଟିକିଏ ହସିଦେଇ ଶୋଇଯାଉଥିଲେ ।

●●

ବ୍ର୍ୟାନଙ୍କର କିଶୋର ସମୟରେ ୧୯୯୬ ମସିହାରେ ତାଙ୍କ ବାପାଙ୍କର ଏକ କାର ଦୁର୍ଘଟଣାରେ ଦେହାନ୍ତ ହୋଇଥିଲା । କିଶୋର ବୟସ ଏମିତି ଏକ ସମୟ ଯେତେବେଳେ ସେମାନଙ୍କର ବାପାମାଙ୍କ ସାଙ୍ଗରେ ସଂପର୍କ ସେତେଟା ଭଲ ନ ଥାଏ । ବାପା, ମାଙ୍କର ଆକଟ, କଟକଣାକୁ ତାଙ୍କ କିଶୋର ମନ ବିଦ୍ରୋହ କରିଥାଏ । ସେହିପରି ବ୍ର୍ୟାନଙ୍କର ତାଙ୍କ ବାପାଙ୍କ ସହିତ ସଂପର୍କ ଥିଲା । ତାଙ୍କର ହଠାତ୍ ମୃତ୍ୟୁରେ ବ୍ର୍ୟାନ ବିଷର୍ଣ୍ଣ ହୋଇ ପଡ଼ିଥିଲେ । ତାଙ୍କ ବାପାଙ୍କ ସହିତ ସଂପର୍କ ସୁଧାରିବାକୁ ତାଙ୍କୁ ଆଉ ସମୟ ମିଳି ନ ଥିଲା ।

ତାଙ୍କ ପିତାଙ୍କ ମୃତ୍ୟୁ ପରେ ତାଙ୍କର ଭିଡ଼ିଓ କ୍ୟାମେରାଟି ତାଙ୍କ ମା ତାଙ୍କୁ ଦେଇଥିଲେ । ବ୍ର୍ୟାନଙ୍କୁ ଯେତେବେଳେ ୨୧ ବର୍ଷ ହୋଇଥିଲା ତାଙ୍କୁ ଗୋଟେ ଘର ଦିଆଯାଇଥିଲା । ସେ ସେଠାକୁ ଚାଲିଯାଇଥିଲେ ଏବଂ ଗଲାବେଳେ ସେ ସେହି ଭିଡ଼ିଓ କ୍ୟାମେରାଟି ମଧ୍ୟ ନେଇଥିଲେ । ତାକୁ ସେ ତାଙ୍କର ଡ୍ରଇଁ ରୁମ୍‌ର ଗୋଟେ ଡ୍ରୟରରେ ରଖିଥିଲେ । ଗୋଟେ ରାତିରେ ସେ ଯେତେବେଳେ ଟି.ଭି. ଦେଖୁଥିଲେ ସେତେବେଳେ ଗୋଟେ ଘରର୍‌ର୍... ଶବ୍ଦ ସେହି ଡ୍ରୟରରୁ ଆସିଥିଲା । ତାଙ୍କ କ୍ୟାମେରାଟି ମନକୁ ମନ ଅନ୍ ହୋଇଯାଇଥିଲା । ତାଙ୍କ ମନକୁ ଆସିଥିଲା, "ଆଉ କ'ଣ ମୋ ବାପା ଆସି ସେ କ୍ୟାମେରା ଅନ୍ କରିଦେଲେ ।" କିନ୍ତୁ ଏହା ଅବାସ୍ତବ ଭାବି ସେ ତାକୁ ଏଡ଼ାଇ ଯାଇଥିଲେ । କିନ୍ତୁ ତାଙ୍କର ଏ ଭାବନା ବେଶୀ ସମୟ ତିଷ୍ଠି

ରହି ପାରି ନଥିଲା । କିଛି ସମୟ ପରେ ହଠାତ୍ ଦୁଇଟି ଧୂଆଁ ସତର୍କକାରୀ ଯନ୍ତ୍ର (Smoke detector) ରୁ ସତର୍କ ଘଣ୍ଟି ବାଜି ଉଠିଥିଲା ଯଦିଓ କେଉଁଠାରେ ହେଲେ ବି ଧୂଆଁର ଚିହ୍ନବର୍ଣ୍ଣ ନ ଥିଲା । ତାପରେ ଘରର ଆଲୋକ ବଲ୍ବ ଗୁଡ଼ାକ ସାମାନ୍ୟ ଧପ୍ ଧପ୍ ହେବାରେ ଲାଗିଥିଲା । ସେ ଏହାକୁ କୌଣସି ବୈଦ୍ୟୁତିକ ତ୍ରୁଟି ଭାବିନେଇ ଶୋଇବାକୁ ଯାଇଥିଲେ ।

ତାପର ଦିନ ସକାଳୁ ଆପାର୍ଟମେଣ୍ଟର ସିକ୍ୟୁରିଟି ସୁପରଭାଇଜର ଆସି ତାଙ୍କୁ ପଚାରିଥିଲେ, "ଗତ କାଲି ରାତି ଦୁଇଟାରେ କିଏ ସେ ତାଙ୍କ ଘରକୁ ଆସିଥିଲେ ?" ସେ ଆଶ୍ଚର୍ଯ୍ୟ ହୋଇଯାଇଥିଲେ । ସୁପରଭାଇଜର ତାଙ୍କୁ ତଳମହଲାକୁ ନେଇ ଭିଡ଼ିଓ ଟେପ୍ ଦେଖାଇଥିଲେ । ବ୍ରାୟାନ ଦେଖିଲେ ଯେ କେହିଜଣେ ତାଙ୍କ ଦ୍ୱାର ଆଗରେ ଠିଆ ହୋଇଛନ୍ତି । ଯଦିଓ ଭିଡ଼ିଓରେ ତାଙ୍କର ଚେହେରା ଝାପସା ଦେଖଯାଉଥିଲା ତଥାପି ମଧ୍ୟ ସେ ନିଶ୍ଚିତ ଥିଲେ ଯେ ସେ ତାଙ୍କର ବାପା ହିଁ ଥିଲେ ।

ସେ ଘରକୁ ଫେରି ଆସିଥିଲେ ଏବଂ ତାଙ୍କର ଭିଡ଼ିଓ କ୍ୟାମରାରେ ଟେପ ପକାଇ ତାହାକୁ ଅନ କରି ରଖିଦେଲେ । ପ୍ରଥମ ଦୁଇଦିନ ଘଟଣା ବିହୀନ ଭାବରେ ବିତିଯାଇଥିଲା । ତୃତୀୟଦିନ ସେ ସନ୍ଧ୍ୟାରେ T. V. ଦେଖୁଥିଲେ । ହଠାତ୍ ସ୍ମୋକ ଡିଟେକ୍ଟର (smoke detector)ରେ ସତର୍କ ଘଣ୍ଟି ବାଜି ଉଠିଥିଲା । କିନ୍ତୁ କୌଣସି ଠାରେ ଧୂଆଁର ଚିହ୍ନବର୍ଣ୍ଣ ନ ଥିଲା । ସେ ରୋଷେଇ ଘରକୁ ଦେଖିବାକୁ ଯାଇଥିଲେ କାଳେ କେଉଁଠାରୁ ଧୂଆଁ ବାହାରୁଥିବ । ସେଠି କିଛି ତ ନଥିଲା କିନ୍ତୁ ହଠାତ୍ ମାଇକ୍ରୋୱେଭ ଷ୍ଟାର୍ଟ ହୋଇଯାଇଥିଲା । ସେ ତାହାକୁ ବନ୍ଦ କରି T.V. ଦେଖିବାରେ ବସି ପଡ଼ିଲେ । କିନ୍ତୁ ରୁମ୍ ଭିତରେ ତାଙ୍କୁ କେମିତି ଗୋଟେ ଅସହଜ ଭାବ ଲାଗୁଥିଲା । ସେ ତାଙ୍କର ପ୍ରିୟ ଟିମର ଖେଳ ଦେଖୁଥିଲେ ଖେଳ ଶେଷ ହୋଇଗଲା । ତାଙ୍କୁ ଲାଗିଲା ଯେମିତି ବାତାବରଣ ପୂର୍ବପରି ସହଜ ହୋଇଯାଇଥିଲା । ଗୋଟେ ଝୁଙ୍କରେ ସେ ତାଙ୍କର ଭିଡ଼ିଓ କ୍ୟାମେରା ଅନ୍ କରି ଦେଖିଲେ – ସେ ଯାହାଦେଖିଲେ ସେଥିରେ ସେ ସ୍ତବ୍ଧ ହୋଇଯାଇଥିଲେ । ସେ ଦେଖିଥିଲେ ଯେ ଘର ଭିତରେ ଗୋଟେ ଛାୟା ଘୁରିବୁଲୁଛି ଏବଂ ଶେଷରେ ସେ ଛାୟା ତାଙ୍କ ପାଖରେ ଶୋଫାରେ ବସି T.V.ରେ ଖେଳ ଦେଖୁଛି । ସେ ଛାୟାର ଆକୃତିର ଏବଂ ଗତିବିଧିରୁ ବ୍ରାୟାନ ଜାଣିପାରିଥିଲେ ଯେ ସେ ତାଙ୍କର ବାପା ହିଁ ଥିଲେ । ବଞ୍ଚିଥିବା ବେଳେ ସେ ତ କେବେ ପୁଅ ସାଙ୍ଗରେ ବସି ଏକାଠି ଖେଳ ଦେଖି ପାରି ନ ଥିଲେ । ଏବେ ସେ ତାହା କରି ଜଣାଇ ଦେବାକୁ ଚାହିଁଥିଲେ ଯେ ସେ ତାଙ୍କ ପୁଅଙ୍କୁ ଭଲ ପାଉଛନ୍ତି ଏବଂ ପାଖେ ପାଖେ ଅଛନ୍ତି ।

ଏମିତି ତାଙ୍କ ପିତା ବହୁତ ଥର ଆସିଥିଲେ । ବ୍ରାନ ତାଙ୍କର ଭିଡ଼ିଓ କରିଥିଲେ ଏବଂ ନିଜକୁ ଭାଗ୍ୟବାନ ବୋଲି ଭାବୁଥିଲେ ଯେ ତାଙ୍କୁ ତାଙ୍କ ବାପାଙ୍କ ସହ ମିଶିବାକୁ ଗୋଟେ ଦ୍ୱିତୀୟ ସୁଯୋଗ ମିଳିଅଛି ।

●●

କେଟ ହାଇସ୍କୁଲରେ ପଢ଼ିଲା ବେଳେ, ଗୋଟେ ଦିନ ତାଙ୍କ ସହିତ ଅଦ୍‌ଭୁତ ଘଟଣା ସବୁ ଘଟିଥିଲା । ସେଦିନ ସେ ବସରୁ ଓହ୍ଲାଇ ସ୍କୁଲ ଭିତରକୁ ଗଲାବେଳେ ଦେଖିଥିଲେ ଯେ ତାଙ୍କ ପରି ଦେଖାଯାଉଥିବା ଆଉ ଗୋଟେ ଝିଅ ତାଙ୍କ ଆଗେ ଆଗେ ସ୍କୁଲ ଭିତରକୁ ପଶିଗଲା । କେଟ ସେପରି ଝିଅକୁ ଆଗରୁ କେବେ ଦେଖି ନଥିଲେ । ସେହିଦିନ ସେ ସ୍କୁଲ ବାରଣ୍ଡାରେ ଆସୁଥିବା ବେଳେ ଆଉ ଗୋଟେ ଝିଅ ଆସି ତାଙ୍କୁ ତାଗିଦ୍ କରିଥିଲା ଯେପରି ସେ ତାର ପୁରୁଷ ବନ୍ଧୁ (Boy friend) ସାଙ୍ଗରେ ମିଳା ମିଶା ନ କରେ । କେଟ ଆଶ୍ଚର୍ଯ୍ୟ ହୋଇଯାଇଥିଲେ । କାହିଁକିନା ସେ ସେହି ଝିଅକୁ କି ତା'ର ପୁରୁଷ ବନ୍ଧୁକୁ ଜାଣି ନଥିଲେ । ସ୍କୁଲ କ୍ୟାଣ୍ଟିନ୍‌ରେ ମଧ୍ୟାହ୍ନ ଭୋଜନରେ ବସିଥିଲା ବେଳେ ଗୋଟେ ଯୁବକ ଗ୍ଲାସଟେ ପାଣି ତା ଉପରକୁ ଫୋପାଡ଼ି ଦେଇଥିଲେ ଏବଂ କହିଥିଲେ ଏହା ହେଉଛି ଆର୍ଟ କ୍ଲାସରେ ତାଙ୍କ ପେଣ୍ଟିଙ୍ଗ ଉପରକୁ ଏମିତି ପାଣି ଢାଳି ଥିବାର ପ୍ରତିଶୋଧ । କିନ୍ତୁ କେଟ ତ ଆର୍ଟ ପଢୁ ନ ଥିଲେ ।

ସେଦିନ ସେ ଘରକୁ ଫେରି ଶାନ୍ତିର ନିଶ୍ୱାସ ମାରିଥିଲେ ଏବଂ ତାଙ୍କ ମାଙ୍କୁ ସବୁକଥା କହିଥିଲେ । ତାଙ୍କ ମା' ଆଶ୍ଚର୍ଯ୍ୟ ହୋଇ ଯାଇଥିଲେ ଏବଂ କହିଥିଲେ ଯେ, କେଟଙ୍କର ଜଣେ ଜାଆଁଳା ଭଉଣୀ ଥିଲା ଯେ କି ଜନ୍ମର କେତେ ସପ୍ତାହ ପରେ ମରିଯାଇଥିଲା । ଆଶ୍ଚର୍ଯ୍ୟର କଥା ଯେ ସେହିଦିନ ତା'ର ମୃତ୍ୟୁ ବାର୍ଷିକି ଥିଲା ଏବଂ ସେ ତା କଥା ସବୁବେଳେ ଚିନ୍ତା କରୁଥିଲେ ।

ଏବେ କେଟଙ୍କୁ ତାଙ୍କ ମୃତ ଭଉଣୀ ପ୍ରାୟ ଦେଖାଦେଉଥିଲେ । ସେ ତାଙ୍କ ସହିତ କଥାବାର୍ତ୍ତା କରୁଥିଲେ ଏବଂ ତାଙ୍କୁ କହୁଥିଲେ ସବୁବେଳେ ଭଲକାମ କରିବାରୁ ଏବଂ ତାଙ୍କୁ ଅସୁବିଧାରେ ନ ପକେଇବାରୁ ।

●●

ଦିନେ ଷ୍ଟିଫାନୀ ତାଙ୍କ ସାଙ୍ଗ ମାନଙ୍କ ସହ ମିଳାମିଶା ସାରି ଘରକୁ ଫେରୁଥିଲେ । ସେ ଚାଲି ଚାଲି ଆସି ଫୁଟପାଥରୁ ରାସ୍ତାକୁ ଗୋଡ଼ ବଢ଼ାଉଥିଲେ ରାସ୍ତା ପାର ହୋଇ ଆରପଟକୁ ଯିବାପାଇଁ । ଠିକ୍ ସେତିକି ବେଳେ ସେ ଅନୁଭବ କଲେ ଯେ ଗୋଟେ ଶକ୍ତ ହାତ ତାଙ୍କ କାନ୍ଧକୁ ଧରି ତାଙ୍କୁ ଅଟକାଇ ଦେଲା । ସେ ତତ୍‌କ୍ଷଣାତ୍

ପଛକୁ ବୁଲି ଦେଖିଲେ ଯେ ଜଣେ ମହିଳା ଫିକା ବାଇଗଣୀ ରଙ୍ଗ ଉପରେ ଧଳା ଧଳା ଫୁଲର ପ୍ରିଣ୍ଟ ହୋଇଥିବା ପୋଷକ ପିନ୍ଧି ଥିଲେ ଏବଂ ତାଙ୍କ ଦେହରୁ ଏକ ପ୍ରକାର ଅତରର ବାସ୍ନା ଆସୁଥିଲା । କିନ୍ତୁ କ୍ଷଣକ ଭିତରେ ସେଠାରେ କେହି ନ ଥିଲେ । ଠିକ୍ ସେହି ମୁହୂର୍ତ୍ତରେ ତାଙ୍କ ଆଗରେ ଗୋଟେ କାର ଦ୍ରୁତ ଗତିରେ ଅତିକ୍ରମ କରିଥିଲା । ଷ୍ଟିଫାନୀ ସେ କାରକୁ ଆଗରୁ ଦେଖି ପାରିନଥିଲେ ଏବଂ ସେ ଯଦି ରାସ୍ତାଉପରକୁ ପାଦ ପକାଇଥାନ୍ତେ ତେବେ ନିଶ୍ଚୟ କାର ତାଙ୍କୁ ଧକ୍କା ଦେଇଥାନ୍ତା ଏବଂ ତାଙ୍କର ନିଶ୍ଚିତ ଭାବରେ ମୃତ୍ୟୁ ହୋଇଥାନ୍ତା ।

ଏହାର କିଛିଦିନ ପରେ ସେ ଗୋଟେ ମଲକୁ ଯାଇ ବୁଲୁଥିଲେ । ସେତେବେଳେ ସେ ସେହି ଅତରର ବାସ୍ନା ଅନୁଭବ କରିପାରିଥିଲେ । ସେ ପାଖରେ ଥିବା ଜଣେ ଦୋକାନର କର୍ମୀ (Sales assistant)ଙ୍କୁ ଏ ଅତର ବିଷୟରେ ପଚାରିଥିଲେ । ସେ ଆସିଷ୍ଟାଣ୍ଟ ଜଣକ ସେ ବାସ୍ନା ପାଇପାରିଥିଲେ ଏବଂ ତାହା ଲାନଭିନ (Lanvin Perfume) ବୋଲି କହିଥିଲେ । ଷ୍ଟିଫାନୀ ସେ ପରଫ୍ୟୁମରୁ କିଛି କିଣିଥିଲେ । ତାପର ରବିବାର ସେ ଯେତେବେଳେ ତାଙ୍କ ମାଙ୍କର ଘରକୁ ମଧ୍ୟାହ୍ନ ଭୋଜନ ପାଇଁ ଯାଇଥିଲେ ସେ ସେହି ପରଫ୍ୟୁମ ଲଗାଇକରି ଯାଇଥିଲେ । ତାଙ୍କ ମା ସେ ବାସ୍ନାରୁ ସେ ପରଫ୍ୟୁମକୁ ଜାଣିପାରିଥିଲେ ଏବଂ କହିଥିଲେ ଷ୍ଟିଫାନୀଙ୍କ ଆଈ ସବୁବେଳେ ଏହି ପରଫ୍ୟୁମ ବ୍ୟବହାର କରୁଥିଲେ । ତାପରେ ଷ୍ଟିଫାନୀ ସେ ଦିନର ରାସ୍ତାରେ ଘଟିଥିବା ସବୁକଥା ତାଙ୍କ ମାଙ୍କୁ କହିଥିଲେ । ତାଙ୍କ ମା କହିଥିଲେ ଯେ ସେହି ବାଇଗଣୀ ରଙ୍ଗ ଉପରେ ଧଳା ପ୍ରିଣ୍ଟ ଥିବା ପୋଷାକ ତାଙ୍କ ଆଈଙ୍କର ସବୁଠାରୁ ପ୍ରିୟ ପୋଷାକ ଥିଲା । ଷ୍ଟିଫାନୀଙ୍କ ମାଙ୍କୁ ୧୫ ବର୍ଷ ହୋଇଥିଲା ବେଳେ ତାଙ୍କ ମା ଅର୍ଥାତ୍ ଷ୍ଟିଫାନୀଙ୍କ ଆଈଙ୍କର ମୃତ୍ୟୁ ହୋଇଯାଇଥିଲା । ଷ୍ଟିଫାନୀଙ୍କ ଜନ୍ମ ବେଳେ ତାଙ୍କ ମା ଭାବୁଥିଲେ ଯଦି ତାଙ୍କ ମା ବଞ୍ଚିଥାନ୍ତେ ତେବେ ତାଙ୍କ ନାତୁଣୀ ସାଙ୍ଗରେ ଖେଳି କେତେ ଖୁସି ହୋଇ ନ ଥାନ୍ତେ । ଏବେ ସେ ଭାବୁଥିଲେ ବୋଧହୁଏ ଏବେବି ତାଙ୍କ ମା ତାଙ୍କ ନାତୁଣୀ ଅର୍ଥାତ ଷ୍ଟିଫାନୀ ପାଖେ ପାଖେ ଅଛନ୍ତି ।

●●

ଓଏନ ୧୯୯୯ ମସିହାରେ ଗୋଟେ ପୁରୁଣା ଘର କିଣିଥିଲେ ଯାହାକି ୧୮୯୦ ମସିହାରେ ତିଆରି ହୋଇଥିଲା । ତାଙ୍କ ଜେଜେବାପା ତାଙ୍କପାଇଁ କିଛି ପଇସା ଛାଡ଼ିକରି ଯାଇଥିଲେ ସେଥିପାଇଁ ହିଁ ଏହା ସମ୍ଭବ ହୋଇ ପାରିଥିଲା । ପୁରୁଣାଘର ହୋଇଥିବାରୁ ତାହାର ଛାତଗୁଡ଼ା ସବୁ ଉଚ୍ଚା ଥିଲା ଏବଂ ଦ୍ୱିତୀୟ ମହଲାରେ ଗୋଟେ

ବଡ଼ ରୁମ୍ ଥିଲା । ଏହା ବହୁତ ସୁନ୍ଦର ଥିଲା ଏବଂ ଏହାର ଝରକାରୁ ବଗିଚାର ଗଛଗୁଡ଼ିକ ଉପରର ଦୃଶ୍ୟ ଅତ୍ୟନ୍ତ ମନୋହର ଥିଲା । ଓଏନ ଜଣେ ଫ୍ରି ଲାନ୍ସ ସାମ୍ବାଦିକ ଥିଲେ । ସେ ଉପର ମହଲାର ସେହି ଘରଟିକୁ ତାଙ୍କର ଅଫିସ ଘର କରିଥିଲେ । ସେଥିରେ ତାଙ୍କର କମ୍ପ୍ୟୁଟର, ମୋଡ଼େମ (ସେତେବେଳେ ବ୍ରଡ଼ବ୍ୟାଣ୍ଡ (broadband) ଆସି ନ ଥିଲା) ପ୍ରଭୃତି ସଂଯୋଗ କରିଥିଲେ ।

ଦିନେ ହାଲିଆ ହୋଇ ସେ ରାତିରେ ତଳ ଶୋଇବା ଘରେ ଶୋଇବାକୁ ଯାଇଥିଲେ । ରାତି ଅଧରେ ହଠାତ୍ ସେ ତାଙ୍କ ଅଫିସ ରୁମରୁ ଗୋଟେ ଅଦ୍‌ଭୁତ ଘୋଷାଡ଼ି ହେବା ପରି ଶବ୍ଦ ଶୁଣିପାରିଲେ । କେହି ଜଣେ ତାଙ୍କ ଅଫିସ ଚୌକୀ ଉପରେ ବସିବାର ସେ ଜାଣିପାରିଲେ । କାହିଁକିନା ସେ ଚୌକୀକୁ ସେ ଗୋଟେ ପୁରୁଣା ଜିନିଷ ବିକିବା ଦୋକାନରୁ କିଛି ବର୍ଷ ତଳେ କିଣିଥିଲେ । ତା ଉପରେ ବସିଲେ କେମିତି ଗୋଟେ କେଁ କେଁ ଶବ୍ଦ ଆସୁଥିଲା । ସେ ଭାବିଥିଲେ ଯେ କେହି ଚୋର ତାଙ୍କ ଘରେ ପଶିଛି । ସେ ତାଙ୍କର ପୁରୁଣା ବେସବଲ ବ୍ୟାଟକୁ ଧରି ଆସ୍ତେ ଆସ୍ତେ ଉପର ମହଲାକୁ ଶିଡ଼ିରେ ଉଠିଲେ । ସେ ଆସ୍ତେ କରି ଅଫିସର ଦ୍ୱାରକୁ ଅଳ୍ପ ଖୋଲିଲେ । ଦେଖିଲେ ତାଙ୍କ କମ୍ପ୍ୟୁଟର ସ୍କ୍ରିନର ଲାଇଟ ଜଳୁଛି । ସେ ଆଉ ଟିକିଏ ଖୋଲି ଘରର ଚର୍ତୁଦିଗକୁ ନିରୀକ୍ଷଣ କଲେ । କିନ୍ତୁ ସେ ଘରେ କେହି ହେଲେ ନଥିଲେ । ସେ ଯାଇ ତାଙ୍କ କମ୍ପ୍ୟୁଟର ସ୍କ୍ରିନକୁ ଅନାଇଲେ । ତାଙ୍କ କମ୍ପ୍ୟୁଟର ସ୍କ୍ରିନରେ ସେ ସବୁବେଳେ "କାମ କରିବାକୁ ଫେରିଯାଅ" (Get Back to work) ବୋଲି ସ୍କ୍ରୋଲ କରିବା ପାଇଁ ପ୍ରୋଗ୍ରାମ କରିଥିଲେ । କାରଣ ସେ ବଡ଼ ଅଳସୁଆ ଥିଲେ । ତେଣୁ କମ୍ପ୍ୟୁଟର ତାଙ୍କ କାମ ପାଇଁ ତାଙ୍କୁ ସଚେତନ କରାଇଦେଉ ବୋଲି ସେ ଭାବୁଥିଲେ, କିନ୍ତୁ ଆଶ୍ଚର୍ଯ୍ୟ । ବର୍ତ୍ତମାନ ତାଙ୍କର କମ୍ପ୍ୟୁଟର ସ୍କ୍ରିନରେ "ହି, ହି,ହି" (Hi, hi, hi) ବୋଲି ସ୍କ୍ରୋଲ ହେଉଥିଲା । ସେ ଭାବିଲେ ବୋଧହୁଏ କେହିଜଣେ ତାଙ୍କ ସାଙ୍ଗରେ ମଜା କରିବା ପାଇଁ ଏପରି କରିଛି । କିନ୍ତୁ କରିବ କିଏ ? ତାଙ୍କର କର୍ମଚାରୀ ଜଣକ ତ କାମ ସାରି ମଧ୍ୟାହ୍ନରେ ଚାଲିଯାଇଥିଲେ ଏବଂ ସେଦିନ ସେ ଅଫିସ ରୁମକୁ ଆଦୌ ଆସି ନଥିଲେ । ଯାହାହେଉ ସେ ଆଉ କୌଣସି କଥା ନ ଭାବି କମ୍ପ୍ୟୁଟର ବନ୍ଦ କରି ଶୋଇବାକୁ ଚାଲିଯାଇଥିଲେ ।

ତା ପରଦିନ ସେ ଅଫିସ ରୁମକୁ ଆସି କାମ ଆରମ୍ଭ କରିବା ପାଇଁ କମ୍ପ୍ୟୁଟର ଖୋଲିଥିଲେ ଏବଂ ତଳ ମହଲାକୁ କଫି ପାଇଁ ଚାଲିଆସିଥିଲେ । ଯେତେବେଳେ ସେ ଫେରି ଆସିଥିଲେ ସେ ଦେଖିଲେ ତାଙ୍କର ସ୍କ୍ରିନ-ସେଭର ଚାଲୁଥିଲା ଏବଂ

କମ୍ପ୍ୟୁଟରରେ "ସାଙ୍ଗ, ସାଙ୍ଗ, ସାଙ୍ଗ (friendly, friendly, friendly)" ବୋଲି ସ୍କ୍ରୋଲିଙ୍ଗ ହେଉଥିଲା । ସେ ଆଶ୍ଚର୍ଯ୍ୟ ହୋଇ ଯାଇଥିଲେ କିନ୍ତୁ ତାଙ୍କ କାମରେ ଲାଗି ଯାଇଥିଲେ । କାମ ଶେଷ ପରେ ମଧ୍ୟାହ୍ନ ଭୋଜନ ପାଇଁ ବାହାରକୁ ଚାଲି ଯାଇଥିଲେ । ଘରକୁ ଫେରିଲା ପରେ ଦେଖିଥିଲେ ଯେ ତାଙ୍କର ଗ୍ୟାରେଜ ପାଖରେ ରଖା ହୋଇଥିବା ଗାର୍‌ବେଜ (garbage) ଡ୍ରମର ସବୁତକ ମଇଳା ଗ୍ୟାରେଜ ତଥା ବାହାରେ ଖେଳାଇ ହୋଇ ପଡ଼ିଛି । ଓଏନ ବଡ଼ ବ୍ୟସ୍ତ ହୋଇ ସବୁ ମଇଳା ଗୋଟାଇ ସେ ଗାର୍‌ବେଜ ଡ୍ରମରେ ପକାଇଲେ । ପୁଣି ଉପରକୁ ଗଲେ କାମ କରିବା ପାଇଁ । ପୁଣି ସେ ଦେଖି ପାରିଲେ ତାଙ୍କ କମ୍ପ୍ୟୁଟର ସ୍କ୍ରିନରେ "ସାଙ୍ଗ, ସାଙ୍ଗ, ସାଙ୍ଗ (friendly, friendly, friendly) ସ୍କ୍ରୋଲିଙ୍ଗ ହେଉଥିଲା । ଯାହାହେଉ ସେ ତାଙ୍କର ଦିନଯାକର କାମ ଶେଷ କଲେ ଏବଂ ତଳମହଲାରେ ଥିବା ରୋଷେଇ ଘରକୁ ଯାଇଥିଲେ ରାତିପାଇଁ ଖାଇବା ପ୍ରସ୍ତୁତ କରିବାକୁ । ସେ ଯେତେବେଳେ ତାଙ୍କର ଫ୍ରିଜ ଖୋଲିରେ ସେତେବେଳେ ଦୁର୍ଗନ୍ଧରେ ତାଙ୍କ ନାକ ଫାଟିପଡ଼ିଥିଲା । ଫ୍ରିଜ ଭିତରେ ଥିବା ସବୁ ଖାଦ୍ୟ ପଚିଯାଇ ନଷ୍ଟ ହୋଇ ଯାଇଥିଲା । କେହିଜଣେ ତାଙ୍କର ଫ୍ରିଜର ସ୍ୱିଚକୁ ଅଫ କରିଦେଇଥିଲା । ସେ ବାହାରକୁ ଚାଲିଆସିଲେ । ବଗିଚାରେ ଦେଖିଲେ କେତେଗୁଡ଼ିଏ ଫୁଲ ଗଛ ଉପୁଡ଼ିପଡ଼ିଛି ଏବଂ ପାଣି ଟ୍ୟାପ୍‌ରୁ ପାଣି ଝରୁଛି । ସେ ବ୍ୟସ୍ତ ହୋଇ ପାଟିକରି ଉଠିଲେ "ଏଠାରେ କ'ଣ ଚାଲିଛି ?"

ହଠାତ୍ କାହିଁକି କେଜାଣି ତାଙ୍କର ଅଦ୍ୟମ ଇଚ୍ଛା ହେଲା ତାଙ୍କର ଅଫିସ ରୁମ୍‌କୁ ଯିବା ପାଇଁ । ସେ ଦଉଡ଼ିଲା ପରି ଅଫିସ ରୁମ୍‌କୁ ଯାଇଥିଲେ ଏବଂ କମ୍ପ୍ୟୁଟର ସ୍କ୍ରିନକୁ ଅନାଇଲେ । ସେଠାରେ ସ୍କ୍ରିନରେ ଲେଖାହୋଇଥିଲା "ସାଙ୍ଗ ? (friend?)" ହତାଶ ହୋଇ ସେ ପାଟିକରି ଉଠିଥିଲେ "ଠିକ୍ ଅଛି, ମୁଁ ତୁମର ସାଙ୍ଗ"। ଓଏନ ଯେତେବେଳେ ଏହି ଶବ୍ଦ ଗୁଡ଼ିକ କହିଲେ ସେତେବେଳେ ସେ ଅନୁଭବ କଲେ ଯେମିତି ଘରର ବାତାବରଣ ବଦଳିଗଲା । ଘର ଭିତରେ ଯେମିତି ଶୀତଳ ବାୟୁର ସ୍ରୋତ ବୋହିଗଲା, ଘର ଉଜ୍ଜଳତର ହୋଇ ଉଠିଥିଲା । ସେ ଝରକା ବାଟେ ବାହାରକୁ କିଛିକ୍ଷଣ ଅନାଇ ରହିଲେ ଏବଂ ପଛରୁ ବୁଲି କମ୍ପ୍ୟୁଟରକୁ ଅନାଇଲେ । ଆଶ୍ଚର୍ଯ୍ୟ ! କମ୍ପ୍ୟୁଟର ସ୍କ୍ରିନରେ ଶବ୍ଦ ବଦଳିଯାଇଥିଲା । ଏବେ କେବଳ ଗୋଟିଏ ଶବ୍ଦ "ଖୁସୀ (Happy)" ସ୍କ୍ରୋଲିଙ୍ଗ ହେଉଥିଲା ।

ଦିନେ ଓଏନ ତାଙ୍କ ବଗିଚାରେ କାମ କରୁଥିଲା ବେଳେ ତାଙ୍କର ପଡ଼ୋଶୀ ବେନ୍‌ଙ୍କ ସାଙ୍ଗରେ ଦେଖା ହୋଇଥିଲା । ବେନ୍ ସେହିଘରେ ପିଲାଦିନୁ ପ୍ରାୟ ୭୦

ବର୍ଷ ହେଲା ରହି ଆସୁଥିଲେ । କଥାବାର୍ତ୍ତା ଭିତରେ ଓଏନ ତାଙ୍କ କମ୍ପ୍ୟୁଟରରେ ଅଦ୍‌ଭୁତ ଲେଖା ଗୁଡ଼ିକ ବିଷୟରେ କହିଥିଲେ । ବେନ୍ ସବୁ ଜାଣିଲା ପରି ମୁଣ୍ଡ ହଲାଇଥିଲେ ଏବଂ କହିଥିଲେ, "ଗୋଟେ ଛୋଟ ପିଲା ଜିମ୍ମିର ସେହି ଘରେ ମୃତ୍ୟୁ ହୋଇଥିଲା । ସେତେବେଳେ ତାକୁ ୧୨ ବର୍ଷ ହୋଇଥିଲା । ତାଙ୍କର ଅଫିସ ରୁମ୍ ହିଁ ଜିମ୍ମିର ଶୋଇବା ଘର ଥିଲା । ସେ ବହୁତ ଦିନ ପିଡ଼ୀତ ଅବସ୍ଥାରେ ଥିଲା । ସମୟେ ସମୟେ ସେ ସେହି ଝରକାରେ ବାହାରକୁ ଅନାଇଥାଏ ଏବଂ ଅନ୍ୟ ପିଲାମାନେ ଖେଳୁଥିବାର ଦେଖୁଥାଏ ।

ଓଏନଙ୍କର ପରଲୋକ କି ଆତ୍ମାରେ ବିଶ୍ୱାସ ନ ଥିଲା । କିନ୍ତୁ ଏ ସବୁ ଘଟଣା ପରେ ସେ ଭାବିବାକୁ ଲାଗିଲେ, ସତରେ କ'ଣ ମୃତ ବାଳକର ସେ ଆତ୍ମା ତାଙ୍କ କମ୍ପ୍ୟୁଟରରେ ଲେଖୁଥିଲା ? ସେ ଘରକୁ ଫେରି ଆସି ତାଙ୍କ ଅଫିସ ଗୃହକୁ ଯାଇଥିଲେ ଏବଂ କହିଥିଲେ, "ଜିମ୍ମି ! ତୁମେ ଆଉ ମୁଁ ସାଙ୍ଗ ହୋଇଗଲେ କେମିତି ହେବ ?" ପ୍ରଥମ କିଛି ମିନିଟ ଯାଏଁ କିଛି ଘଟି ନ ଥିଲା । କିନ୍ତୁ କିଛି ସମୟ ପରେ ତାଙ୍କର କମ୍ପ୍ୟୁଟର ସ୍କ୍ରିନରେ ଲେଖି ହୋଇଥିଲା । "କାମକୁ ଫେରିଯାଅ (Go back to work)

●●

ପିଟରଙ୍କୁ ଯେତେବେଳେ ୧୦ ବର୍ଷ ବୟସ ହୋଇଥିଲା ସେତେବେଳେ ଠାରୁ ସେ ତାଙ୍କର ଐଶରୀକ ଶକ୍ତି ବିଷୟରେ ଜାଣିପାରିଥିଲେ । ସେ ଆତ୍ମାମାନଙ୍କୁ ଦେଖିପାରୁଥିଲେ ଏବଂ ଆତ୍ମାମାନେ ତାଙ୍କ ମାଧ୍ୟମରେ ସେମାନଙ୍କର ବକ୍ତବ୍ୟ ପରିପ୍ରକାଶ କରୁଥିଲେ । ସେତିକିବେଳେ ସେ ତାଙ୍କର ମୃତ ଜେଜେବାପାଙ୍କୁ ଦେଖି ପାରିଥିଲେ ଯେ କି ଗୋଟେ ରୋଷେଇଘରେ ଠିଆ ହୋଇ ତାଙ୍କୁ ଗୋଟେ ବିସ୍କୁଟ ଟିଣ ଡବା ହଲାଇ ଦେଖାଉଥିଲେ । ପରେ ସେ ଯେତେବେଳେ ତାଙ୍କ ଜେଜେବାପାଙ୍କ ଘରକୁ ଯାଇଥିଲେ ସେତେବେଳେ ସେ ରୋଷେଇ ଘର ଥାକରେ ସେ ବିସ୍କୁଟର ଟିଣଡ଼ବା ଖୋଜିଥିଲେ ଏବଂ ପାଇଥିଲେ ମଧ୍ୟ । ସେହି ଟିଣ ଡବା ଭିତରେ ବହୁତ ଗୁଡ଼ିଏ ସଂଗୃହୀତ ହୋଇଥିବା ଯୁଦ୍ଧ ମେଡ଼ାଲ ଗୁଡ଼ିକ ରଖାଯାଇଥିଲା ଯାହା ମୂଲ୍ୟ ବହୁତ ଅଧିକା ଥିଲା । ସେ ବିଷୟରେ କେହି ହେଲେ ଆଗରୁ ଜାଣି ନଥିଲେ ।

ତା ପରେ ପରେ ପିଟର ତାଙ୍କ ବନ୍ଧୁ ଏବଂ ଶିକ୍ଷକ ମାନଙ୍କ ପାଖରେ ମୃତ ଆତ୍ମା ମାନଙ୍କୁ ଦେଖିବାକୁ ପାଉଥିଲେ । ତାଙ୍କୁ ଲାଗୁଥିଲା ସେହି ଆତ୍ମାମାନେ ତାଙ୍କର ଦୃଷ୍ଟି ଆକର୍ଷଣ କରି କିଛି ଗୋଟେ କହିବାରୁ ଚେଷ୍ଟା କରୁଥିଲେ । ସେତେବେଳେ ସେ ଛୋଟ ଥିଲେ ଏବଂ ଭାବୁଥିଲେ ଯେ ସମସ୍ତେ ଏପରି ଦେଖି ପାରୁଥିବେ ।

ଯେତେବେଳେ ସେ କଲେଜ ଗଲେ, ସେ ତାଙ୍କର ରୁମରେ ରହୁଥିବା ସାଙ୍ଗଙ୍କ ପାଖରେ ସବୁବେଳେ ଗୋଟେ ଛୋଟ ଝିଅକୁ ଦେଖି ପାରୁଥିଲେ । ପ୍ରକୃତରେ ସେ ଆତ୍ମାମାନଙ୍କୁ ସଶରୀରେ ଦେଖିପାରୁ ନ ଥିଲେ କିନ୍ତୁ ତାଙ୍କର ଈଶ୍ୱରଦତ୍ତ ଶକ୍ତି ଦ୍ୱାରା ସେ ସେମାନଙ୍କର ପ୍ରତିଛବିକୁ ତାଙ୍କର ମାନସପଟରେ ଦେଖି ପାରୁଥିଲେ । ସେମାନଙ୍କର ଭାବଭଙ୍ଗୀରୁ ସେମାନେ କ'ଣ କହିବାକୁ ଚାହୁଁଛନ୍ତି ତାହା ବିଶ୍ଳେଷଣ କରିବା ଦରକାର ହେଉଥିଲା । ତାଙ୍କୁ ଲୋକମାନେ ଜଣେ ଭବିଷ୍ୟବକ୍ତା ବୋଲି କହିବାକୁ ଲାଗିଲେ । ସେ ଯେତେବେଳେ ତାଙ୍କ ବନ୍ଧୁଙ୍କୁ ସେ ଛୋଟ ଝିଅ କଥା କହିଲେ ତାଙ୍କ ବନ୍ଧୁ ଚମକି ଉଠିଥିଲେ । ସେ କହିଲେ ଯେ ତାଙ୍କର ଜଣେ ଛୋଟ ଭଉଣୀ ଥିଲା । ତାଙ୍କୁ ଯେତେବେଳେ ୧୨ ବର୍ଷ ହୋଇଥିଲା ତାଙ୍କ ଭଉଣୀକୁ ୬ ବର୍ଷ ହୋଇଥିଲା ସେତେବେଳେ ତାଙ୍କ ଭଉଣୀର ମୃତ୍ୟୁ ହୋଇଥିଲା । ସାନ ଭଉଣୀଟି ସବୁବେଳେ ତାଙ୍କ ପାଖକୁ ଚାଲିଆସେ । ବିଶେଷତଃ ସାଙ୍ଗମାନେ ଆସିଲେ ସେ ଦୌଡ଼ି ଆସେ । ପିଟର ତାଙ୍କୁ କହିଥିଲେ ଯେ ତୁମର ସାନ ଭଉଣୀ ଏବେ ମଧ୍ୟ ଆସୁଛି ଏବଂ ତୁମକୁ ଅନାଇ ସବୁବେଳେ ହସୁଛି । ତୁମେ ସାଙ୍ଗମାନେ ଆସିଲେ ସେ ତ ନିଶ୍ଚୟ ଆସୁଛି, ଏବଂ ତୁମକୁ ଏବେ ମଧ୍ୟ ବଡ଼ଭାଇ ହିସାବରେ ଦେଖୁଛି ।

କଲେଜ ଏବଂ କଲେଜ ବାହାରେ ସମସ୍ତେ ତାଙ୍କର ଏହି ବିଶେଷ ଦକ୍ଷତା ବିଷୟରେ ଜାଣିପାରିଥିଲେ । ଅନେକ ଲୋକ ତାଙ୍କ ପାଖକୁ ଆସୁଥିଲେ ତାଙ୍କର ମରିଯାଇଥିବା ନିକଟ ସଂପର୍କୀୟଙ୍କ ବିଷୟରେ ଜାଣିବା ପାଇଁ । ତାଙ୍କ କଲେଜ ଜୀବନର ଶେଷ ଆଡ଼କୁ ଗୋଟେ ବିଶେଷ ଘଟଣା ଘଟିଥିଲା । ଜୁଡ଼ି ଥିଲେ ପିଟରଙ୍କ ଝିଅ ବନ୍ଧୁ (girl friend) ଙ୍କର ସବୁଠାରୁ ଭଲସାଙ୍ଗ । ସେମାନେ ଥରେ ମିଶିକରି ରାତ୍ରୀ ଭୋଜନ ପାଇଁ ଯାଇଥିଲେ । ଜୁଡ଼ିଙ୍କ ବାପା ଗଲା ଗ୍ରୀଷ୍ମ ଋତୁରେ ମରିଯାଇଥିଲେ । ଖାଇବା ଟେବୁଲରେ ସେ ଯେତେଥର ଜୁଡ଼ି ଙ୍କ ଆଡ଼କୁ ଅନାଉଥିଲେ, ସେ ଦେଖି ପାରୁଥିଲେ ଯେ ଜଣେ ପାଚିଲା ବାଳଥିବା ଲୋକ ଗୋଟେ ଗୁଡ଼ି ଧରି ତାଙ୍କ ଆଡ଼କୁ ହଲାଉଥିଲେ । ବହୁତ ଥର ଦେଖିଲା ପରେ ସେ ଜୁଡ଼ିଙ୍କୁ ସେ ବିଷୟରେ କହିଥଲେ । ଜୁଡ଼ିଙ୍କ ମୁହଁ ଶେତା ପଡ଼ିଯାଇଥିଲା । ସେ କହିଥିଲେ ଯେ ତାଙ୍କ ବାପା ଗୁଡ଼ି ଉଡ଼ାଇବାକୁ ଭଲପାଉଥିଲେ । ଏପରିକି ସେ କେତେକ ପ୍ରତିଯୋଗିତାରେ ମଧ୍ୟ ଭାଗ ନେଇଥିଲେ । ଜୁଡ଼ି ପିଲାଥିଲାବେଳେ ସେ ସବୁବେଳେ ତାଙ୍କୁ ଗୁଡ଼ି ଉଡ଼ାଇବା ଯାଗାକୁ ନେଇଯାଉଥିଲେ । ଏହାପରେ ସେହି ଆତ୍ମା ତାଙ୍କୁ ଗୋଟେ ଥାକ (cup board) ଦେଖାଇଥିଲେ ଯାହା ଉପରେ ଗୋଟେ ବିଲେଇର ଛବି ଥିବା କ୍ୟାଲେଣ୍ଡର ଓହଳି

ଥିଲା । ପିଟର ସେହି କଥା ଜୁଡ଼ିଙ୍କୁ କହିବାରୁ ଜୁଡ଼ି କହିଥିଲେ, " ଓଃ, ସେଇଟା ଆମ ରୋଷେଇ ଘରେ ଥିବା ଗୋଟେ ଥାକ ଯେଉଁଥିରେ ସେ ତାଙ୍କର ଗୁଡ଼ି ଗୁଡ଼ିକ ରଖୁଥିଲେ ।"

ସେମାନେ ଚିନ୍ତା କରିଥିଲେ, ଜୁଡ଼ିଙ୍କ ମୃତ ପିତା ତାଙ୍କୁ କ'ଣ କହିବାକୁ ଚାହୁଁଥିଲେ । ସେ ବୋଧେ ଚାହୁଁଥିଲେ ଯେ ତାଙ୍କ ଗୁଡ଼ିଗୁଡ଼ା ଏମିତି ଅବହେଳିତ ଅବସ୍ଥାରେ କପ୍‌ବୋର୍ଡ଼ରେ ନ ପଡୁ ଏବଂ ଜୁଡ଼ି ତା'ର ଉପଯୋଗ କରୁ । ତାପରେ ଜୁଡ଼ି କେତେକ ଗୁଡ଼ି ଉଡ଼ା ପ୍ରତିଯୋଗିତାରେ ତାଙ୍କର ବାପାଙ୍କ ପରି ଭାଗ ନେଇଥିଲେ । ଏବଂ ତାଙ୍କ ବାପାଙ୍କ ଉପସ୍ଥିତି ଅନୁଭବ କରିପାରୁଥିଲେ ।

●●

ସବୁ ମଣିଷ ମାନଙ୍କର ମାନସିକତା ଭିନ୍ନ ଭିନ୍ନ ଥାଏ । ଯେପରିକି କାରେନଙ୍କର । କାରେନ ପରଲୋକ ଏବଂ ଆତ୍ମାରେ ବିଶ୍ୱାସ କରନ୍ତି । ଏବଂ ତାଙ୍କର ଅସୁବିଧା ସମୟରେ ସେ ଜଣେ ମାଧ୍ୟମଙ୍କ ପାଖକୁ ଯାଆନ୍ତି ତାଙ୍କର ନିକଟତମ ଆତ୍ମୀୟ ମାନଙ୍କ ସହ ମିଶିବା ପାଇଁ । ସେହି ମାଧ୍ୟମଙ୍କ ନା ଥିଲା କ୍ଲେରୀ । ଏମିତି ଥରେ କାରେନ କ୍ଲେରୀଙ୍କ ପାଖକୁ ଯାଇଥିଲେ । କ୍ଲେରୀ କହିଥିଲେ ଯେ ତାଙ୍କ ସହିତ ଜଣେ ବ୍ୟକ୍ତି ଅଛନ୍ତି ଏବଂ ସେ ସେହି ବ୍ୟକ୍ତିଙ୍କର ବର୍ଣ୍ଣନା କରିଥିଲେ ଯାହାକି କାରେନଙ୍କ ବାପାଙ୍କ ସହିତ ପୁରାପୁରି ମିଶିଯାଉଥିଲା । କାରେନଙ୍କ ପିତା ଦୁଇବର୍ଷ ତଳୁ ମୃତ୍ୟୁବରଣ କରିଥିଲେ । କ୍ଲେରୀ କହିଥିଲେ ଯେ ସେ ତାଙ୍କ ସାଙ୍ଗରେ ସବୁବେଳେ ଅଛନ୍ତି ତେଣୁ ସେ ସବୁବେଳେ ନିଜକୁ ସୁଖୀ ଭାବିବା ଆବଶ୍ୟକ । କ୍ଲେରୀ ପୁଣି କହିଥିଲେ ଯେ ତାଙ୍କ ବାପା ଦୁଇଟି ଛୋଟ ଛୋଟ ଝିଅଙ୍କ ସାଙ୍ଗରେ ଠିଆ ହୋଇଛନ୍ତି ଏବଂ ସେ ଦୁଇ ଛୋଟ ଝିଅଙ୍କୁ ତାଙ୍କର ଭଉଣୀ ବୋଲି କହୁଛନ୍ତି । କାରେନଙ୍କୁ ଯେତେବେଳେ ଚାରି ବର୍ଷ ହୋଇଥିଲା ସେତେବେଳେ ତାଙ୍କ ମା ଜାଆଁଳା ଝିଅଙ୍କୁ ଜନ୍ମ ଦେଇଥିଲେ, ଯେଉଁମାନେ ଅଳ୍ପଦିନ ପରେ ମରିଯାଇଥିଲେ । କାରେନଙ୍କୁ ଖୁସି ଲାଗିଥିଲା ଯେ ତାଙ୍କର ଛୋଟ ଭଉଣୀ ଦୁଇଜଣ ସେମାନଙ୍କ ବାପାଙ୍କ ପାଖରେ ଅଛନ୍ତି ଏବଂ ସେମାନେ ସମସ୍ତେ ତାଙ୍କୁ ସେମାନଙ୍କ ନଜରରେ ରଖିଛନ୍ତି ।

●●

ଗ୍ରେସଙ୍କ ମାଙ୍କର ଦୁଇବର୍ଷ ଆଗରୁ ଦେହାନ୍ତ ହୋଇଥିଲା । ଏବେ ବାପା ମଧ୍ୟ ଚାଲିଗଲେ । ତେଣୁ ନଭେମ୍ବର ୨୦୦୫ରେ ଗ୍ରେସ, ତାଙ୍କ ସ୍ୱାମୀ ଏବଂ ଦୁଇ ପିଲା ବାପାଙ୍କ ଘରେ ଆସି ରହିଥିଲେ । ଗ୍ରେସଙ୍କ ବାପା ଜଣେ ଖୁସୀ ମିଜାଜର ଲୋକ

ଥିଲେ । ସେ କିଛି କିଛି ମ୍ୟାଜିକ କରି ଘର ଲୋକଙ୍କୁ ଖୁସି କରୁଥିଲେ । ଯେମିତିକି ଗୋଟେ ପେନି (ପାଉଣ୍ଡର ୧୦୦ ଭାଗରୁ ୧ ଭାଗ) ଜଣକ କାନ ପାଖରୁ ବାହାରିବ ବା ସାର୍ଟର ମୋଡ଼ା ହୋଇଥିବା ହାତରୁ ବାହାରିବ ।

ଏମିତି ଦିନେ ଗ୍ରେସ ବସି ରୋଷେଇ ଘରେ କଫି ପିଉଥିଲେ ଏବଂ ତାଙ୍କ ବାପାଙ୍କୁ ମନେ ପକାଇଥିଲେ । କଫି ପିଆ ସରିଲା ପରେ ସେ କଫି କପକୁ ନେଇ ରୋଷେଇ ଘର ସିଙ୍କରେ ରଖିବାକୁ ଯାଉଥିଲା ବେଳେ ସେ ସିଙ୍କରେ ଗୋଟେ ପେନି ପଡ଼ିଥିବାର ଦେଖିବାକୁ ପାଇଥିଲେ । ସେତେବେଳେ ସେ କିଛି ନ ଭାବି ପେନିଟି ଉଠାଇ ଆଣିଲେ ଏବଂ ତାଙ୍କର ରେଜା ପଇସା ରଖିବା ଜାରରେ ପକାଇ ଦେଇଥିଲେ । ତା ପରଦିନ ଗ୍ରେସ ବାହାରକୁ ଯିବାକୁ ତାଙ୍କର ଜୋତା ପିନ୍ଧିଲା ବେଳେ ପଟେ ଜୋତା ଭିତରେ କ'ଣ ଗୋଟେ କଠିନ ବସ୍ତୁ ତାଙ୍କ ଗୋଡ଼କୁ ଲାଗିଥିଲା । ଦେଖିଲାବେଳକୁ ତାହା ଗୋଟେ ପେନି ଥିଲା । ସେମାନେ ସେ ଘରେ ରହିବାର ପ୍ରଥମ ମାସରେ ଗ୍ରେସ ଏହିପରି ପ୍ରାୟ ୨୦ଟି ପେନି ପାଇଥିଲେ । ସେ ନିଶ୍ଚିତ ଥିଲେ ଯେ ଏହା ତାଙ୍କ ବାପାଙ୍କର କାମ । ଆଉ ମଧ୍ୟ ସେ ରାତିରେ ଶୋଇବାକୁ ଗଲାବେଳେ ଗୋଟେ ଠକ୍ ଠକ୍ ଶବ୍ଦ ଶୁଣନ୍ତି । ଠିକ୍ ତାଙ୍କ ବାପାଙ୍କର ଓ୍ୱାକରର ଶବ୍ଦ ପରି । ତାଙ୍କ ବାପା ମରିବାର ଅଠର ମାସ ପୂର୍ବରୁ ଏହି ଓ୍ୱାକର ବ୍ୟବହାର କରି ଚଲବୁଲ କରିପାରୁଥିଲେ ।

ଗ୍ରେସଙ୍କ ଜନ୍ମଦିନରେ ସେ ତାଙ୍କର ଉପହାର ଗୁଡ଼ିକ ଦେଖୁଥିବା ସମୟରେ କାର୍ପେଟ ଉପରେ ଗୋଟେ ଛଅ ପେନ୍ସର ମୁଦ୍ରା ଦେଖିବାକୁ ପାଇଥିଲେ । ତାହା ପୁଣି ୧୯୬୪ ମସିହାର, ଯେଉଁ ବର୍ଷ ସେ ଜନ୍ମ ହୋଇଥିଲେ । ଛଅ ପେନ୍ସ ମୁଦ୍ରା ୧୯୭୦ ମସିହାରୁ ବ୍ୟବହାର ହେଉ ନ ଥିଲା । ତାଙ୍କ ପାଖରେ ମଧ୍ୟ ନ ଥିଲା । ଏହା କିପରି ଆସିଲା ତାହା ତାଙ୍କୁ ଆଶ୍ଚର୍ଯ୍ୟ କରିଦେଇଥିଲା । ଏପରିକି ତାଙ୍କ ବାପାଙ୍କ ଜନ୍ମଦିନରେ ସେ ଗୋଟେ ୧୯୪୦ ମସିହାର ମୁଦ୍ରା ପାଇଥିଲେ । ୧୯୪୦ ମସିହା ତାଙ୍କ ବାପାଙ୍କର ଜନ୍ମ ବର୍ଷ ଥିଲା । ସମୟେ ସମୟେ ଗୋଟେ ଗୋଟେ ମୁଦ୍ରା ଗଡ଼ି ଗଡ଼ି ତାଙ୍କ ପାଖରେ ଆସି ପଡ଼ିଯାଏ । ଯେପରି ଜଣେ କେହି ତାଙ୍କୁ କିଛି ଦୂରରୁ ଗଡ଼େଇ ଦେଇଛି । ଗ୍ରେସ ଭଲଭାବରେ ଜାଣିପାରୁଥିଲେ ଯେ ଏହା ସବୁ ତାଙ୍କ ବାପାଙ୍କର ଆତ୍ମା ହିଁ କରୁଥିଲା ଏବଂ ଖୁସି ହେଉଥିଲେ ଯେ ତାଙ୍କ ବାପା ତାଙ୍କ ପାଖେ ପାଖେ ଅଛନ୍ତି ଏପରିକି ତାଙ୍କ ଜନ୍ମଦିନ ମଧ୍ୟ ମନେ ରଖିଛନ୍ତି ।

●●

ଗୀତା ଜାଣିଥିଲେ ଯେ ତାଙ୍କ ଘରର ସବୁ ସ୍ତ୍ରୀ ଲୋକମାନେ ଆଧ୍ୟାତ୍ମିକ ସମ୍ବେଦନଶୀଳ । ଅର୍ଥାତ ସେମାନଙ୍କ ଭିତରେ ଏକ ଈଶ୍ୱର ଦତ୍ତ ଶକ୍ତି ଅଛି ଯାହାଦ୍ୱାରା ଆତ୍ମା ମାନେ ସେମାନଙ୍କ ସହ ଯୋଗାଯୋଗ କରିପାରିବେ ଏବଂ ସେମାନଙ୍କ ମାଧ୍ୟମରେ ଆଗତ ଭବିଷ୍ୟତ କଥା କହିପାରିବେ । ତାଙ୍କ ମାଙ୍କର ଏହି ଶକ୍ତିଥିଲା । କିନ୍ତୁ ଅତ୍ୟଧିକ ଭୟ ଯୋଗୁଁ ସେ ତାକୁ ବିକଶିତ କରି ନ ଥିଲେ କିମ୍ବା ତାଙ୍କୁ ମଧ୍ୟ ଉତ୍ସାହିତ କରି ନ ଥିଲେ। କିନ୍ତୁ ଗୀତା ଜାଣିଥିଲେ ତାଙ୍କ ଝିଅର ମଧ୍ୟ ସେହି ଶକ୍ତି ରହିଛି । ତା'ର ପିଲାଦିନୁ ସେ କହେ ଯେ ସେ ତାର ଅଣଜେଜେମାଙ୍କ ସାଙ୍ଗରେ କଥା ହେଉଛି ଯେ କି ସେ ଜନ୍ମ ହେବାର ବହୁତ ଆଗରୁ ଇହଧାମ ତ୍ୟାଗ କରିଥିଲେ । ବଡ଼ ହେବା ସାଙ୍ଗେ ସାଙ୍ଗେ ସେ ତା'ର ଶକ୍ତିକୁ ବୃଦ୍ଧି କରିଥିଲା ଏବଂ ଅନେକ ବିଷୟରେ ପୂର୍ବ ସୂଚନା ଦେଇ ପାରୁଥିଲା ।

ଗୀତାଙ୍କ ସ୍ୱାମୀ ଜଣେ ଅଗ୍ନିଶମ ଅଧିକାରୀ ଥିଲେ । ତାଙ୍କର ରାତି ଡ୍ୟୁଟି ଥିଲା ବେଳେ ସମୟେ ସମୟେ ଗୀତା ତାଙ୍କ ସାଙ୍ଗରେ ଚାଲିଯାଉଥିଲେ । ଏମିତି ଦିନେ ରାତିରେ ଯାଇଥିଲା ବେଳେ ସେ ଘରକୁ ଫୋନ୍ କରିଥିଲେ । କିନ୍ତୁ ଘରର ଫୋନ ସ୍ୱିଚ୍ ଅଫ୍ ଥିଲା । କାରଣ ରାତି ଡ୍ୟୁଟି ପରେ ଦିନରେ ବିଶ୍ରାମ କରିବା ପାଇଁ ଗୀତାଙ୍କ ସ୍ୱାମୀ ଫୋନ୍‌ଟି ଅଫ୍ କରିଦେଇଥିଲେ । ତାହାକୁ ଆଉ ଅନ୍ କରି ନ ଥିଲେ । କିନ୍ତୁ ଗୀତାଙ୍କ ଝିଅ ତାଙ୍କ ଶକ୍ତିଦ୍ୱାରା ଜାଣିପାରିଥିଲେ ଯେ ଫୋନ୍ ଆସୁଛି ଏବଂ ତାକୁ ଅନ୍ କରି କଥା ହୋଇଥିଲେ ।

ଗୀତାଙ୍କୁ ୧୬ ବର୍ଷ ହୋଇଥିବା ବେଳେ ତାଙ୍କ ମା ପୂର୍ନବିବାହ କରିଥିଲେ । ତାଙ୍କର ସାବତ ବାପା ବହୁତ ହିଂସ୍ର ପ୍ରକୃତିର ଲୋକଥିଲେ । ସେ ସବୁବେଳେ ମଦ୍ୟପାନ କରି ଘରକୁ ଫେରୁଥିଲେ ଏବଂ ତାଙ୍କ ମାଙ୍କ ସାଙ୍ଗରେ ଝଗଡ଼ା କରୁଥିଲେ । ଫଳରେ ମା ଏବଂ ସେ ତାଙ୍କର ଶୋଇବାଘରେ କବାଟ ବନ୍ଦ କରି ରହିଯାଉଥିଲେ । ଏମିତି ଦିନେ ରାତିରେ ତାଙ୍କ ମା ଆଉ ସହିପାରିନଥିଲେ ଏବଂ ତାଙ୍କର ସାବତ ବାପାଙ୍କୁ ଘରୁ ବାହାର କରିଦେଇଥିଲେ । ସାବତ ବାପା ରାଗିଯାଇ ଚାଲିଯାଇଥିଲେ ଏବଂ ଗଲାବେଳେ ରାଗିକରି କହିଥିଲେ ଯେ, "ମୁଁ ଶୀଘ୍ର ଫେରି ଆସିବି ଏବଂ ସବୁ ହିସାବ କିତାବ କରିବି ।" ଗୀତା ସେତେବେଳେ ପ୍ରାର୍ଥନା କରିଥିଲେ ଯେ ସେ ଯେପରି ଆଉ ଫେରି ନ ଆସନ୍ତୁ ।

ସେଦିନ ରାତି ଅଧ ଯାଏଁ ସେ ଫେରି ନଥିଲେ । କିନ୍ତୁ ପରେ ପରେ ଗୋଟେ ପୋଲିସ ଗାଡ଼ି ଆସି ତାଙ୍କ ଘରେ ପହଞ୍ଚିଥିଲା । ଗୀତା ସାଙ୍ଗେ ସାଙ୍ଗେ

ଜାଣିପାରିଥିଲେ ଯେ କିଛି ଗୋଟେ ଦୁର୍ଘଟଣା ହୋଇଛି । ପ୍ରକୃତରେ ତାଙ୍କ ସାବତ ବାପାଙ୍କର କାର ଦୁର୍ଘଟଣାଗ୍ରସ୍ତ ହୋଇଥିଲା ଏବଂ ସେ ସେଥିରେ ମୃତ୍ୟୁବରଣ କରିଥିଲେ । ଗୀତା ସେତେବେଳେ ନିଜକୁ ଦୋଷୀ ବୋଲି ଅନୁଭବ କରିଥିଲେ କାହିଁକିନା ସେ ଅନ୍ତରାତ୍ମାରୁ ଚାହୁଁଥିଲେ ଯେ ତାଙ୍କ ସାବତ ବାପା ଯେମିତି ଆଉ ନ ଫେରନ୍ତୁ ।

ଏ ବିଷୟରେ ସେ ତାଙ୍କ ଝିଅକୁ କିଛିହେଲେ କହିନଥିଲେ । ଝିଅକୁ ଯେତେବେଳେ ୧୬ ବର୍ଷ ହୋଇଥିଲା ସେତେବେଳେ ଦିନେ ରାତିରେ ସେ ଘରେ ଏକୁଟିଆ ଥିଲା । ସେ ଅନୁଭବ କରିଥିଲା ଯେ ଯେମିତି ଫୋନ୍ ରିଙ୍ଗ ହେଉଛି ଯଦିଓ ଫୋନରୁ କୌଣସି ଶବ୍ଦ ଆସୁନ ଥିଲା । ସେ ତା ବାପା ବା ମାଙ୍କର ଫୋନ୍ ଭାବି ଉଠାଇଥିଲା । ଫୋନ୍‌ର ଅପର ପାର୍ଶ୍ୱରୁ ଯେପରିକି ଦୂରରୁ ହିସ....ପରି ଶବ୍ଦ ଭାସି ଆସୁଥିଲା। ଏବଂ ଶେଷରେ କିଏ ଜଣେ ଖୁବ୍ ଧୀର ସ୍ୱରରେ "ଦୁଃଖିତ" (sorry) ବୋଲି କହିଥିଲେ । ତାଙ୍କ ଝିଅ ତ ଭାବିଥିଲେ ଯେ ତାହା ଗୋଟେ ଭୁଲ ନମ୍ବରରୁ ଆସିଛି କିନ୍ତୁ ତାଙ୍କର ମସ୍ତିଷ୍କ ଭିତରେ ଯେମିତି କିଏ ଜଣେ ଜଣାଇ ଦେଉଥିଲେ ଯେ ଏହି ଖବରଟି ତାଙ୍କ ମାଙ୍କ ପାଇଁ । ସେ ସାଙ୍ଗେ ସାଙ୍ଗେ ତାଙ୍କ ମାଙ୍କୁ ଏହା ଜଣାଇଥିଲେ ଯେ ଏହା ନିଶ୍ଚୟ ତାଙ୍କ ସାବତ ବାପା ହୋଇଥିବେ ଯେ କି ଶେଷରେ ତାଙ୍କର ଭୁଲ କର୍ମ ପାଇଁ କ୍ଷମା ମାଗୁଥିଲେ । ତଥାପି ନିଶ୍ଚିତ ହେବା ପାଇଁ ସେ ଜଣେ ମାଧ୍ୟମ (medium) ଙ୍କ ସାହାଯ୍ୟ ନେଇଥିଲେ । ସେ ମାଧ୍ୟମ ଜଣଙ୍କ ତାଙ୍କ ସାବତ ବାପାଙ୍କ ଆତ୍ମା ସାଙ୍ଗରେ ଯୋଗାଯୋଗ କରିଥିଲେ ଏବଂ ତାଙ୍କର ଆକୃତି ପୁରାପୁରି ଅବିକଳ ଭାବରେ ବର୍ଣ୍ଣନା କରିଥିଲେ । ପୁଣି ସେ ତାଙ୍କ କ୍ଷତ ଗୁଡ଼ିକର ମଧ୍ୟ ବର୍ଣ୍ଣନା କରିଥିଲେ ଯେଉଁଥିପାଇଁ ତାଙ୍କର ମୃତ୍ୟୁ ହୋଇଥିଲା । ତାଙ୍କ ସାବତ ବାପା ପୁଣି କହିଥିଲେ ଯେ ସେହିଦିନ ରାତିରେ ସେ ଘରକୁ ଫେରି ଆସୁଥିଲେ, ସମସ୍ତଙ୍କୁ କ୍ଷମା ମାଗି ପୁଣି ନୂଆକରି ଜୀବନ ଗଢ଼ି ତୋଳିବାକୁ । କିନ୍ତୁ ବାଟରେ ସେହି ଦୁର୍ଘଟଣା ଘଟିଥିଲା । ସେ ସେଥିପାଇଁ "ଦୁଃଖିତ" (sorry) ବୋଲି ମଧ୍ୟ କହିଥିଲେ । ମାଧ୍ୟମ ମଧ୍ୟ କହିଥିଲେ ଯେ ଗୀତାଙ୍କ ଜେଜେବାପା ତାଙ୍କ ସାବତ ବାପାଙ୍କ ପାଖରେ ଠିଆ ହୋଇଛନ୍ତି । ସେ ଯେପରି କହୁଥିଲେ ଯେ ପ୍ରକୃତରେ ତାଙ୍କର ସାବାତ ବାପା ଭଲ ହେବାକୁ ଚେଷ୍ଟା କରିଥିଲେ । ଗୀତା ସେଥିରେ ବହୁତ ଖୁସି ହୋଇଥିଲେ । ଆଜି ପର୍ଯ୍ୟନ୍ତ ଯେଉଁ ଦୁଃଖକୁ ନେଇ ସେ ବଞ୍ଚି ରହିଥିଲେ ତାହା ଦୂର ହୋଇଯାଇଥିଲା ।

●●

ଜନଙ୍କର ୯ ବର୍ଷର ଭାଇ ଜାସନ୍ ପାଣିରେ ବୁଡ଼ିକରି ମୃତ୍ୟୁବରଣ କରିଥିଲେ । ତା'ର ଅନ୍ତେଷ୍ଟିକ୍ରିୟା ଦିନ ତାଙ୍କ ବାପା ଗେଟ ଖୋଲି ବାହାରକୁ ଗଲାବେଳେ ଜାସନ୍‌ର ଶୋଇବା ଘର ଆଡ଼କୁ ଅନାଇଥିଲେ । ସେ ଯାହା ଦେଖିଲେ ସ୍ତମ୍ଭୀଭୂତ ହୋଇ ଯାଇଥିଲେ । ସେ ଦେଖିଲେ ଜାସନ୍‌ର ଶୋଇବା ଘର ଝରକା ପାଖରେ ଜାସନ୍ ଠିଆ ହୋଇ ହସି ହସି ତାଙ୍କୁ ହାତ ହଲାଉଛି । ସେ ଯେପରି ତା ବାପାଙ୍କୁ ଜଣାଇ ଦେଉଥିଲା ଯେ ସେ ଠିକ୍ ଠାକ୍ ଅଛି ।

ସେ ମଧ୍ୟ ଘରର ଅନ୍ୟ ମାନଙ୍କ ସହ ଯୋଗାଯୋଗ କରିବାକୁ ଚେଷ୍ଟା କରୁଥିଲା । ସେ ଆମର ମାଉସୀ (ମାଙ୍କର ଭଉଣୀ) ଜିଲ୍‌ଙ୍କୁ ବହୁତ ଭଲ ପାଉଥିଲା । ସେଥିପାଇଁ ଜିଲ୍ ଆମ ଘରକୁ ବହୁତ ସମୟରେ ଆସୁଥିଲେ । ସେତେବେଳ ଜାସନ୍ ମାଉସୀଙ୍କ ପାଖ ଦେଇ ଗଲାବେଳକୁ ତାଙ୍କ ଜମ୍ପରକୁ ଭିଡ଼ି ଦେଉଥିଲା । ଜାସନ୍‌ର ମୃତ୍ୟୁ ପରେ ମଧ୍ୟ ଯେତେବେଳେ ମାଉସୀ ସେମାନଙ୍କର ଘରକୁ ଆସନ୍ତି ସେ ଅନୁଭବ କରନ୍ତି ଯେପରି କେହିଜଣେ ତାଙ୍କ ଜମ୍ପରକୁ ଭିଡ଼ିଦେଇ ଚାଲିଗଲା ଠିକ୍ ଯେମିତି ଜାସନ୍ ବଞ୍ଚିଥିଲାବେଳେ କରୁଥିଲା ।

ଜାସନ୍ ବଞ୍ଚିଥିବା ବେଳେ ଖଟ ଉପରେ ଡେଇଁବାକୁ ଭଲପାଉଥିଲା । ବିଶେଷତ ବାବା, ମାମୀଙ୍କର ବଡ଼ ଖଟ ଉପରେ ସେ ସବୁବେଳେ ଡେଉଁଥିଲା । ଗୋଟେ ରାତିରେ ବାବା ଏବଂ ମାମୀ ଙ୍କର ନିଦ ଏକା ସମୟରେ ଭାଙ୍ଗିଗଲା । କେହି ଜଣେ ସେମାନଙ୍କ ଖଟ ଉପରେ ଜୋର୍‌ରେ ଡେଉଁଥିଲା । ସେମାନେ କିନ୍ତୁ କିଛି ଦେଖିପାରୁ ନଥିଲେ । କେବଳ ଯାହା ଅନୁଭବ କରି ପାରୁଥିଲେ । ମାମୀ ସ୍ୱତଃପ୍ରବୃତ୍ତ ଭାବରେ କହି ଉଠିଥିଲେ "ବନ୍ଦ କରିଦିଅ ବାବା ! ନ ହେଲେ ନିଜେ ଆଘାତପ୍ରାପ୍ତ ହେବ ।" ସାଙ୍ଗେ ସାଙ୍ଗେ ସେ ଡେଇଁବା ବନ୍ଦ ହୋଇଯାଇଥିଲା ।

ଜନ୍‌ଙ୍କ ସାନଭାଇ ଯଦିଓ ମରିଯାଇଛି ତଥାପି ଏହି ପରି ଭାବରେ ସେ ତାଙ୍କ ମାନଙ୍କ ମଧ୍ୟରେ ରହିଛି ।

●●

କେଥିଙ୍କ ମଉସା କୋରୀଙ୍କର ବ୍ରେନ ଅପରେଶନ ସମୟରେ ହିଁ ମୃତ୍ୟୁ ଘଟିଥିଲା । ମାଉସୀ କାଥୀ ଦୁଃଖରେ ଭାଙ୍ଗି ପଡ଼ିଥିଲେ । ସେତେବେଳେ ତାଙ୍କର ପାଞ୍ଚ ବର୍ଷର ପୁଅ ଜେରୋମ ଏବଂ ବର୍ଷକର ଝିଅ ଲେହ ଥିଲେ ।

ମଉସାଙ୍କ ମୃତ୍ୟୁର ପ୍ରାୟ ଦୁଇମାସ ପରେ ଦିନେ ଝିଅ ଲେହ ସୋଫା ଉପରେ

ଶୋଇ ପଡ଼ିଥିଲା । ରାତ୍ରୀ ଭୋଜନ ତିଆରି କରିବା ପାଇଁ କାଥୀ ରୋଷେଇଘରକୁ ଯାଇଥିଲେ । ଯିବା ଆଗରୁ ସେ ପୁଅ ଜେରୋମକୁ କହିଥିଲେ ଲେହକୁ ଜଗିବା ପାଇଁ । କାରଣ ସେ ନିଦରୁ ଉଠି ପଡ଼ିଲେ ଶୋଫା ଉପରୁ ତଳକୁ ପଡ଼ିଯିବାର ସମ୍ଭାବନା ଥିଲା। କିଛି ସମୟ ପରେ ସେ ଲକ୍ଷ କରିଥିଲେ ଯେ ଜେରୋମ ଲେହ ପାଖରେ ନାହିଁ । ସେ ହଲରେ ତାର ଖେଳନା କାର ନେଇ ଖେଳୁଛି । ସେ ତାକୁ କହିଲେ ଚଞ୍ଚଳ ଲେହ ପାଖକୁ ଯିବାକୁ ନ ହେଲେ ସେ ତଳକୁ ପଡ଼ିଯାଇ ପାରେ । ଜେରୋମ କିନ୍ତୁ ଅବିଚଳିତ ଭାବରେ କହିଥିଲା ଯେ ତାର ସେଠାକୁ ଯିବାର ଆବଶ୍ୟକତା ନାହିଁ କାରଣ ଡାଡ଼ି ସେଠାରେ ଅଛନ୍ତି । ବିସ୍ମିତ କାଥୀ ଝିଅ ଲେହ ଆଡ଼କୁ ଅନାଇଲେ । ସେଠାରେ ସେ କାହାକୁ ଦେଖି ପାରିଲେ ନାହିଁ । କିନ୍ତୁ ଲେହ ସେତେବେଳେ ସଂପୂର୍ଣ୍ଣ ଭାବରେ ଜାଗ୍ରତ ଥିଲା ଏବଂ ଉପରକୁ ଅନାଇ ହସୁଥିଲା । ତା'ର ଛୋଟ ଛୋଟ ହାତ ଦୁଇଟି ଯେମିତି କୌଣସି ଜିନିଷକୁ ଧରିଥିଲା । ବଡ଼ ଖୁସୀ ମନରେ ସେ ହାତ ଗୋଡ଼ ହଲାଇ ଖେଳି ଚାଲିଥିଲା । ମାଉସୀ ନିଶ୍ଚିତ ହୋଇଥିଲେ ଯେ କେହିଜଣେ ଅଛି ଯାହା ସହିତ ଲେହ ଖେଳୁଛି କିନ୍ତୁ ଜେରୋମ ଜୋର ଦେଇ କି କହୁଥିଲା ଯେ ସେ ତା ଡାଡ଼ିଙ୍କୁ ଦେଖି ପାରୁଛି । ଅନ୍ୟ ବେଳେ ମଧ୍ୟ ଜେରୋମ କହେ ଯେ ଡାଡ଼ି ସେମାନଙ୍କ ସାଙ୍ଗରେ ଅଛନ୍ତି ।

●●

ଲୋଲା ପିଲାଦିନୁ ଆତ୍ମା ମାନଙ୍କୁ ଦେଖି ପାରୁଥିଲେ ଏବଂ ସ୍ୱପ୍ନରେ ମଧ୍ୟ ସେମାନଙ୍କ ସାଙ୍ଗରେ ଯୋଗାଯୋଗ କରିପାରୁଥିଲେ । ତାଙ୍କୁ ଯେତେବେଳେ ୧୨ ବର୍ଷ ହୋଇଥିଲା ଦିନେ ରାତିରେ ହଠାତ୍ ତାଙ୍କର ନିଦ୍ରାଭଙ୍ଗ ହୋଇଥିଲା । ସେ ଆଖି ଖୋଲି ଦେଖିଥିଲେ ଯେ ତାଙ୍କ ଜେଜେବାପା ତାଙ୍କ ଆଗରେ ଠିଆ ହୋଇ ମୁରୁକେଇ ମୁରୁକେଇ ହସୁଛନ୍ତି । ତାଙ୍କ ଜେଜେବାପା କହିଥିଲେ ଯେ, ସେ ତାଙ୍କୁ ବିଦାୟ (Goodbye) ଜଣାଇବାକୁ ଆସିଛନ୍ତି ଏବଂ ତାପରେ ସେ ଅଦୃଶ୍ୟ ହୋଇଯାଇଥିଲେ । ପରଦିନ ସକାଳେ ଲୋଲା ଜାଣିବାକୁ ପାଇଥିଲେ ଯେ ତାଙ୍କ ଜେଜେବାପା ଗତରାତିରେ ପ୍ରାଣତ୍ୟାଗ କରିଥିଲେ ।

୨୦୦୦ ମସିହା ଜୁଲାଇ ମାସରେ ଜେଜେବାପା ପୁଣି ଲୋଲାଙ୍କୁ ଦେଖା ଦେଇଥିଲେ ଏବଂ ସତର୍କ କରାଇ ଦେଇଥିଲେ ଯେ ଆଗକୁ ଘର ପାଇଁ ବିପଦ ଅଛି ଏବଂ ତାକୁ ସାହାସର ସହ ସମ୍ମୁଖୀନ ହେବାକୁ ଉପଦେଶ ଦେଇଥିଲେ । ଏହାର ପ୍ରାୟ ୪ ମାସ ପରେ ତାଙ୍କ ଭାଇଙ୍କର ଦେହ ଖରାପ ହୋଇ ଯାଇଥିଲା ଏବଂ

ଶେଷରେ ମେ ମାସ ୨୦୦୧ରେ ସେ ଶେଷ ନିଶ୍ୱାସ ତ୍ୟାଗ କରିଥିଲେ । ଡାକ୍ତରଖାନାରେ ଗୋଟେ ଅଦ୍‌ଭୁତ ଘଟଣା ଘଟିଥିଲା । ଡାକ୍ତରଖାନାର ନର୍ସ ମାନେ ମୃତ ବ୍ୟକ୍ତି ପାଇଁ ପ୍ରଥା ଅନୁସାରେ ଯାହା କରିବା କଥା କରିଥିଲେ ଏବଂ ଆତ୍ମାକୁ ଯିବା ପାଇଁ ଦ୍ୱାର ଖୋଲି ଦେଇଥିଲେ । ଲୋଲା ଏବଂ ତାଙ୍କ ମା ମୃତଦେହ ପାଖରେ ଠିଆ ହୋଇଥିଲେ । ନର୍ସ ଯେତେବେଳେ ଦ୍ୱାର ଖୋଲିଦେଇଥିଲେ ଲୋଲା ପରିଷ୍କାର ଦେଖି ପାରିଥିଲେ ଯେ ତାଙ୍କ ଭାଇ ଦ୍ୱାର ଦେଇ ବାହାରକୁ ଚାଲିଯାଉଛନ୍ତି ଏବଂ ଗଲାବେଳେ ପଛକୁ ଚାହିଁ ହସି ଦେଇଥିଲେ ।

ଏହାପରେ ତାଙ୍କ ଭାଇ ବହୁତ ଥର ତାଙ୍କ ପାଖକୁ ଆସିଛନ୍ତି । ସେ ଆସିବାରେ ଲୋଲା ତାହାକୁ ଅନୁଭବ କରିପାରନ୍ତି ଏପରିକି ସମୟେ ସମୟେ ସେ ଘର ଭିତରକୁ ପଶୁଥିବାର ଜାଣି ପାରିଥାନ୍ତି । ଏମିତ ଥରେ ଯେତେବେଳେ ତାଙ୍କ ଝିଆରୀ ଗର୍ଭବତୀ ଥିଲେ ତାଙ୍କ ଭାଇ ତାଙ୍କୁ ଜଣାଇଥିଲେ ଯେ ତା'ର ଝିଅଟିଏ ହେବ । ଯାହା କି ସତ୍ୟ ହୋଇଥିଲା ।

ତାଙ୍କ ଭାଇ ତାଙ୍କ ମାଙ୍କୁ କେବେହେଲେ ଦେଖା ଦେଇ ନଥିଲେ । ତାଙ୍କ ମୃତ୍ୟୁରେ ତାଙ୍କ ମା ଅତ୍ୟଧିକ ମ୍ରିୟମାଣ ହୋଇ ପଡ଼ିଥିଲେ । ତାଙ୍କୁ ଆଉ ଅଧିକ ଦୁଃଖ ଦେବାକୁ ହୁଏତ ସେ ଚାହୁଁ ନ ଥିଲେ । ଯେଉଁମାନଙ୍କର ଆତ୍ମା ମାନଙ୍କୁ ଗ୍ରହଣ କରିବାର ଶକ୍ତି ଥିବ ସେହିମାନଙ୍କୁ ହିଁ ଆତ୍ମାମାନେ ଦେଖା ଦେଇଥାନ୍ତି । ସେମାନେ ଅନ୍ୟ ମାନଙ୍କୁ ଭୟଭୀତ କରିବାକୁ ଚାହିଁ ନ ଥାନ୍ତି ।

●●

କେଟୀଙ୍କ ସ୍ୱାମୀ ଏବଂ ସାଙ୍ଗ ମାନେ କହନ୍ତି ଯେ ତାଙ୍କର ଅସାଧାରଣ ଅଦ୍‌ଭୁତ ଶକ୍ତି ଅଛି ଯାହାଦ୍ୱାରା ସେ ଆତ୍ମା ମାନଙ୍କ ସହ ଯୋଗାଯୋଗ କରିପାରନ୍ତି । ଏମିତିକି ତାଙ୍କର ଜେଜେମାଙ୍କ ମୃତ୍ୟୁର ଦିନକ ଆଗରୁ ସେ ତାଙ୍କ ମୃତ ଜେଜେବାପାଙ୍କୁ ଦେଖି ପାରିଥିଲେ ଯିଏକି ତାଙ୍କୁ ସତର୍କ କରାଇ ଦେଇଥିଲେ ଯେ ତାଙ୍କ ଜେଜେମାଙ୍କ ଦେହ ଖରାପ ହେବାକୁ ଯାଉଛି ।

ବିବାହ କରିବା ପୂର୍ବରୁ ସେ ଗୋଟେ ହୋଟେଲରେ କାମ କରୁଥିଲେ । ସେ ହୋଟେଲର ସବୁ ରୁମ୍ ଗୁଡ଼ିକ ସଫାସୁତୁରା କରୁଥିଲେ । କିନ୍ତୁ ଗୋଟେ ରୁମ୍ ସଫା କଲାବେଳେ ସେ କେମିତି ଏକ ଅଜବ ଅନୁଭୂତି ଅନୁଭବ କରୁଥିଲେ । ସେ ରୁମ୍‌ରେ ଜଣେ ସ୍ତ୍ରୀ ଲୋକ ଆତ୍ମହତ୍ୟା କରିଥିଲେ । ତାଙ୍କ ସ୍ୱାମୀଙ୍କର ଅନ୍ୟ ଜଣେ ମହିଳାଙ୍କ ସହ ସଂପର୍କ ଜାଣିବା ପରେ ସେ ଏହି ଚରମ ପଦକ୍ଷେପ ନେଇଥିଲେ । ସେ ଘର

ସଫା କଲାବେଳେ କେଟୀ ଅନୁଭବ କରନ୍ତି ଯେମିତି କେହିଜଣେ ତାଙ୍କୁ ଅନାଇ ରହିଛି । ସେ ସବୁବେଳେ କବାଟ ଖୋଲା ରଖିଥାନ୍ତି, ଏବଂ କବାଟକୁ ଲାଗିକରି ବାଲ୍ଟିଟି ରଖିଥାନ୍ତି ଯେମିତିକି କବାଟ ହଠାତ୍ ବନ୍ଦ ହୋଇ ନ ଯାଏ । ଚଞ୍ଚଳ ଚଞ୍ଚଳ କାମସାରି ସେ ରୁମ୍‌ରୁ ସେ ବାହାରି ଆସିଥାନ୍ତି ।

ଏମିତି ଦିନେ ସେ ରୁମ୍ ଭିତରକୁ ପଶିଗଲା ପରେ ରୁମ୍ ଭିତରର ପାରିପାର୍ଶ୍ୱିକ ପରିସ୍ଥିତି କେମିତି ଗୋଟେ ଅସ୍ୱାଭାବିକ ଲାଗିଥିଲା । ହଠାତ୍ କବାଟ ପାଖରେ ଥିବା ବାଲ୍ଟିଟି ଗଡ଼ି ପଡ଼ିଥିଲା ଏବଂ କବାଟଟି ଜୋର୍‌ରେ ବନ୍ଦ ହୋଇଯାଇଥିଲା । କେଟିଙ୍କୁ ଲାଗିଲା ଯେମିତି କେହିଜଣେ ତାଙ୍କ ବାହୁକୁ ଜୋର୍‌ରେ ଧରି କହିଲା "ମୋତେ ଏକୁଟିଆ ରହିବାକୁ ଦିଅ ।" କେଟୀ ବହୁତ ଭୟ ପାଇଯାଇଥିଲେ ଏବଂ ଦୌଡ଼ିକରି ବାହାରକୁ ଚାଲି ଆସିଥିଲେ ।

ସେ ହୋଟେଲର ଅଭ୍ୟର୍ଥନାକାରିଣୀ (Receptionist) ଙ୍କୁ ସବୁକଥା କହିଥିଲେ । ସେ କହିଥିଲେ ଯେ, ଆତ୍ମହତ୍ୟା କଲାଦିନ ସେ ମହିଳା ରୁମ୍ ସର୍ଭିସକୁ ଫୋନ୍ କରି କହିଥିଲେ, "ମୋତେ ଏକୁଟିଆ ରହିବାକୁ ଦିଅ (I need to be left aone)" କେଟୀ ମଧ୍ୟ ଜାଣିବାକୁ ପାଇଥିଲେ ଯେ, ସେହି ଦିନ ହିଁ ସେ ମହିଳାଙ୍କର ମୃତ୍ୟୁ ବାର୍ଷିକୀ ଥିଲା ।

●●

ରାଚେଲଙ୍କ ସବୁଠାରୁ ଭଲ ବନ୍ଧୁ ସାରା ମାତ୍ର ୨୨ ବର୍ଷ ବୟସରେ ପ୍ରାଣ ତ୍ୟାଗ କରିଥିଲେ । ରାଚେଲ ଅତିମାତ୍ରାରେ ଦୁଃଖିତ ହୋଇଥିଲେ । କାରଣ ସେହି ଦିନ ସକାଳେ ହିଁ ସେମାନଙ୍କର ଦେଖାସାକ୍ଷାତ ହୋଇଥିଲା ଏବଂ ବହୁତ ଥଟ୍ଟାମଜା ମଧ୍ୟ ହୋଇଥିଲା । ସାରା ମରିବାର ପ୍ରାୟ ମାସକ ପରେ ରାଚେଲଙ୍କ ସ୍ୱପ୍ନରେ ଆସିଥିଲେ । ତାଙ୍କ ହାତରେ ଗୋଟେ କ୍ୟାଲେଣ୍ଡର ଥିଲା । ସେ କ୍ୟାଲେଣ୍ଡରର ଗୋଟେ ତାରିଖରେ ଗୋଟେ ବୃତ୍ତ କରାଯାଇଥିଲା । ସେହି ତାରିଖ ସାରାଙ୍କର ଜନ୍ମଦିନ ଥିଲା । ରାଚେଲ ସେହି ଏକା ସ୍ୱପ୍ନକୁ ପାଞ୍ଚଦିନ ଧରି ଦେଖିଥିଲେ । ସାରାଙ୍କ ଜନ୍ମଦିନ ଆଉ ୧୫ ଦିନ ଥିଲା ।

ରାଚେଲ ଭାବିଥିଲେ ଯେ, ସାରାଙ୍କ ଜନ୍ମ ଦିନ ସେ ଜଙ୍ଗଲ ପାଖରେ ଥିବା ସେହି ଜାଗାକୁ ଯିବେ ଯେଉଁଠାରେ ସେ ଦୁଇଜଣ ପ୍ରାୟ ସବୁବେଳେ ଯାଉଥିଲେ । ସାରାଙ୍କ ଜନ୍ମଦିନ ଜୁଲାଇ ମାସ ଶେଷ ଆଡ଼କୁ ପଡ଼ିଥିଲା । ରାଚେଲ ଜଙ୍ଗଲ ପାଖରେ ସେ ଜାଗାରେ ଯାଇ ବସିଥିଲେ । ସେ ଟିକେ ନର୍ଭସ ଥିଲେ । ସେ ସେଠାକୁ ଆସିବା

କଥା କାହାକୁ ଜଣାଇ ନ ଥିଲେ । ସନ୍ଧ୍ୟା ନଇଁ ଆସୁଥିଲା । ଆକାଶରେ ଅନ୍ଧକାର ତାର ଛାୟା ବିସ୍ତାର କରୁଥିଲା । ସେତେବେଳେ ରାଚେଲ ସାରାଙ୍କୁ ମନେ ପକାଇଲେ ଏବଂ କହିଲେ ସାରା ଯେଉଁଠାରେ ଅଛ ମୋ ପାଖକୁ ଆସ । ପ୍ରଥମେ ଦୁଇ ତିନି ମିନିଟ କିଛି ଘଟି ନଥିଲା । ତାପରେ ରାଚେଲ ହଠାତ୍ ଭୀଷଣ ଥଣ୍ଡା ଅନୁଭବ କରିଥିଲେ ଯେମିତିକି ଦେହ ମୁଣ୍ଡ ବରଫ ହୋଇଯିବ। ସେ ବୋଧେ ଟିକେ ଶୋଇ ପଡ଼ିଥିଲେ । କାରଣ ଯେତେବେଳେ ସେ ଆଖି ଖୋଲିଲେ ସାରା ତାଙ୍କ ପାଖରେ ବସିଥିଲେ ଏବଂ ମୁରୁକେଇ ମୁରୁକେଇ ହସୁଥିଲେ । ଦୁଇଜଣ କିଛି ସମୟ କଥା ହୋଇଥିଲେ ଏବଂ ଗଲାବେଳେ ସାରା ତାଙ୍କୁ ଗୋଟେ ଚେନ ଏବଂ ଲକେଟ ଦେଇଥିଲେ । କହିଥିଲେ ଯେତେବେଳେ ସେ ସାରାଙ୍କୁ ମନେପକାଇବେ ଏହି ଲକେଟକୁ ଧରିବେ । ରାଚେଲଙ୍କର ଯେତେବେଳେ ଧ୍ୟାନଭଗ୍ନ ହେଲା ସେତେବେଳେ ସାରା ନ ଥିଲେ କି ସେ ଲକେଟ ନ ଥିଲା । ସେ ତରତର ହୋଇ ଘରକୁ ଫେରି ଆସିଥିଲେ ଏବଂ ତାଙ୍କ ରୁମ୍‌ର ଚଟାଣରେ ସେ ଲକେଟଟି ପଡ଼ିଥିବାର ଦେଖିଥିଲେ ।

ଏବେ ବି ରାଚେଲ ସେ ଲକେଟ ଧରିଲେ ତାଙ୍କୁ ଲାଗେ ସେ ଯେମିତି ସାରା ସାଙ୍ଗରେ କଥାବାର୍ତ୍ତା ହେଉଛନ୍ତି । ଏବେ ମଧ୍ୟ ସାରା ତାଙ୍କର ସବୁଠାରୁ ଭଲ ବନ୍ଧୁ ହୋଇ ରହିଛନ୍ତି ।

●●

ଡେଜି ଜଣେ ଘରୋଇ ନର୍ସ ଥିଲେ । ସେ ମେରିଅମ ନାମକ ଜଣେ ମହିଳାଙ୍କର ଦେଖାଶୁଣା କରୁଥିଲେ । ମେରିଅମ ଜଣେ ମାଧ୍ୟମ ଥିଲେ । ତାଙ୍କ ଶକ୍ତି ବଳରେ ସେ ମୃତବ୍ୟକ୍ତି ମାନଙ୍କର ଆତ୍ମା ମାନଙ୍କ ସାଙ୍ଗରେ ଯୋଗାଯୋଗ କରିପାରୁଥିଲେ । ତାଙ୍କର ଏହି କାମପାଇଁ ମେରିଅମ ଚର୍ଚ୍ଚର ଗୋଟେ ହଲରେ ବସୁଥିଲେ । ସେମିତି ଗୋଟେ ସନ୍ଧ୍ୟାରେ ସେ ହଲରେ ପ୍ରାୟ ୨୦ ଜଣ ଲୋକଥିଲେ । ସମସ୍ତେ ତାଙ୍କର ନିଜର ପରଲୋକଗତ ସଂପର୍କୀୟ ମାନଙ୍କ ଠାରୁ କିଛି ଖବର ପାଇବା ପାଇଁ ଆଶାୟୀ ଥିଲେ । ମେରିଅମ ଗୋଟେ ଛୋଟ ଷ୍ଟେଜ ଉପରେ ବସିଥିଲେ । ତାଙ୍କ ପଛପଟେ ଗୋଟେ ସ୍ୱଚ୍ଛ ପରଦା ଥିଲା । ଡେଜି ବଡ଼ ଆଶ୍ଚର୍ଯ୍ୟ ଜନକ ଘଟଣା ଦେଖିଲେ । ସେ ପରଦାରେ ବିଭିନ୍ନ ଲୋକଙ୍କର ଗୋଟି ଗୋଟି କରି ଛାୟା ଦେଖି ପାରୁଥିଲେ । ବୋଧହୁଏ ମେରିଅମ ଯେଉଁ ମାନଙ୍କୁ ସଂପର୍କ କରିବାକୁ ଚେଷ୍ଟା କରୁଥିଲେ ସେହିମାନଙ୍କ ଛାୟା । କାରଣ ଛାୟାମାନଙ୍କର ଆକୃତି ବଦଳୁଥିଲା । ଯେମିତି କି ପୁରୁଷରୁ ନାରୀ, ଯୁବକରୁ ବୃଦ୍ଧ ଏପରିକି ବିଭିନ୍ନ ସଂପ୍ରଦାୟର ମଧ୍ୟ । ଶେଷରେ ସେ ପରଦାରେ ଡେଜି

ଯାହାକୁ ଦେଖିଲେ, ତାଙ୍କୁ ଦେଖିକରି ସେ ଚମକି ପଡ଼ିଲେ । ସେ ତାଙ୍କର ମା ଥିଲେ । ମେରିଅମ କହିଚାଲିଥିଲେ, ଏବେ ସେ ଯେଉଁ ମହିଳାଙ୍କୁ ଦେଖୁଛନ୍ତି ସେ ପ୍ରାୟ ୩ ବର୍ଷ ତଳୁ ମରିଯାଇଛନ୍ତି । ସେ ତାଙ୍କର ତଳି ପେଟରେ କଷ୍ଟ ଅନୁଭବ କରୁଛନ୍ତି । ଡେଜିଙ୍କ ମା ୨ ବର୍ଷ ୧୦ ମାସ ତଳୁ ଓଭାରି କ୍ୟାନସରରେ ମରିଯାଇଥିଲେ ।

ଡେଜିଙ୍କ ମାଙ୍କର ତାଙ୍କ ପ୍ରତି ବାର୍ତ୍ତା ଥିଲା ଯେ, ସେ ତାଙ୍କ ବାପାଙ୍କ ପାଖକୁ ଯାଇ କହିବେ ଯେ ତାଙ୍କର ଉପରମହଲାରେ ଥିବା ଛୋଟ ଷ୍ଟୋର ରୁମ୍‌ରୁ କାଠର ଗୋଟେ କଳା ବାକ୍ସ ବାହାର କରିବେ । ଡେଜି ତା ପରଦିନ ତାଙ୍କ ବାପାଙ୍କ ଘରକୁ ଯାଇ ସବୁକଥା କହିଥିଲେ । ତାଙ୍କ ବାପା ଏହାକୁ ବିଶ୍ୱାସ କରି ନ ଥିଲେ କିନ୍ତୁ ବହୁତ କହିଲା ପରେ ସେ ଉପରକୁ ଯାଇ ଷ୍ଟୋର ରୁମରେ ଖୋଜିଥିଲେ ଏବଂ ଗୋଟେ ପୁରୁଣା କଳା କାଠ ବାକ୍ସ ମଧ୍ୟ ପାଇଥିଲେ । ସେମାନେ ସେ ବାକ୍ସ ଖୋଲି ଆଚମ୍ବିତ ହୋଇ ଯାଇଥିଲେ । କାରଣ ସେ ବାକ୍ସ ଭିତରେ ଭର୍ତ୍ତି ହୋଇ ପୁରୁଣା ସୁନା ଅଳଙ୍କାର ରହିଥିଲା । ସେଥିରୁ ତ କେତେକ ୧୮୦୦ ମସିହାର ହେବ ଯାହାକି ବହୁତ ମୂଲ୍ୟବାନ ଥିଲା । ତାହା ଡେଜିଙ୍କ ମାଙ୍କର ମା ଏବଂ ଜେଜେମାଙ୍କର ଥିଲା ।

ସବୁଠାରୁ ମଜା କଥା ହେଲା ଡେଜିଙ୍କ ବାପା ସେ ଘର ବିକ୍ରି କରି ଆଉ ଗୋଟେ ଛୋଟ ଘରକୁ ଦୁଇ ସପ୍ତାହ ଭିତରେ ଯିବାର ଥିଲା । ସେ କେବେହେଲେ ଉପର ଷ୍ଟୋର ରୁମ୍‌କୁ ଯାଇ ନ ଥାନ୍ତେ । କାରଣ ଏତେ ମୂଲ୍ୟବାନ ଜିନିଷ ଅଛି ବୋଲି ତାଙ୍କ କଳ୍ପନାର ବାହାରେ ଥିଲା । ଡେଜିଙ୍କ ମା ଠିକ୍ ସମୟରେ ବାର୍ତ୍ତା ଦେଇ ପରିବାରର ପୁରୁଣା ଐତିହକୁ ବଞ୍ଚାଇ ପାରିଥିଲେ ।

■

॥ ୭ ॥

ଆତ୍ମାମାନଙ୍କର ବାର୍ତ୍ତା

ଏହି ଲେଖକ ତାଙ୍କ ପିଲାଦିନେ ତାଙ୍କର ଜଣେ ସଂପର୍କୀୟଙ୍କ ଠାରୁ ଏହି ଗପଟି ଶୁଣିଥିଲେ । ତାଙ୍କ ଗାଁରେ ଜଣଙ୍କର ମା ମରିଯାଇଥିଲେ । ତାଙ୍କ ପୁଅଙ୍କର ଗୋଟେ ଛୋଟ କୁକୁଡ଼ା ଫାର୍ମ ଥିଲା । ଥରେ ରାତି ଅଧରେ ଗୋଟେ ଚିତ୍କାର ଶୁଣି ତାଙ୍କର ନିଦ ଭାଙ୍ଗି ଯାଇଥିଲା । ସେ ଅନୁଭବ କରିଥିଲେ ଯେମିତି ତାଙ୍କର ମା ପାଟି କରୁଛନ୍ତି "ଆରେ ତୋ ଫାର୍ମରେ ସାପ ପଶି କୁକୁଡ଼ା ଗୁଡ଼ାକ ମାରି ଦେଉଛି ।" ସେ ତୁରନ୍ତ ଦୌଡ଼ିଯାଇଥିଲେ । ଦେଖିଲା ବେଳକୁ ସତରେ ଗୋଟେ ବଡ଼ ସାପ କୁକୁଡ଼ା ଫାର୍ମ ଭିତରେ ପଶିଯାଇଥିଲା ଏବଂ କୁକୁଡ଼ା ଗୁଡ଼ା ଡରିକରି ଏପଟ ସେପଟ ଦଉଡୁଥିଲେ । ସେହିପରି ଦିନେ ରାତିରେ ଗୋଟେ ବିଲୁଆ ପଶିଥିଲା । ତାଙ୍କ ମା ଚିତ୍କାର କରି ପୁଣି ତାଙ୍କୁ ଡାକିଥିଲେ । ସମୟେ ସମୟେ ସେ ଘର ଭିତରେ ଗୋଟେ ଛାୟା ମଧ୍ୟ ଦେଖି ପାରୁଥିଲେ । ଏମିତି ପ୍ରାୟ ବର୍ଷେ ଖଣ୍ଡେ ଚାଲିଥିଲା । ପ୍ରଥମ ବାର୍ଷିକି ଶ୍ରାଦ୍ଧ ପରେ ଏ ଘଟଣାର ଆଉ ପୁନରାବୃତ୍ତି ହୋଇ ନ ଥିଲା ।

ସେମିତି କେତେକ ବାର୍ତ୍ତା, ଚେତାବନୀ, ଉପଦେଶ ବିଷୟରେ

●●

ଦିନେ ଉପରବେଳା ଜେନିସ ତାଙ୍କର ରୋଷେଇଘର ସଫା କରୁଥିଲେ । ସେ ସମୟରେ କବାଟ ପାଖରେ ଜଣେ ଲୋକଙ୍କୁ ସେ ଦେଖିପାରିଲେ । ସେ ଲୋକଟି ତାଙ୍କୁ କହିଥିଲା ଯେ ତାଙ୍କ ମାଙ୍କର ଦେହ ଖରାପ ହୋଇଯାଇଛି । ସେ ଚଞ୍ଚଳ ଯାଇ ସାହାଯ୍ୟ କରନ୍ତୁ । କେଜାଣି କାହିଁକି ଜେନିସ ତାଙ୍କ କଥାକୁ ବିଶ୍ୱାସ କରିଗଲେ ଏବଂ

ସାଙ୍ଗେ ସାଙ୍ଗେ ତାଙ୍କ ମା ଙ୍କ ଘରକୁ ବାହାରିଲେ । ସେ ଯିବାବେଳେ ସେ ଲୋକଙ୍କୁ ଆଉ ଦେଖି ପାରି ନ ଥିଲେ ।

ସେ ଯାଇ ତାଙ୍କ ମାଙ୍କ ଘରେ ପହଞ୍ଚିଲେ । କେତେ ବେଲ ମାରିଲେ ମଧ୍ୟ ଦ୍ୱାର ଖୋଲି ନଥିଲା । ଜେନିସ ଝରକା ବାଟେ ଅନାଇଲେ ଏବଂ ଦେଖି ପାରୁଥିଲେ ଯେ ତାଙ୍କ ମା ତଳେ ଚଟାଣରେ ପଡ଼ିଛନ୍ତି । ସେ ଘରର ଦ୍ୱିତୀୟ ଚାବି ଗୋଟେ ଫୁଲ ଗଛ କୁଣ୍ଡ ତଳୁ (ଯାହାକି ସେ ଆଗରୁ ଜାଣିଥିଲେ) ଆଣି ଦ୍ୱାର ଖୋଲି ଭିତରକୁ ଯାଇଥିଲେ । ସେ ଆମ୍ବୁଲାନସ ଡାକିଥିଲେ । ଅବିଳମ୍ବେ ଆମ୍ବୁଲାନସ ଆସି ପହଞ୍ଚି ଯାଇଥିଲା । ଯାହାହେଉ ହୃଦଘାତରୁ ତାଙ୍କ ମା ବଞ୍ଚିଯାଇଥିଲେ । ମା'ଙ୍କର ଦେହ ଭଲ ହେଲାପରେ ଥରେ ଜେନିସ ତାଙ୍କ ଘରକୁ ଯାଇଥିଲା ବେଳେ ସେହି ରହସ୍ୟମୟ ଲୋକ କଥା କହିଥିଲେ ଯାହାଙ୍କ ଠାରୁ ମା'ଙ୍କ ଦେହ ଖରାପ ବିଷୟରେ ସେ ଜାଣିପାରିଥିଲେ । ତାଙ୍କ ମା ତାଙ୍କୁ ସେ ଲୋକର ଆକୃତି ବର୍ଣ୍ଣନା କରିବାକୁ କହିଥିଲେ । ଶୁଣିଲା ପରେ ସେ ଆଶ୍ଚର୍ଯ୍ୟ ହୋଇଯାଇଥିଲେ । କାରଣ ସେହି ଆତ୍ମା ତାଙ୍କର ବଡ଼ ଭାଇଙ୍କର ଅର୍ଥାତ ଜେନିସଙ୍କ ମାମୁଁଙ୍କର ଥିଲା ଯିଏକି ଜେନିସ ଜନ୍ମର ବହୁ ପୂର୍ବରୁ ଇହଲୀଳା ସମ୍ବରଣ କରିଥିଲେ ।

●●

ଜୋହାନ ଉତ୍ତର ସାଗରରେ ଅଏଲ ରିଗ୍ (oil rig) ରେ କାମ କରୁଥିଲେ । ତାଙ୍କ ମାଙ୍କର ଗୋଟେ ମଦ୍ୟଶାଳା (Bar) ସମୁଦ୍ର କୂଳରେ ଥିଲା । ବିଲ ବୋଲି ଜଣେ ଲୋକ ଯେ କି ରିଗ୍‌ରେ କାମ କରୁଥିଲା ସବୁବେଳେ ସେହି ବାରକୁ ଆସୁଥିଲା ଏବଂ ଜୋହାନର ମାଙ୍କୁ ମୁଗ୍ଧ ଦୃଷ୍ଟିରେ ଚାହିଁ ରହୁଥିଲା । ସେ ବହୁତ ପିଉଥିଲା କିନ୍ତୁ ହସଖୁସୀ ମିଜାଜର ଭଲ ମଣିଷ ଥିଲା । କିନ୍ତୁ କିଛି ଦିନ ପରେ ସେ ଆଉ ଆସି ନ ଥିଲେ । ସେମାନେ ଏମିତି ଗୁଜବ ଆକାରରେ ଶୁଣୁଥିଲେ ଯେ ବିଲର ମୃତ୍ୟୁ ହୋଇଯାଇଛି । କିନ୍ତୁ ତାହା ସତ କି ମିଛ ସେମାନେ ଜାଣି ପାରି ନ ଥିଲେ ।

କିଛିଦିନ ଚାଲିଗଲା । ଦିନେ ଜୋହାନ ଗୋଟେ ବାରରେ ବସିଥିଲା ବେଳେ ବିଲ ଆସି ପହଞ୍ଚିଯାଇଥିଲେ । ସେତେବେଳକୁ ବାର ବନ୍ଦ ହେବାର ସମୟ ହୋଇଯାଇଥିଲା । ଜୋହାନ ଯିବାକୁ ବାହାରୁ ଥିଲେ । ବିଲ ମଧ୍ୟ ତାଙ୍କ ସାଙ୍ଗରେ ଚାଲି ଚାଲି ବାହାରକୁ ଆସିଲେ । ଜୋହାନ ଆଶ୍ଚର୍ଯ୍ୟ ହୋଇଯାଇଥିଲେ । କାରଣ ବିଲ ବାରରେ କୌଣସି ମଦ୍ୟ ପାନ ନ କରି ତାଙ୍କ ସାଙ୍ଗରେ ଚାଲି ଆସିଥିଲେ । ସାଙ୍ଗ ହୋଇ ଆସିଲା ବେଳେ ବିଲ ତାଙ୍କୁ ତାଙ୍କ ଖବର ଏବଂ ତାଙ୍କ ମାଙ୍କ ଖବର

ପଚାରିଥିଲେ। ସେ ଜୋହାନଙ୍କ ମାଙ୍କୁ କେତେ ଭଲପାଉଥିଲେ ତା ମଧ୍ୟ କହିଥିଲେ ଏବଂ କହିଥିଲେ ସେ ଯେପରି ଏହି କଥାକୁ ମନେରଖିଥାନ୍ତି । ଗଳି ମୁଣ୍ଡରେ ସେମାନେ ପରସ୍ପରଠାରୁ ବିଦାୟ ନେଇଥିଲେ ।

ତା ପରଦିନ ସେ ଯେତେବେଳେ ତାଙ୍କ ମା'ଙ୍କୁ ଏହି ବିଷୟରେ କହିଥିଲେ ସେତେବେଳେ ତାଙ୍କ ମା ବିବ୍ରତ ହୋଇ ପଡ଼ିଥିଲେ । କାହିଁକିନା ଗତ ରାତିରେ ବିଲ ତାଙ୍କ ବାରକୁ ଆସିଥିଲେ । ତାଙ୍କ ସହିତ ବହୁତ ସମୟ ପର୍ଯ୍ୟନ୍ତ କଥାବାର୍ତ୍ତା କରିଥିଲେ । ତାଙ୍କୁ ସେ ବହୁତ ଭଲପାଉଥିଲେ ବୋଲି ମଧ୍ୟ କହିଥିଲେ । ତାପରେ ମାଙ୍କୁ ଧନ୍ୟବାଦ ଜଣାଇ ସେ ବାରରୁ ଚାଲିଯାଇଥିଲେ ।

କିଛିଦିନ ପରେ ଜୋହାନ ଏବଂ ତାଙ୍କ ମା ଜାଣିବାକୁ ପାଇଥିଲେ ଯେ ବିଲ ପ୍ରକୃତରେ ବହୁତ ଦିନ ହେଲା ମରିଯାଇଛନ୍ତି । ତାହେଲେ କ'ଣ ବିଲଙ୍କ ଆତ୍ମା ଆସିଥିଲା ସେମାନଙ୍କୁ ଜଣାଇ ଦେବାକୁ ଯେ ସେ ଜୋହାନଙ୍କ ମାଙ୍କୁ କେତେ ଭଲ ପାଉଥିଲେ ?

●●

ମାର୍କଙ୍କ ବାପା ଗୋଟେ କ୍ରୁଜ୍ ଜାହାଜରେ ମନୋରଞ୍ଜନ ମ୍ୟାନେଜର (Entertainment Manager) ଭାବରେ କାମ କରୁଥିଲେ । ସେ ଜାହାଜଟି ବହୁତ ପୁରୁଣା ଥିଲା । ତା'ର ପ୍ରାକ୍ତନ କ୍ୟାପଟେନ ୭୦ ବର୍ଷ ପର୍ଯ୍ୟନ୍ତ କାମ କରିଥିଲେ । ସେ ଜାହାଜକୁ ବହୁତ ଭଲପାଉଥିଲେ ଏବଂ ଶେଷରେ ସେଇ ଜାହାଜରେ ହିଁ ଶୋଇଥିବା ଅବସ୍ଥାରେ ମୃତ୍ୟୁବରଣ କରିଥିଲେ ।

ଜାହାଜକୁ ଦିମିତ୍ରି ବୋଲି ଜଣେ ଭଲ ଖାନସାମା ଆସିଥିଲେ । ସେ ଚାହିଁଥିଲେ ଜାହାଜର ଗ୍ରାହକ ମାନଙ୍କୁ ଦିଆଯାଉଥିବାର ଖାଇବାର ଆଧୁନିକୀକରଣ କରିବା ପାଇଁ। କିନ୍ତୁ ଅଧିକାଂଶ ଗ୍ରାହକ ପ୍ରାୟ ବୟସ୍କ ଥିଲେ ଏବଂ ସେଇ ଚିରାଚରିତ ଖାଦ୍ୟ ଖାଇବାକୁ ପସନ୍ଦ କରୁଥିଲେ । କିନ୍ତୁ ଦିମିତ୍ରିଙ୍କର ଯେମିତି ଗୋଟେ ଜିଦ୍ ଥିଲା ଯେ ଲୋକଙ୍କର ଖାଇବା ଅଭ୍ୟାସକୁ ସେ ବଦଳାଇଦେବେ । ଗ୍ରାହକ ମାନେ ଅସନ୍ତୁଷ୍ଟ ହୋଇଥିଲେ । କିନ୍ତୁ ରୋଷେଇ ଘରେ ବହୁତ ବିଚିତ୍ର ଘଟଣାମାନ ଘଟିବାକୁ ଲାଗିଲା । ପ୍ରଥମେ ପ୍ରଥମେ ପରିବା ଗୁଡ଼ାକ ଶୁଖିଯାଉଥିଲା, ମାଛ ଗୁଡ଼ାକ ଖରାପ ହୋଇଯାଉଥିଲା । ତାପରେ ଫ୍ରିଜ ମନକୁ ମନ ବନ୍ଦ ହୋଇଯାଇଥିଲା । ପୁଣି ବାସନ ଧୋଇବା ମେସିନରେ ବାସନ କୁସନ ପକାଇଲେ ମଧ୍ୟ ସକାଳୁ ତାହା ସେହିପରି ରହୁଥିଲା । ଦିମିତ୍ରିଙ୍କ ବନ୍ଧୁମାନେ ବୁଝାଇଥିଲେ ଯେ ମୃତ କ୍ୟାପଟେନ ତୁମର ଖାଦ୍ୟକୁ

ପସନ୍ଦ କରୁନାହାନ୍ତି । ଦିମିତ୍ରି ପୁଣି ପୂର୍ବ ପରି ଖାଇବା ତିଆରି କଲେ । ତାପରେ ଆଶ୍ଚର୍ଯ୍ୟଜନକ ଭାବରେ ସବୁ ଜିନିଷ ଠିକ୍ ଠାକ୍ ଚାଲିଥିଲା ।

ମାର୍କଙ୍କ ବାପା କହିଥିଲେ ଯେ, ତାଙ୍କ ଦଳରେ ଜଣେ ମହିଳା ଗାୟିକା ଥିଲେ ଯିଏକି ତାଙ୍କୁ ବଡ଼ ଅସୁବିଧାରେ ପକାଇଦେଇଥିଲେ । ସେ ତାଙ୍କ କ୍ୟାବିନରେ ସନ୍ତୁଷ୍ଟ ନଥିଲେ ଏବଂ କ୍ୟାବିନ ବଦଳାଇବାକୁ ଚାପ ପକାଉଥିଲେ । କିନ୍ତୁ ଜାହାଜରେ ଆଉ କୌଣସି କ୍ୟାବିନ ଖାଲି ନଥିଲା । ସେ ତାଙ୍କ ରୁମ୍‌କୁ ଆସୁଥିବା ଚାକରାଣୀ (maid) ନାଁରେ ମଧ୍ୟ ଅଭିଯୋଗ କରୁଥିଲେ ଯେ ସେ ତାଙ୍କ ଜିନିଷ ଲୁଚାଇ ଦେଉଛି । ଥରେ ତାଙ୍କ ବାପା ଜାହାଜ ଡେକରେ ଠିଆ ହୋଇ ଏହି ବିଷୟରେ ଚିନ୍ତା କରୁଥିବା ବେଳେ ତାଙ୍କ ପଛରେ କିଏ ଠିଆ ହୋଇଥିବାର ସେ ଅନୁଭବ କରିଥିଲେ । ସେ ବୁଲିପଡ଼ି ଅନାଇଲେ କିନ୍ତୁ କାହାକୁ ଦେଖି ପାରିନଥିଲେ । କିନ୍ତୁ ତାଙ୍କ ପାଖରେ ଖଣ୍ଡେ କାଗଜ ପଡ଼ିଥିବାର ସେ ଦେଖିପାରିଥିଲେ । କାଗଜ ଖଣ୍ଡକୁ ସେ ଉଠାଇ ଆଣି ପଢ଼ିଲେ । ତାହା ନିୟୁର୍କର ଗୋଟେ ଖବରକାଗଜରୁ କଟା ହୋଇଥିବା କିଛି ଅଂଶ ଥିଲା । ସେଥିରେ ଲେଖାଥିଲା କେମିତି ଜଣେ ଗାୟିକାଙ୍କୁ ଗୋଟେ ଥିଏଟର କମ୍ପାନୀରୁ ବାହାର କରିଦିଆଯାଇଥିଲା । କାରଣ ସେ ଗାୟିକା ଜଣକ ତାଙ୍କର ବନ୍ଧୁ ମାନଙ୍କ ଜିନିଷ ଚୋରୀ କରୁଥିଲେ ଏବଂ ସେମାନଙ୍କୁ ଷ୍ଟେଜ ଉପରେ ହତୋତ୍ସାହିତ କରୁଥିଲେ । କହିବା ବାହୁଲ୍ୟ ଯେ ସେ ଗାୟିକା ଜଣକ ହିଁ ଜାହାଜର ସେହି ଗାୟିକା ଥିଲେ । ତାପର ଦିନ ମାର୍କଙ୍କ ବାପା ସେ ଖବରକାଗଜ ଖଣ୍ଡକ ସେହି ଗାୟିକାଙ୍କୁ ଦେଖାଇ ଥିଲେ । ଗାୟିକା ଜଣକ ସ୍ତମ୍ଭୀଭୂତ ହୋଇଯାଇଥିଲେ ଏବଂ ତାଙ୍କ ବ୍ୟବହାରରେ ଶାଳୀନତା ଆଣିବେ ବୋଲି ପ୍ରତିଜ୍ଞା କରିଥିଲେ ।

କାହିଁ ନ୍ୟୁୟର୍କର ଖବରକାଗଜ, କାହିଁ କାରିବାନ ସମୁଦ୍ରରେ ଭାସୁଥିବା ଜାହାଜ । ଠିକ୍ ସେହି କାଗଜ ଖଣ୍ଡକ ଜାହାଜର ଡେକକୁ କେମିତି ଆସିଲା । ମାର୍କଙ୍କ ବାପାଙ୍କର ଦୃଢ଼ ବିଶ୍ୱାସ ଯେ ସେହି ମୃତ କ୍ୟାପଟେନଙ୍କ ଆତ୍ମାହିଁ ସାହାଯ୍ୟ କରିଥିଲେ ।

●●

କିରିନୋ ଏବଂ ତାଙ୍କ ଭଉଣୀଙ୍କୁ ତାଙ୍କର ମା, ଜେଜେମା ସବୁବେଳେ ପରିବାରର ଖାନଦାନୀ ଗହଣା ଗୁଡ଼ିକ ବିଷୟରେ କୁହନ୍ତି । ତାହା ପୁରୁଷ ପୁରୁଷ ଧରି-ହସ୍ତାନ୍ତର ହେଉଛି ଏବଂ ଏବେ ତାହା କିରିନୋଙ୍କ ମା' ଙ୍କର ବଡ଼ ଭଉଣୀ ଟେଇକୋଙ୍କ ପାଖରେ ଅଛି । ଟେଇକୋ ଏକା ରୁହନ୍ତି । ତାଙ୍କର କୌଣସି ପରିବାର ନାହିଁ । କିନ୍ତୁ ସେ ବେଶୀ କାହା ସାଙ୍ଗରେ ମିଶା ମିଶି କରନ୍ତି ନାହିଁ । ୨୦୦୧ ମସିହା ବେଳକୁ

ଚେଇକୋ ତାଙ୍କ ପିଢ଼ିର ଶେଷ ମହିଳା ଥିଲେ । କାହିଁକିନା ସେତେବେଳକୁ କିରିନୋଙ୍କର ମା ଏବଂ ଜେଜମା ଦେହ ତ୍ୟାଗ କରିସାରିଥିଲେ ।

ଦିନେ ରାତିରେ କିରିନୋ ଗୋଟେ ସ୍ୱପ୍ନ ଦେଖିଥିଲେ । ସେହି ସ୍ୱପ୍ନରେ ତାଙ୍କୁ ଜଣେ ଅତ୍ୟନ୍ତ ବୃଦ୍ଧା ମହିଳା ତାଙ୍କ ପରିବାରରେ ଶହ ଶହ ବର୍ଷ ଧରି ରହିଥିବା ଗୋଟେ ବ୍ରେସଲେଟ ମାଗିଥିଲେ ଯାହାକୁ ସେ ଦେଇ ଦେଇଥିଲେ । ସେତେବେଳେ ତାଙ୍କ ମା ଆସି ପହଞ୍ଚିଯାଇଥିଲେ ଏବଂ ତାଙ୍କୁ ଏପରି ନ କରିବାକୁ ସତର୍କ କରିଦେଇଥିଲେ । ତାପରେ କିରିନୋ ସେ ବୃଦ୍ଧାଙ୍କ ପଛରେ ଦୌଡ଼ିଥିଲେ ସେ ବ୍ରେସଲେଟ ଆଣିବା ପାଇଁ । ଠିକ୍ ସେହି ସମୟରେ ତାଙ୍କର ନିଦ ଭାଙ୍ଗିଯାଇଥିଲା ।

ଦୁଇଦିନ ପରେ ଅପରାହ୍ନରେ ତାଙ୍କର ଆଗ ଦ୍ୱାର କେହି ବାଡ଼େଇଥିଲେ । କିରିନୋ କବାଟ ଖୋଲିଦେଖିବାକୁ ପାଇଥିଲେ ଜଣେ ବୃଦ୍ଧା ମହିଳାଙ୍କୁ । ସେ ବୃଦ୍ଧା ମହିଳା ଚେଇକୋଙ୍କ ପଡ଼ୋଶୀ ଥିଲେ ଏବଂ କହିଥିଲେ ଯେ ତାଙ୍କର ମାଉସୀ ଚେଇକୋ ଡାକ୍ତରଖାନାରେ କିଛିଦିନ ଚିକିତ୍ସିତ ହେଲା ପରେ ମୃତ୍ୟୁବରଣ କରିଥିଲେ । ସେ ମହିଳା କିରିନୋଙ୍କୁ ଚେଇକୋଙ୍କ ଆପାର୍ଟମେଣ୍ଟର ଡୁପ୍ଲିକେଟ ଚାବି ମାଗିଥିଲେ । କାହିଁକିନା ଚେଇକୋଙ୍କ ଘର ଭିତରେ ତାଙ୍କର ପୋଷା ବିଲେଇ ରହିଯାଇଛି । ସେଥିପାଇଁ ସେ ବ୍ୟସ୍ତ ହୋଇପଡ଼ିଥିଲେ ।

କିରିନୋ ଯଦିଓ ସେ ଚାବି କେଉଁଠି ଅଛି ଜାଣିଥିଲେ ତଥାପି ସେ କୌଣସି ଏକ ବାହାନା କରି ଚାବି ଦେଇ ନଥିଲେ । ତାଙ୍କର କିଛିଦିନ ତଳର ସ୍ୱପ୍ନ କଥା ମନେପଡ଼ି ଯାଇଥିଲା । ସେ କହିଥିଲେ ଯେ, ସେ ଚାବି ନେଇ କାଲି ପହଞ୍ଚିବେ । ବୃଦ୍ଧା ମହିଳା ଜଣଙ୍କ ରାଗିଯାଇଥିଲେ କିନ୍ତୁ ଅନନ୍ୟୋପାୟ ହୋଇ ଚାଲିଯାଇଥିଲେ । ସେଦିନ ରାତିରେ କିରିନୋ ଆଉ ଗୋଟେ ସ୍ୱପ୍ନ ଦେଖିଥିଲେ ଯେଉଁଥିରେ ତାଙ୍କ ମା ଆସି ତାଙ୍କୁ ସତର୍କ କରିଦେଇଥିଲେ ଯେ ଆଗକୁ କିଛି ଗୋଟେ ଖରାପ ଘଟଣା ଘଟିବାକୁ ଯାଉଛି ।

ତା ପର ଦିନ କିରିନୋ ଚାବି ନେଇ ତାଙ୍କ ମୃତ ମାଉସୀ ଚେଇକୋଙ୍କ ଘରକୁ ଯାଇଥିଲେ । ସେ ଦେଖିଥିଲେ ଯେ ଘରର ଗୋଟେ ଝରକା ଭଙ୍ଗାଯାଇଛି । ଭିତରକୁ ଯାଇ ଦେଖିଲେ ସବୁ ଜିନିଷ ଖେଳିଆ ହୋଇ ପଡ଼ିଛି । ସେ ନିଶ୍ଚିତ ହୋଇଥିଲେ ଯେ ସେ ଘରୁ ଚୋରୀ ହୋଇଛି। ଘର ଭିତରେ କୌଣସି ବିଲେଇ ନଥିଲା । ସେ ସାଙ୍ଗେ ସାଙ୍ଗେ ପୋଲିସକୁ ଡାକିଥିଲେ ।

ପୋଲିସ ଆସି ସବୁ ପଡ଼ୋଶୀ ମାନଙ୍କୁ ଡାକିଥିଲେ ଏବଂ ପଚାରିଥିଲେ କିଏ ସେ କିଛି ଦେଖିଛନ୍ତି କି । ଯେଉଁ ବୃଦ୍ଧା ମହିଳା ଛବି ପାଇଁ ଯାଇଥିଲେ ସେ କିଛି ଦେଖି ନାହାନ୍ତି ବୋଲି କହିଥିଲେ କିନ୍ତୁ ଅନ୍ୟ ଜଣେ ପଡ଼ୋଶୀ ପୋଲିସକୁ କହିଥିଲେ ଯେ ସେହି ବୃଦ୍ଧାଙ୍କର ପୁଅ ଖୁବ୍ ତରତରରେ ଚେଇକୋଙ୍କ ଘରୁ କିଛି ଜିନିଷ ତାଙ୍କ ଘରକୁ ନେଉଥିଲା । ପୋଲିସ ସେ ବୃଦ୍ଧାଙ୍କ ଘର ଖାନତଲାସ କରିଥିଲେ । ଚେଇକୋଙ୍କ ଘରୁ ନେଇଥିବା ବହୁତ ଜିନିଷ ଉଦ୍ଧାର ହୋଇଥିଲା । ତା ସାଙ୍ଗରେ ଗୋଟେ ଭେଲଭେଟ ବ୍ୟାଗ ମଧ୍ୟ ଥିଲା ଯାହା ଭିତରେ ତାଙ୍କର ପୂର୍ବପୁରୁଷଙ୍କର ଅଳଙ୍କାର ଗୁଡ଼ିକ ଥିଲା । ପୋଲିସ ସେ ବୃଦ୍ଧା ଏବଂ ତାଙ୍କ ପୁଅକୁ ଗିରଫ କରିଥିଲେ ଏବଂ ଚେଇକୋଙ୍କ ଜିନିଷ ଏବଂ ଗହଣା ଗୁଡ଼ିକ କିରିନୋ ଏବଂ ତାଙ୍କ ଭଉଣୀଙ୍କୁ ହସ୍ତାନ୍ତର କରିଥିଲେ । କିରିନୋ ଭାବୁଥିଲେ ସେ ବୃଦ୍ଧା ମହିଳାଙ୍କ ବିଷୟରେ ତାଙ୍କ ମା ତାଙ୍କୁ ସ୍ୱପ୍ନରେ ସତର୍କ କରିଦେଇଥିଲେ ।

●●

ସ୍ମାସୀଙ୍କୁ ୨୨ ବର୍ଷ ହୋଇଥିଲା ବେଳେ ତାଙ୍କ ମା ମରିଯାଇଥିଲେ । ସେ ଗୋଟେ ରେଷ୍ଟୁରାଣ୍ଟରେ ୱେଟ୍ରେସ (ଖାଦ୍ୟ ଦେବା ନେବା କରିବା) ଭାବରେ କାମ କରୁଥିଲେ । ରେଷ୍ଟୁରାଣ୍ଟ ଆଗରେ ଗୋଟେ ଲଣ୍ଡ୍ରି (ଲୁଗା ସଫା କରିବା ଜାଗା) ଥିଲା । ଯେତେବେଳେ ରେଷ୍ଟୁରାଣ୍ଟରେ ଗହଳି କମ ଥାଏ ସେ ତାଙ୍କର ଲୁଗା ଗୁଡ଼ାକ ନେଇ ଆଗର ଲଣ୍ଡ୍ରିରେ ସଫା କରିଥାନ୍ତି । ଏମିତି ଥରେ ସେ ଲଣ୍ଡ୍ରିରୁ ରେଷ୍ଟୁରାଣ୍ଟକୁ ଫେରୁଥିବାବେଳେ ସେ ତାଙ୍କ ବାହୁରେ କାହାର ହାତର ସ୍ପର୍ଶ ଅନୁଭବ କରିପାରିଥିଲେ । ସେ ବୁଲିପଡ଼ି ଅନାଇଥିଲେ କିନ୍ତୁ କାହାରିକୁ ଦେଖି ପାରି ନ ଥିଲେ । ପରେପରେ ସେ ତାଙ୍କ ମାଙ୍କର କଣ୍ଠସ୍ୱର ଶୁଣିପାରିଥିଲେ । ସେ କହୁଥିଲେ "ରହିଯା, ସେ ରେଷ୍ଟୁରାଣ୍ଟ ଭିତରକୁ ଯାଅନାହିଁ ।" ସ୍ମାସୀ ରହିଯାଇଥିଲେ । ସେତେବେଳେ ସେ ଜାଣି ନ ଥିଲେ ଯେ ରେଷ୍ଟୁରାଣ୍ଟ ଭିତରେ ଜଣେ ଲୋକ ପିସ୍ତଲ ଧରି କ୍ୟାସିୟର ଠାରୁ ଟଙ୍କା ଦାବି କରୁଥିଲା । ଅନ୍ୟ କର୍ମଚାରୀ ମାନଙ୍କୁ ଆଦେଶ ଦେଇଥିଲା ତଳକୁ ମୁହଁ କରି ଚଟାଣରେ ଶୋଇଯିବା ପାଇଁ । କିଛି ସେକେଣ୍ଡ ପରେ ସେ ପିସ୍ତଲଧାରୀ ଝଡ଼ ବେଗରେ ବାହାରକୁ ଆସିଥିଲା ଏବଂ ଗଳି ଭିତରେ ଦୌଡ଼ିକରି ଅଦୃଶ୍ୟ ହୋଇଯାଇଥିଲା । ସ୍ମାସୀ ଭାବୁଥିଲେ ତାଙ୍କ ମା ଜଦି ଠିକ୍ ସମୟରେ ତାଙ୍କୁ ଅଟକାଇ ନ ଥାନ୍ତେ ସେ ସିଧା ରେଷ୍ଟୁରାଣ୍ଟ ଭିତରକୁ ପଶି ଯାଇଥାନ୍ତେ ଏବଂ କିଏ ଜାଣେ ହଠାତ୍ ଭୟପାଇ ପିସ୍ତଲଧାରୀ ଯୁବକ ଜଣକ ତାଙ୍କୁ ଗୁଳି କରିଦେଇଥାନ୍ତା ।

●●

ଜୋ ଙ୍କର ବଡ଼ଭାଇ ସାମି ମାତ୍ର ୫ ବର୍ଷ ବୟସରେ ହୃଦ ରୋଗରେ ମୃତ୍ୟୁ ବରଣ କରିଥିଲେ । ସେ ବାପା ମାଙ୍କର ପ୍ରଥମ ସନ୍ତାନ ଥିଲେ । ତାଙ୍କ ମୃତ୍ୟୁର ଦୁଇ ବର୍ଷ ପରେ ଜୋ ଙ୍କ ମାଙ୍କର ଆଉ ଗୋଟେ ପୁତ୍ର ସନ୍ତାନ ହୋଇଥିଲା ଯାହାର ନା ଥିଲା କ୍ରିଷ୍ଟୋଫର ।

୧୯୮୮ ମସିହାରେ ଦିନେ ଜୋ ଙ୍କ ମା ଉପରମହଲାର ପଢ଼ିବା ଘରେ କ'ଣ ଗୋଟେ କାମ କରୁଥିଲେ । ତାଙ୍କ ବାପା ତାଙ୍କ ତଳେ ଗ୍ୟାରେଜରେ କାମ କରୁଥିଲେ । ଏକ ବର୍ଷର କ୍ରିଷ୍ଟୋଫର ତା ପ୍ଲେପ୍ୟାନ (Playpan)ରେ ରୋଷେଇ ଘରେ ଶୋଇଥିଲା । ହଠାତ୍ ଜୋ ଙ୍କ ମା ସାମିର କଣ୍ଠସ୍ୱର ଶୁଣିପାରିଥିଲେ । ଯେମିତି ସେ କହୁଥିଲା "ଡାଡ଼ା, ଡାଡ଼ା" । ତାର ସ୍ୱର ତାଙ୍କର ଅତି ନିକଟରୁ ଆସୁଥିବା ପରି ଜଣାପଡୁଥିଲା ।

ଜୋ ଙ୍କ ବାପା ମଧ୍ୟ ସେହି ସ୍ୱର ଶୁଣିପାରିଥିଲେ । ସେମାନେ ନିଶ୍ଚିତ ଥିଲେ ଯେ ତାହା ସାମୀର ହିଁ କଣ୍ଠସ୍ୱର ଥିଲା । ଜୋ ଙ୍କ ବାପା ଉପର ମହଲାକୁ ଦୌଡ଼ିକରି ଆସୁଥିଲେ ଏହି କଥା କହିବା ପାଇଁ । ତାଙ୍କ ମା ମଧ୍ୟ ସେହି ସମୟରେ ତଳକୁ ଓହ୍ଲାଉ ଥିଲେ ବାପାଙ୍କୁ କହିବା ପାଇଁ । ସେମାନେ ଯେତେବେଳେ ରୋଷେଇ ଘର ପାଖରେ ପହଞ୍ଚିଲେ, ଦେଖିବାକୁ ପାଇଥିଲେ ଯେ କ୍ରିଷ୍ଟୋଫର ଗୋଟେ ପ୍ଲାଷ୍ଟିକ ଗ୍ରୋସରୀ ଜରି ତା ମୁହଁ ପାଖରେ ଧରିଛି । ସାଙ୍ଗେ ସାଙ୍ଗେ ସେମାନେ ସେ ଜରିକୁ ହଟାଇ ଦେଇଥିଲେ । ଜୋ ଙ୍କ ବାପା ମା ଜାଣିପାରିଥିଲେ ଯେ ତାହା ସାମୀର କାମଥିଲା, ଯେ କି ତା ସାନଭାଇକୁ ଆଗତ ବିପଦରୁ ରକ୍ଷା କରି ପାରିଥିଲା ।

●●

ଜୁଲିଆନାଙ୍କୁ ୧୫ ବର୍ଷ ହୋଇଥିଲା ବେଳେ ତାଙ୍କ ମାଉସୀ କେଲିଙ୍କର ମୃତ୍ୟୁ ହୋଇଥିଲା । ଜୁଲିଆନା ଏବଂ ତାଙ୍କ ମାଉସୀଙ୍କ ମଧ୍ୟରେ ସଂପର୍କ ବହୁତ ନିବିଡ଼ ଥିଲା । ମାଉସୀ ବହୁତ ସମୟ ତାଙ୍କ ଘରେ ରହିଯାଉଥିଲେ ଏବଂ ଜୁଲିଆନାଙ୍କ ମା କାମକୁ ଗଲାପରେ ଛୋଟ ଜୁଲିଆନାଙ୍କର ସବୁ ଦାୟିତ୍ୱ ତୁଲାଉଥିଲେ । ତାଙ୍କ ମୃତ୍ୟୁରେ ଜୁଲିଆନା ବହୁତ ଦୁଃଖିତ ହୋଇଥିଲେ ।

ସେହିବର୍ଷ ଗ୍ରୀଷ୍ମ ଅବକାଶରେ ତାଙ୍କ ଶ୍ରେଣୀର ସମର କ୍ୟାମ୍ପ (summer camp) ହୋଇଥିଲା । ଜୁଲିଆନା ସେଥିରେ ଭାଗ ନେଇଥିଲେ । ନିର୍ଦ୍ଦିଷ୍ଟ ଦିନ ବସ ଯୋଗେ ସେମାନେ ଗୋଟେ ପାହାଡ଼ ତଳ ଅଞ୍ଚଳକୁ ଯାଇଥିଲେ । ବସରେ

ଗଲାବେଳେ ଜୁଲିଆନା ଟିକେ ଘୁମାଇ ପଡ଼ିଥିଲେ । ସେତେବେଳେ ସେ ତାଙ୍କ ମାଉସୀ କେଲୀଙ୍କୁ ସ୍ୱପ୍ନ ଦେଖିଥିଲେ ଯେଉଁଥିରେ ମାଉସୀ କହୁଥିଲେ ଯେ ସେ ସବୁବେଳେ ତାଙ୍କର ଦେଖାଶୁଣା କରୁଥିବେ । ସେମାନେ ତାଙ୍କ ଜାଗାରେ ପହଞ୍ଚିବା ପରେ ସବୁ ଦଳ ଦଳ ହୋଇଗଲେ ଏବଂ ବିଭିନ୍ନ ଦଳକୁ ସେମାନଙ୍କ ମନ ମୁତାବକ କାର୍ଯ୍ୟ ଯୋଗାଇ ଦିଆଯାଇଥିଲା । ଜୁଲିଆନାଙ୍କ ଦଳ ପାହାଡ଼ ଚଢ଼ିବାକୁ ବାଛିଥିଲେ ।

ତାଙ୍କ ଦଳରେ ସେମାନେ ତିନିଜଣ ଥିଲେ । ସେମାନଙ୍କୁ ମ୍ୟାପ ଏବଂ ମଧ୍ୟାହ୍ନ ଭୋଜନ ପ୍ୟାକ କରି ଦିଆଯାଇଥିଲା । ପାଗ ବହୁତ ବଢ଼ିଆ ଥିଲା । ପ୍ରାୟ ଘଣ୍ଟାକ ପରେ ସେମାନେ ପାହାଡ଼ର ବହୁତ ଉଚ୍ଚକୁ ଉଠିଯାଇଥିଲେ । ତାପରେ ହଠାତ୍ ପାଗ ଖରାପ ହେବାକୁ ଲାଗିଲା । ଚର୍ତୁଦିଗ ଅନ୍ଧକାର କରି ମେଘ ମାଡ଼ି ଆସିଲା । ସେମାନେ ଭାବିନେଲେ ଯେ ନିଶ୍ଚୟ ବର୍ଷା ସହ ଝଡ଼ ମଧ୍ୟ ହେବ । ତେଣୁ ସେମାନେ ଚଞ୍ଚଳ ଚଞ୍ଚଳ ଫେରିବାକୁ ଲାଗିଲେ । ଅଳ୍ପ ସମୟ ଭିତରେ ବର୍ଷା ଭୀଷଣ ବେଗରେ ଆରମ୍ଭ ହୋଇଯାଇଥିଲା । ପାହାଡ଼ ଓହ୍ଲାଇବା ରାସ୍ତା ପୁରା କାଦୁଅ ଏବଂ ପିଚ୍ଛଳ ହୋଇଯାଇଥିଲା । ତରତର ହୋଇ ଓହ୍ଲାଇଲା ବେଳକୁ ଜୁଲିଆନାଙ୍କ ଗୋଡ଼ କାଦୁଅରେ ଖସିଗଲା । କିଛିବାଟ ଖସିଯାଇ ସେ ଅଟକି ଯାଇଥିଲେ କିନ୍ତୁ ତାଙ୍କର ଆଣ୍ଠୁ ମୋଡ଼ି ହୋଇଯାଇଥିଲା । ସେ ଆଉ ସିଧା ଠିଆ ହୋଇ ପାରି ନଥିଲେ କିମ୍ବା ଚାଲି ପାରି ନ ଥିଲେ । ତାଙ୍କର ଦୁଇଜଣ ବନ୍ଧୁ ବହୁତ ଚେଷ୍ଟାକଲେ ତାଙ୍କୁ ତଳକୁ ନେବା ପାଇଁ କିନ୍ତୁ ସଫଳ ହୋଇପାରି ନ ଥିଲେ । ତେଣୁ ସେମାନେ ନିଷ୍ପତ୍ତି ନେଇଥିଲେ ଯେ, ଜୁଲିଆନା ସେହିଠାରେ ଏକାକୀ ରହିବେ ଏବଂ ଅନ୍ୟ ଦୁଇଜଣ ତଳ କ୍ୟାମ୍ପକୁ ସାହାଯ୍ୟ ପାଇଁ ଯିବେ । ସେ ଦୁଇଜଣ ଚାଲିଯାଇଥିଲେ । ବର୍ଷାର ବେଗ ଅଧିକରୁ ଅଧିକତର ହେବାକୁ ଲାଗିଥିଲା । ଜୁଲିଆନାଙ୍କ ଚାରିପଟୁ ମାଟି ଆସ୍ତେ ଆସ୍ତେ ଖସିବାକୁ ଲାଗିଥିଲା । ତଳେ ପାହାଡ଼ିଆ ନଦୀଟି ଜଳପୂର୍ଣ୍ଣ ହୋଇ ତୀବ୍ର ଗତିରେ ବୋହି ଚାଲିଥିଲା । ଜୁଲିଆନା ଭାବିଲେ ସେ ସେହି ଜାଗାରେ ପଡ଼ି ରହିଥିଲେ ଖସି ଖସି ତଳ ନଈରେ ପଡ଼ିବେ ଏବଂ ବୁଡ଼ିଯାଇ ମୃତ୍ୟୁବରଣ କରିବେ । ସେ ବଡ଼ ବ୍ୟସ୍ତ ବିବ୍ରତ ହୋଇପଡ଼ିଥିଲେ ।

ହଠାତ୍ ସେ ତାଙ୍କର ଦୁଇ କାନ୍ଧ ଉପରେ କାହାର ଶକ୍ତ ହାତ ପଡ଼ିଥିବାର ଅନୁଭବ କରିପାରିଥିଲେ ଯିଏକି ତାଙ୍କୁ ଟାଣି ଟାଣି ପାହାଡ଼ ଉପରକୁ ନିରାପଦ ସ୍ଥାନକୁ ନେଇଯାଇଥିଲା । ତାପରେ ସେ ତାଙ୍କର ମାଉସୀ କେଲୀଙ୍କ ସ୍ୱର ଶୁଣିପାରିଥିଲେ । ସେ କହିଥିଲେ "ଏହା ଠିକ୍ ଅଛି । ମୁଁ ତୁମକୁ ଠିକ୍ ଜାଗାକୁ ନେଇ ଆସିଛି । ତୁମକୁ ବିପଦ ମୁହଁକୁ ମୁଁ ଠେଲି ଦେଇ ପାରିବି ନାହିଁ ।" ମାଉସୀ କେଲୀ ସେଠାରେ ଉଦ୍ଧାରକାରୀ

ଦଳ ଆସିବା ପର୍ଯ୍ୟନ୍ତ ରହିଥିଲେ । ଉଦ୍ଧାରକାରୀ ଦଳକୁ ଜୁଲିଆନା ହାତ ହଲାଇ ପାଟିକରି ଡାକିଥିଲେ । ସେମାନେ ଆଣିଥିବା ଷ୍ଟ୍ରେଚରରେ ଜୁଲିଆନାଙ୍କୁ ବାନ୍ଧି ତଳକୁ ଆଣିଥିଲେ । ଷ୍ଟ୍ରେଚରରେ ଥିଲାବେଳେ ଜୁଲିଆନା ଚାରି ଆଡ଼କୁ ଅନାଇଥିଲେ କିନ୍ତୁ କାହାକୁ ଦେଖି ପାରିନଥିଲେ । ସେ ମଧ୍ୟ ତାଙ୍କ ସାଙ୍ଗ ମାନଙ୍କୁ ପଚାରିଥିଲେ ସେମାନେ କାହାକୁ ଦେଖି ପାରୁଛନ୍ତି କି ? କିନ୍ତୁ ସେମାନେ ମନା କରି ଦେଇଥିଲେ । ଜୁଲିଆନାଙ୍କ ମନ ଆନନ୍ଦର ଭରିଯାଇଥିଲା ଯେ ମାଉସୀ କେଲୀ ଏବେ ମଧ୍ୟ ତାଙ୍କ ପାଖେ ପାଖେ ଅଛନ୍ତି ।

●●

ଚାର୍ଲିଙ୍କୁ ୧୩ ବର୍ଷ ହୋଇଥିଲା ବେଳେ ସେମାନେ ଗୋଟେ ନୂଆଘରକୁ ରହିବାକୁ ଯାଇଥିଲେ । ଯଦିଓ ଚାର୍ଲି କିଛି ଜାଣିପାରୁ ନ ଥିଲେ ତଥାପି ସେ ଘରର ବାତାବରଣ ତାଙ୍କୁ କାହିଁକି ଅସ୍ୱାଭାବିକ ଲାଗୁଥିଲା । ଥରେ ସ୍କୁଲ ଛୁଟି ଦିନରେ ସେ ଘରେ ବସି ଟି.ଭି. ଦେଖୁଥିଲେ । ସେତେବେଳେ ତାଙ୍କର ପୋଷା କୁକୁର ଝାମ୍ପି ଝରକା ପାଖରେ ଜୋରରେ ଭୁକିବା ଆରମ୍ଭ କରିଦେଇଥିଲା । ଚାର୍ଲି ଯେତେ ପାଟିକଲେ ମଧ୍ୟ ତା'ର ଭୁକିବା ବନ୍ଦ ହୋଇ ନ ଥିଲା । ବାଧ୍ୟ ହୋଇ ସେ ଝରକା ପାଖକୁ ଯାଇ ବାହାରକୁ ଅନାଇଲେ । ସେ ଦେଖିବାକୁ ପାଇଥିଲେ ଯେ ଗୋଟିଏ ଛୋଟିଆ ଝିଅ ନୀଳ ରଙ୍ଗର ପୋଷାକ ପିନ୍ଧି ତାଙ୍କ ବଗିଚାର ଶେଷ କୋଣରେ ବସି କାନ୍ଦୁଥିଲା। ସେ ଝିଅଟି ମୁଣ୍ଡ ଉଠାଇ ଚାର୍ଲିଙ୍କୁ ଚାହିଁଲା ଏବଂ ପାଖକୁ ଆସିବାକୁ ଇଶାରା ଦେଇଥିଲା ।

ଚାର୍ଲି ପଛପଟ ଦ୍ୱାର ଦେଇ ବଗିଚା ଭିତରକୁ ଗଲେ । ସେ ଝିଅଟି ବସିଥିବା ସ୍ଥାନକୁ ଗଲାବେଳକୁ ସେଠାରେ କେହି ନ ଥିଲେ । ବଗିଚାର ସେହି କୋଣଟି ଗହଳିଆ ବୁଦାରେ ପରିପୂର୍ଣ୍ଣ ହୋଇଥିଲା । ସେ କିଛି ସମୟ ଖୋଜା ଖୋଜି କରି ପୁଣି ଟି.ଭି. ଦେଖିବାକୁ ଘରକୁ ଫେରିଆସିଥିଲେ । ଏହାର ପ୍ରାୟ ଦୁଇ ସପ୍ତାହ ପରେ ଚାର୍ଲିଙ୍କ ବାପା ଲୋକ ଲଗାଇ ସେହି ଗହଳିଆ ବୁଦା ଗୁଡ଼ାକ ସଫା କରୁଥିଲେ । କିଛି ସମୟ କାମ କରିବା ପରେ ସେମାନଙ୍କ ଭିତରୁ ଜଣେ ଗୋଟେ ନୀଳ ରଙ୍ଗର କନା ଦେଖି ପାରିଲେ । ତାହା ଗୋଟେ ପୋଷାକର ଅଂଶ ବିଶେଷ ବୋଲି ଜଣା ପଡୁଥିଲା । ସେ ତାହାକୁ ଭିଡ଼ିବାରୁ ଛୋଟ ପିଲାର ହାତର ହାଡ଼ ଗୁଡ଼ା ବାହାରକୁ ବାହାରିଥିଲା । ଚାର୍ଲିଙ୍କ ବାପା ସାଙ୍ଗେ ସାଙ୍ଗେ ପୋଲିସକୁ ଖବର ଦେଇଥିଲେ । ପୋଲିସ ଦଳ ଆସି ସେ ଭିତରୁ ଗୋଟେ ଛୋଟ ପିଲାର କଙ୍କାଳ ବାହାର କରିଥିଲେ । ଚାର୍ଲି ଭାବୁଥିଲେ ସେ

ଯେଉଁ ଝିଅଟିକୁ ଦେଖିଥିଲେ ସେ ମଧ୍ୟ ନୀଳ ରଙ୍ଗର ପୋଷାକ ପିନ୍ଧିଥିଲା । ତାହେଲେ କ'ଣ ସେ ସାନ ଝିଅଟି ଚେଷ୍ଟା କରୁଥିଲା ତାଙ୍କୁ ଜଣାଇ ଦେବାକୁ, କେଉଁଠାରେ ତାର ମୃତଦେହ ଅଛି ଏବଂ ତାକୁ ବାହାର କରି ଉପଯୁକ୍ତ ପଦ୍ଧତିରେ କବର ଦେବାପାଇଁ ?

●●

୧୯୯୫ ମସିହାରେ ଲେସଲି ଗୋଟେ ଘର କିଣିଥିଲେ । ସେ ଘର ପୁରୁଣା ଥିଲା ଯାହାକି ୧୮୮୦ ଦଶକରେ ନିର୍ମାଣ କରାଯାଇଥିଲା । ଘରଟି ବହୁତ ବଡ଼ ଥିଲା ଏବଂ ସେ ଖୁସୀ ଥିଲେ । କିନ୍ତୁ କିଛି ଦିନ ପରେ ସେ ଘରେ ଅଦ୍ଭୁତ ଘଟଣା ମାନ ଘଟିବା ଆରମ୍ଭ କରିଦେଇଥିଲା । ସମୟେ ସମୟେ ଘର ଆଗ କବାଟରେ କିଏ ସେ କରାଘାତ କଲାପରି ଶୁଣାଯାଏ । ଲେସଲି ଯାଇ ଦେଖିଲା ବେଳକୁ କେହି ନ ଥାନ୍ତି । ଦିନେ ଲେସଲି ବସି ଖବର କାଗଜ ପଢୁଥିଲେ । ହଠାତ ପାଖ ଝରକାର ବ୍ଲାଇଣ୍ଡ (blind) ଗୁଡ଼ାକ ମନକୁ ମନ ଘୁରିବା ଆରମ୍ଭ କରିଦେଲେ । ସେ ପାଖକୁ ଯିବାରୁ ତାହା ବନ୍ଦ ହୋଇଗଲା - ସେ ଯେତେବେଳେ ବ୍ଲାଇଣ୍ଡକୁ ଘୁରାଇବାକୁ ଚେଷ୍ଟା କଲେ ତାହା ଘୁରି ନଥିଲା । ସେହିପରି ତାଙ୍କ ଘରେ ଥିବା ରେଡ଼ିଓ, ମାଇକ୍ରୋୱେଭ ପ୍ରଭୃତି ମନକୁ ମନ ଅନ ହୋଇଯାଉଥିଲା । ଗୋଟେ ଦିନ ସେ ତାଙ୍କର ଉପରମହଲାର ଗାଧୁଆ ଘରେ ପାଣି ପଡ଼ିବାର ଶବ୍ଦ ଶୁଣିପାରିଥିଲେ । ସେ ଯାଇ ଦେଖିଥିଲେ ଯେ ଗାଧୋଇବା ଘର ଜଳୀୟ ବାଷ୍ପରେ ଭର୍ତ୍ତି ହୋଇଛି । କିଏ ସେ ଯେପରି ଗିଜର ବ୍ୟବହାର କରିଥିଲା । ଗାଧୁଆ ଘରର ଦର୍ପଣ (Mirror)ରେ ଗୋଟେ ଛୋଟ ହାତର ଛାପ ପଡ଼ିଥିଲା। କିନ୍ତୁ ସେତେବେଳେ ତ ଘରେ ତାଙ୍କ ବ୍ୟତୀତ ଆଉ କେହି ନ ଥିଲେ ।

ସେ ଘରର ଇତିହାସ ଜାଣିବା ପାଇଁ ଲେସଲି ମନସ୍ଥ କରିଥିଲେ । ସେ ସ୍ଥାନୀୟ ଲାଇବ୍ରେରୀକୁ ଯାଇଥିଲେ । ସେଠାରେ ଥିବା ଲାଇବ୍ରେରିଅନଙ୍କୁ ସବୁକଥା କହିଥିଲେ । ସେ ଏଥିରେ ଲେସଲିଙ୍କୁ ବହୁତ ସାହାଯ୍ୟ କରିଥିଲେ । ବହୁତ ଖୋଜାଖୋଜି ପରେ ସେ ଜାଣିପାରିଥିଲେ ଯେ ୧୯୨୨ ମସିହାରେ ସାରା ବୋଲି ଜଣେ ୧୯ ବର୍ଷ ଝିଅର ସେ ଘରେ ମୃତ୍ୟୁ ହୋଇଥିଲା । ଲେସଲି ଘରକୁ ଫେରି ଆସିଥିଲେ ଏବଂ "ହ୍ୟାଲୋ ସାରା" ବୋଲି ଜୋରରେ କହିଥିଲେ । ସାଙ୍ଗେ ସାଙ୍ଗେ ଗୋଟେ ସୁଗନ୍ଧିତ ବାସ୍ନା ସେ ଘର ସାରା ଖେଳିଯାଇଥିଲା ଏବଂ ଘରର ବାତାବରଣ କେମିତି ଗୋଟେ ହାଲ୍‌କା ତଥା ସୁଖକର ଲାଗିଥିଲା । ତାପରେ ସେ ସବୁ ଅଦ୍ଭୁତ ଘଟଣା ଗୁଡ଼ିକ ବନ୍ଦ ହୋଇଯାଇଥିଲା । ବୋଧହୁଏ ସାରା ତା'ର ଉପସ୍ଥିତି ଜଣାଇ ଦେବାକୁ ଚାହୁଁଥିଲା ।

ଉପର ଲିଖିତ ସତ୍ୟ ଘଟଣା ଗୁଡ଼ିକରୁ ଆମେମାନେ ଅନୁଭବ କରିପାରୁଛେ ଯେ ଆତ୍ମା ବୋଲି କିଛି ଗୋଟେ ଶକ୍ତି ଅଛି ଯାହା ବାହାରିଗଲା ପରେ ହିଁ ମନୁଷ୍ୟର ମୃତ୍ୟୁ ହୋଇଥାଏ । ଏହି ପରିପ୍ରେକ୍ଷିରେ ଲେଖକଙ୍କର ନିଜସ୍ୱ ମତ ନିମ୍ନରେ ଦେଉଛି ।

ହିନ୍ଦୁ ମତାବଲମ୍ବୀ ମାନେ ତେତିଶ କୋଟି ଦେବତାରେ ବିଶ୍ୱାସ କରନ୍ତି । ତାକୁ ଅରୁଣ ପାଣ୍ଡୁଙ୍କ ପରି ଲେଖକ ତାଙ୍କ ବହି **"33 crore God's - The truth behind"** ରେ ବର୍ଣ୍ଣନା କରିଛନ୍ତି । ଏହାକୁ ନେଇ ପାଶ୍ଚାତ୍ୟର ବାସିନ୍ଦା ମାନେ କେତେ ପ୍ରକାର ଆଲୋଚନା ତଥା ଉପହାସ କରିଥାନ୍ତି । ପ୍ରକୃତରେ ଏହା ଏକ ଭ୍ରାନ୍ତ ଧାରଣା । ଆମର ଅଥର୍ବ ବେଦ, ଜର୍ଜୁ ବେଦ ଏବଂ ସତପଥ ବ୍ରହ୍ମଣ ପ୍ରଭୃତି ଶାସ୍ତ୍ରରେ ଲେଖା ଯାଇଛି, "ତ୍ରୟସ୍ତ୍ରିମ୍ସତି କୋଟି" ଦେବତା । ଅର୍ଥାତ୍ ତେତିଶ କୋଟି ଦେବତା । ସଂସ୍କୃତରେ କୋଟିର ଦୁଇ ପ୍ରକାର ଅର୍ଥ ଅଛି । ପ୍ରଥମଟି ହେଉଛି ସଂଖ୍ୟା । ଯେମିତି ଶହ, ହଜାର, ଲକ୍ଷ, ନିୟୁତ ଓ ଇତ୍ୟାଦି । ଏବଂ ଦ୍ୱିତୀୟଟିର ଅର୍ଥ ହେଉଛି ପ୍ରକାର । ଯେମିତିକି ସେ ଜଣେ ଉଚ୍ଚ କୋଟିର ପଣ୍ଡିତ କିମ୍ବା ଉଚ୍ଚ କୋଟିର ଜ୍ଞାନୀ ଇତ୍ୟାଦି । ତେଣୁ ହିନ୍ଦୁ ଧର୍ମରେ **33** ପ୍ରକାରର ଦେବତା ଅଛନ୍ତି **33** କୋଟି ନୁହନ୍ତି । ତ୍ରୈତ୍ରିୟ ଉପନିଶଦ, **8.1** ଭାଗରେ **33** ପ୍ରକାର ଦେବତା ଅଛନ୍ତି ବୋଲି ଉଲ୍ଲେଖ ଅଛି । ପୁଣି ବୃହତ୍ ଆରଣ୍ୟକ ଉପନିଶଦ, **3.9.1** ଭାଗରେ କୁହାଯାଇଛି ଯେ ୩୩ କୋଟି, **3003** ବା **303** ଭୁଲ ବରଂ **33** ପ୍ରକାର ଦେବତା ଅଛନ୍ତି ।

ଯଦି **33** ପ୍ରକାର ଦେବତା ଅଛନ୍ତି ତେବେ ଆମର ପୁର ପଲ୍ଲିରେ ଗଛ ତଳେ, ଛୋଟ, ବଡ଼ ମନ୍ଦିରରେ ଅସଂଖ୍ୟ ଦେବା, ଦେବୀ ପୂଜା ପାଉଛନ୍ତି କିପରି । ଏମିତି ମଧ୍ୟ ହୋଇଛି ଯେ ଗୋଟେ ଜାଗାରେ ଗଛ ମୂଳେ ଜଣେ ଠାକୁର ବା ଠାକୁରାଣୀଙ୍କର ପୂଜା ହୋଇଥାଏ । ହଠାତ୍ ସେ ଏତେ ପ୍ରସିଦ୍ଧି ଲାଭ କରିଥାନ୍ତି ଯେ ଯେଉଁ ଲୋକମାନେ ତାଙ୍କୁ ପୂଜା କରି ସଫଳ ହୋଇଥାନ୍ତି ସେମାନେ ସେଠାରେ ମନ୍ଦିର ମଧ୍ୟ ତିଆରି କରି ଦେଇଥାନ୍ତି । ସମସ୍ତେ ପ୍ରାୟ ଅନୁଭବ କରିଥିବେ ଯେ ଗୋଟେ ଗୋଟେ ଜାଗାରେ ହଠାତ୍ ଠାକୁର, ଠାକୁରାଣୀ ମାନେ ବହୁତ ପ୍ରଭାବଶାଳୀ ହୋଇଯାଇଥାନ୍ତି । ସେଠାରେ ଯିଏ ଯାହା ମାଗେ, ତାହା ପ୍ରାୟ ସଫଳ ହୋଇଯାଇଥାଏ । କିନ୍ତୁ କିଛିଦିନ ପରେ ତାହା ପୁଣି ପ୍ରଭାବଶୂନ୍ୟ ହୋଇଯାଇଥାଏ । ଏହାର କାରଣ କ'ଣ ? ଏ ଲେଖକଙ୍କର ନିଜସ୍ୱ ମତ ଏହିପରି । "ଲୋକମାନେ ଗୋଟେ ସ୍ଥାନରେ ମୂର୍ତ୍ତି ହେଉ ବା ଖାଲି ପଥରରେ ସିନ୍ଦୁର ବୋଳି ଧୂପଦୀପ ଦେଇ ପୂଜା ଅର୍ଚ୍ଚନା କରିଥାନ୍ତି । ମନେକର ସେ ଧୂପ ଦୀପର ବାସ୍ନାରେ ବା ପୂଜାର ଆକର୍ଷଣରେ କୌଣସି ଭଲ ଆତ୍ମା ଆକର୍ଷିତ

ହୋଇ ସେଠାରୁ ଆସି ରହିଯାଇଥାଏ ଏବଂ ତାହାର ଶକ୍ତି ବଳରେ କିଛି ଲୋକଙ୍କର ମନୋବାଞ୍ଛା ପୂରଣ କରିଥାଏ। ଯେଉଁ ଲୋକଙ୍କର ମନୋବାଞ୍ଛା ପୂରଣ ହୋଇଥାଏ ସେମାନେ ଦାନ ସୂତ୍ରରେ ବହୁତ ଦ୍ରବ୍ୟ ତଥା ଟଙ୍କା ପଇସା ଦେଇଥାନ୍ତି । କାଳକ୍ରମେ ସେଠାରେ ମନ୍ଦିର ପ୍ରଭୃତି ଗଢ଼ି ଉଠିଥାଏ । ସମୟକ୍ରମେ ସେ ଆତ୍ମା ତାର ଉପର ସ୍ତରକୁ ଉନ୍ନିତ ହେଲାପରେ ସେ ଜାଗା ଛାଡ଼ି ଦେଇଥାଏ । ତେଣୁ ସେ ପୀଠ ପ୍ରଭାବଶୂନ୍ୟ ହୋଇ ପଡ଼େ କିମ୍ବା ଆଉ ଜଦି କେଉଁ ଆତ୍ମା ପୁଣି ସେଠାରେ ଆଶ୍ରୟ ନିଏ ତେବେ ପୁଣି ପୂର୍ବ ପରି ପ୍ରସିଦ୍ଧି ଲାଭ କରିଥାଏ ।"

ତୁର୍କୀରେ ଗୋଟେ ସମାଧି ସ୍ଥଳ ଅଛି ଯାହାକୁ ପ୍ରାୟ ଏକ ଲକ୍ଷ ବର୍ଷ ତଳେ ନିଏଣ୍ଡାରଥାଲ ମନୁଷ୍ୟ ମାନେ ବ୍ୟବହାର କରୁଥିଲେ । ସେଠାରୁ ବାହାରି ଥିବା ଜୀବାଶ୍ମ ଛାପ (Fossilized imprints) ରୁ ପ୍ରତ୍ନତତ୍ତ୍ୱବିତ୍ (Archeologist) ମାନେ ଜାଣି ପାରିଛନ୍ତି ଯେ, ସେହି ଆଦିମ ଅଧିବାସୀ ମାନେ ତାଙ୍କ ମୃତ ସଂପର୍କୀୟ ମାନଙ୍କୁ ଫୁଲର ଶଯ୍ୟାରେ ପୋତି ଦେଉଥିଲେ । କାରଣ ସେମାନେ ମୃତ୍ୟୁକୁ ଗୋଟେ ଉତ୍ସବର ଘଟଣା ବୋଲି ଭାବୁଥିଲେ । ସେମାନେ ଏହାକୁ ମୃତ ବ୍ୟକ୍ତିର ଏହି ଜଗତରୁ ଅନ୍ୟ ଜଗତକୁ ଯିବାର ସୁଯୋଗ ବୋଲି ଭାବିଥିଲେ। ପ୍ରକୃତରେ ପୃଥିବୀର ସବୁ ପ୍ରାନ୍ତରରୁ ପ୍ରାଚୀନ କାଳରୁ ଉଦ୍ଧାର କରାଯାଇଥିବା ସମାଧି ସ୍ଥଳ ବିଶ୍ଳେଷଣ କଲେ ଜଣା ପଡ଼େ ଯେ, ପୁରାତନ ଯୁଗରୁ ସମସ୍ତ ସଭ୍ୟତା ବିଶ୍ୱାସ କରୁଥିଲେ ଯେ ମଣିଷର ସ୍ଥୂଳ ଶରୀର ନଷ୍ଟ ହୋଇଗଲା ପରେ ମଧ୍ୟ ସେ କୌଣସି ଆକାରରେ ବଞ୍ଚି ରହିଥାଏ ।

■

॥ ୮ ॥

ମୃତ୍ୟୁ ପରେ ଆତ୍ମାର ଗତି ଏବଂ ସ୍ଥିତି

ଉପରୋକ୍ତ ଘଟଣାବଳୀରୁ ଆମେ ଜାଣି ପାରୁଛେ ଯେ ଜୀବନ ଶକ୍ତି ବା ଆତ୍ମା ବୋଲି କିଛି ଅଛି । ତେବେ ମଣିଷର ମୃତ୍ୟୁ ପରେ ତା'ର ଆତ୍ମା କୁଆଡ଼େ ଯାଏ । ସେ କଥା କିଏ କହିପାରିବ ? କହିବାକୁ ତ ସେ ଲୋକ ଆଉ ନଥିବ ! ଆମେମାନେ ତ ମୃତ୍ୟୁ ବିଷୟରେ କିଛି କଥାବାର୍ତ୍ତା କରିବାକୁ ପଛେଇଥାଉ । ତେଣୁ ବହୁତ ଅସମାହିତ ପ୍ରଶ୍ନ ଆମ ମାନଙ୍କ ମନରେ ରହିଛି । ଯେମିତିକି ମଣିଷ ମୃତ୍ୟୁ ସମୟରେ କ'ଣ ଅନୁଭବ କରିଥାଏ ? ଏହି ପ୍ରଶ୍ନ ପ୍ରାୟ ପ୍ରତ୍ୟେକ ବ୍ୟକ୍ତିଙ୍କ ଚେତନ ବା ଅବଚେତନ ମନରେ ରହି ଆସିଛି ! କୌଣସି ମୃତଦେହ ଦେଖିଲେ, ବା କେଉଁଠାରେ ମଣିଷର ଖପୁରୀ ଦେଖିଲେ ଆମ ମନରେ ସ୍ୱତଃ ଗୋଟେ ଭାବନା ଆସିଥାଏ "ଦିନେ ନା ଦିନେ ମୋର ଅବସ୍ଥା ଏହିପରି ହେବ ।"

ଆମେ ସମୟେ ସମୟେ ମଣିଷ ମାନଙ୍କର ନିକଟ ମୃତ୍ୟୁର ଅନୁଭୂତି (Near death experience) କଥା ଶୁଣିଥାଉ । ଯେଉଁଥିରେ ଲୋକଟି କିଛି ସମୟ ପାଇଁ ମରିଯାଇଥାଏ । ଏପରିକି ଡାକ୍ତର ସେ ମୃତ ବୋଲି ଘୋଷଣା କରିସାରିଥାନ୍ତି । କିନ୍ତୁ କିଛି ସମୟ ପରେ ସେ ବଞ୍ଚି ଉଠିଥାଏ । ସେହି ସ୍ୱଳ୍ପ ସମୟର ଅଭିଜ୍ଞତା ଅନେକଙ୍କର ସବୁ ମନେ ରହିଥାଏ । ଆଶ୍ଚର୍ଯ୍ୟର କଥା ଏହି ସ୍ୱଳ୍ପ ସମୟ ମୃତ୍ୟୁର ଅନୁଭୂତି ସମସ୍ତଙ୍କର ପ୍ରାୟ ଏକାପରି ହୋଇଥାଏ । ଯାହାକୁ କି ଆମେ ଉପେକ୍ଷା କରି ପାରିବା ନାହିଁ ।

କେତେକ ମାଧ୍ୟମ ମାନଙ୍କ ସହାୟତାରେ ମୃତବ୍ୟକ୍ତିଙ୍କ ସାଙ୍ଗରେ ସଂପର୍କ ସ୍ଥାପନ କରାଯାଇ ପାରିଥାଏ । ହୁଏତ ଏଥିରୁ ଅଧିକାଂଶ ଠକ ହୋଇପାରନ୍ତି । କିନ୍ତୁ ପ୍ରକୃତରେ ଏପରି ଲୋକ ଅଛନ୍ତି, ଯେଉଁମାନେ ମୃତବ୍ୟକ୍ତିଙ୍କ ଆତ୍ମାଙ୍କ ସଙ୍ଗରେ ସଂପର୍କ ସ୍ଥାପନ

କରିପାରିଥାନ୍ତି । ଏପରିକି କେତେକ ଗୁପ୍ତ କଥା ଯାହାକି ସେମାନଙ୍କର ପରିବାର ଲୋକେ ଜାଣି ନ ଥାନ୍ତି ତାହା ସେ ଆତ୍ମାମାନଙ୍କ ଠାରୁ ଜାଣିପାରିଥାନ୍ତି । ଏହା ଟେଲିପାଥି ଯୋଗାଯୋଗ (Telepathic Communication) ବା ଅନ୍ୟ କିଛି ହୋଇପାରେ ଯାହାକୁ ବିଜ୍ଞାନ ଆଜିପର୍ଯ୍ୟନ୍ତ କୌଣସି ବାଖ୍ୟା କରିପାରିନାହିଁ ।

ତାହେଲେ ଆମେମାନେ କ'ଣ ମୃତ୍ୟୁ ପରେ ଆଉ ଗୋଟେ ଜଗତକୁ ଯିବା ? ମୃତ୍ୟୁ ପରେ ଆମେ କ'ଣ ଆଗରୁ ମରିଯାଇଥିବା ସଂପର୍କୀୟ ମାନଙ୍କ ସହ ସାକ୍ଷାତ କରିପାରିବା ? ଆମେ କ'ଣ ପୁନର୍ଜନ୍ମ ଲାଭ କରି ଆଉଥରେ ଏ ପୃଥିବୀକୁ ଫେରିପାରିବା ?

ଆମେ ମରିଗଲା ପରେ କ'ଣ ହୁଏ ? କେତେକଙ୍କ ମତରେ ପୁରା ଶାନ୍ତି । ଆଉ ଗୋଟେ ଜଗତରେ ଆମେ ସବୁପ୍ରକାର ସୁଖ, ସ୍ୱାଚ୍ଛନ୍ଦ୍ୟ ପାଇ ପାରିବା । କିନ୍ତୁ ବସ୍ତୁବାଦୀ ମାନଙ୍କ ମତ ଅଲଗା । ସେମାନଙ୍କ ମତରେ ମଣିଷ ଗୋଟେ ଜୀବନ୍ତ ମେସିନ । ମେସିନକୁ ଯେପରି ଶକ୍ତି ଯୋଗାଣ ବନ୍ଦ ହୋଇଗଲେ ତାହା ବନ୍ଦ ହୋଇଯାଏ ସେହିପରି ମଣିଷର ମୃତ୍ୟୁ ହୋଇଥାଏ । ତାପରେ ଆଉ କିଛି ନ ଥାଏ । ଯେମିତି କୌଟିଲ୍ୟ କହିଥିଲେ "ଭସ୍ମୀଭୂତସ୍ୟ ଦେହସ୍ୟ ପୁନରାଗମନଂ କୁତଃ ।"

କିନ୍ତୁ ସବୁ ଧର୍ମମାନଙ୍କରେ ମୃତ୍ୟୁପରେ ମଣିଷ କୌଣସି ନା କୌଣସି ଅସ୍ତିତ୍ୱରେ ବଞ୍ଚି ରହେ । ତାହା ଆତ୍ମା ହୋଇପାରେ । କିନ୍ତୁ ଆମେ ତାହା ଜାଣିବା କେମିତି ? ଯେମିତି "ନିଜେ ନ ମଲେ ସ୍ୱର୍ଗ ଦେଖି ପାରିବନି ।" ସେମିତି ନିଜେ ମୃତ୍ୟୁବରଣ କଲେ ହିଁ ଜଣେ ଜାଣି ପାରିବ ମୃତ୍ୟୁ ପରେ କ'ଣ ହେଉଛି । କିନ୍ତୁ ତାକୁ ସେ କେବେହେଲେ ଜଣାଇବାକୁ ସକ୍ଷମ ହୋଇ ପାରିବ ନାହିଁ ।

କିନ୍ତୁ ଯଦି ଉପରୋକ୍ତ ଦୁଇଟି ତଥ୍ୟ ଠିକ୍ ହୋଇନଥାଏ ତେବେ କ'ଣ ସେହି ଆତ୍ମା ବା ସେହିପରି କିଛି ରକ୍ଷା ପାଇଯାଇଥାଏ ଏବଂ ଏକ ନୂତନ ପ୍ରକାର ଅସ୍ତିତ୍ୱରେ ପ୍ରବେଶ କରେ ଏକ ପ୍ରାକୃତିକ ନିୟମ ଅନୁସାରେ । ଯେମିତିକି ସଂବାଲୁଆରୁ କ୍ରମଶଃ ପ୍ରଜାପତି ହୋଇଥାଏ ।

ମଣିଷର ଏ ଜଗତର ଜୀବନ ଏବଂ ପରଲୋକ ଜୀବନର ମଧ୍ୟବର୍ତ୍ତୀ କାଳରେ କ'ଣ ସବୁ ଘଟିଥାଏ ତା ଉପରେ ଡ. ମାଇକେଲ ନିଉଟନ ବହୁତ ଆଶ୍ଚର୍ଯ୍ୟ ଜନକ ତଥ୍ୟ ଆବିଷ୍କାର କରିପାରିଛନ୍ତି । ତାଙ୍କର ପୁସ୍ତକ "ଆତ୍ମା ମାନଙ୍କର ଯାତ୍ରା" (Journey of Souls) ରେ 29 ଜଣ ବ୍ୟକ୍ତିଙ୍କର ବକ୍ତବ୍ୟ ରହିଛି ଯେଉଁମାନେ ତାଙ୍କର ମୃତ୍ୟୁ ପରବର୍ତ୍ତୀ ଘଟଣା ପ୍ରବାହର ବର୍ଣ୍ଣନା କରିଛନ୍ତି । ସେମାନଙ୍କର ଏହି ଅସାଧାରଣ ବର୍ଣ୍ଣନାରୁ ସେ ନିମ୍ନଲିଖିତ ବିଷୟରେ ବିସ୍ତୃତ ଭାବରେ ବାଖ୍ୟା କରିଛନ୍ତି ।

- ମୃତ୍ୟୁବରଣ କଲାବେଳେ କିପରି ଅନୁଭବ ହୋଇଥାଏ ।

- ମୃତ୍ୟୁର ଠିକ୍ ପରେ ପରେ ଜଣେ କ'ଣ ଦେଖିଥାଏ, କ'ଣ ଅନୁଭବ କରିଥାଏ ।

- ଏହି ପୃଥିବୀକୁ ପୁଣିଥରେ ଫେରିବାକୁ ଜଣେ କେମିତି ଅନ୍ୟ ଏକ ଶରୀର ବାଛିଥାଏ ।

- ଆତ୍ମାର ବିଭିନ୍ନ ସ୍ତର : ପ୍ରାରମ୍ଭିକ, ମଧ୍ୟବର୍ତ୍ତୀ ଏବଂ ଉନ୍ନତ ।

- କେତେବେଳେ ଏବଂ କେଉଁଠାରେ ଜଣେ ପୃଥିବୀରେ ନିଜର ନିକଟ ସଂପର୍କୀୟ ମାନଙ୍କୁ ଜାଣିପାରେ ।

- ଜୀବନର ଉଦ୍ଦେଶ୍ୟ ।

"ଆତ୍ମା ମାନଙ୍କର ଯାତ୍ରା" (Journey of Souls) ପଢ଼ିବା ପରେ ଆମେ ମଣିଷ ଆତ୍ମାର ଅମରତ୍ୱ ବିଷୟରେ ବିଶେଷ ଜ୍ଞାନ ଆହରଣ କରିପାରିବା । ତାପରେ ଆମେ ଦୈନନ୍ଦିନ ସମସ୍ୟାକୁ ଏକ ବୃହତ୍ତର ଉଦ୍ଦେଶ୍ୟର ଭାବନା ସହ ମୁକାବିଲା କରିପାରିବା ଏବଂ ଆମେ ଆମ ଜୀବନରେ ଘଟୁଥିବା ଘଟଣାଗୁଡ଼ିକର ପଛରେ ଥିବା କାରଣକୁ ବୁଝିବା ଆରମ୍ଭ କରିପାରିବା ।

ଏବେ ଆମେ ମୃତ୍ୟୁପରେ ଆତ୍ମା କେଉଁ କେଉଁ ପର୍ଯ୍ୟାୟ ଦେଇ ଗତି କରିଥାଏ ତାହା ଜାଣିବାକୁ ଚେଷ୍ଟା କରିବା । ଡାକ୍ତରଙ୍କ ମୃତ୍ୟୁ ଘୋଷଣାର କିଛି ସମୟ ପରେ ଯେଉଁମାନେ ପୂର୍ନବାର ଜୀବିତ ହୋଇ ଉଠିଥାନ୍ତି, ଏବଂ ସେମାନେ ସେମାନଙ୍କର ଯେଉଁ ଅଭିଜ୍ଞତା ବର୍ଣ୍ଣନା କରିଥାନ୍ତି ତାହା ପ୍ରାୟତଃ ଏକାପରି ହୋଇଥାଏ । ଏବଂ ନିମ୍ନ ପ୍ରକାରର ହୋଇଥାଏ ।

ଯେତେବେଳେ ମଣିଷ ତାର ଅନ୍ତିମ ଶଯ୍ୟାରେ ପଡ଼ିଥାଏ ସେତେବେଳେ ତାକୁ ଡାକ୍ତରମାନେ ଚିକିତ୍ସା କରିଥାନ୍ତି ଏବଂ ସେହି ହିଁ ତା'ର ମୃତ୍ୟୁ ହୋଇଗଲା ବୋଲି ଅନ୍ତିମବାଣୀ ଶୁଣାଇଥାନ୍ତି । ସେହି ଅନ୍ତିମ ବାଣୀକୁ ମୃତ ବ୍ୟକ୍ତିର ଆତ୍ମା ଶୁଣିପାରିଥାଏ । ତା'ର ଅର୍ଥ ମୃତ ବ୍ୟକ୍ତି ନିଜ ମରିଯିବାର ଖବର ନିଜେ ଶୁଣିପାରିଥାଏ । ତା ପରେ ପରେ ସେ ଏକ ରକମର ବିରକ୍ତିକର ଗୁଞ୍ଜନ ଅଥବା ଜୋରରେ ଘଣ୍ଟି ବାଜିବା ପରି ଶବ୍ଦ ଶୁଣି ପାରିଥାଏ । ସେହି ଶବ୍ଦ ଶୁଣିବା ଭିତରେ ସେ ଗୋଟେ ସମ୍ପୂର୍ଣ୍ଣ ଅନ୍ଧକାର ଲମ୍ବା ସୁଡ଼ଙ୍ଗ ଭିତରେ ତୀବ୍ର ବେଗରେ ଗତି କରିଥାଏ । ଏହାପରେ ହଠାତ୍ ସେ ନିଜକୁ ତା'ର ଶରୀର ବାହାରେ ଆବିଷ୍କାର କରିଥାଏ । ସେ କିଛି ଦୂରରେ ନିଜର ସ୍ଥୂଳ ଶରୀରକୁ ଜଣେ ଦର୍ଶକ ଭାବରେ ଦେଖି ପାରିଥଏ । ସେ ସମୟରେ ଡାକ୍ତର ମାନେ

ତାକୁ ପୁର୍ନଜିବୀତ କରିବା ପାଇଁ ଯଦି କିଛି ପ୍ରକ୍ରିୟା ଜାରି ରଖିଥାନ୍ତି ତେବେ ସେ ତାହା ମଧ୍ୟ ଦେଖି ପାରିଥାଏ । ତା'ର ସ୍ତ୍ରୀ, ପିଲାମାନେ ତଥା ବନ୍ଧୁ ବାନ୍ଧବ ମାନେ କାନ୍ଦୁଥିବାର ମଧ୍ୟ ସେ ଦେଖି ପାରିଥାଏ । ନିଜ ସ୍ଥିତି ବିଷୟରେ ଅନଭିଜ୍ଞ ଥାଇ ସେ କହିବାକୁ ଚେଷ୍ଟା କରିଥାଏ "ଆରେ କାହିଁକି କାନ୍ଦୁଛ, ମୋର ତ କିଛି ହୋଇନାହିଁ ।" କିନ୍ତୁ ତା କଥା କେହି ଶୁଣି ପାରି ନ ଥାନ୍ତି କି ତାକୁ ଦେଖି ପାରି ନ ଥାନ୍ତି ।

କିଛି ସମୟ ପରେ ସେ ନିଜକୁ ସମ୍ଭାଳି ନିଏ ଏବଂ ନୂତନ ପରିସ୍ଥିତିରେ ଖାପ ଖୁଆଇବାକୁ ଚେଷ୍ଟା କରେ । ସେ ଅନୁଭବ କରିଥାଏ ଯେ, ତା'ର ଏବେ ମଧ୍ୟ ଗୋଟେ ଶରୀର ଅଛି କିନ୍ତୁ ତାହା ତା'ର ପୂର୍ବ ଶରୀର ଅପେକ୍ଷା ସମ୍ପୂର୍ଣ୍ଣ ଭିନ୍ନ ଏବଂ ଭିନ୍ନ ଶକ୍ତି ସମ୍ପୂର୍ଣ୍ଣ । ତାପରେ ଅନ୍ୟ ଘଟଣା ଗୁଡ଼ିକ ଘଟିବାକୁ ଆରମ୍ଭ କରିଥାଏ । ସେ ତା'ର ମରିଯାଇଥିବା ଆତ୍ମୀୟ ତଥା ସାଙ୍ଗ ମାନଙ୍କର ଆତ୍ମାକୁ ଦେଖି ପାରେ ଯେଉଁମାନେ ତା ପାଖକୁ ଆସିଥାନ୍ତି । ବୋଧହୁଏ ଅନ୍ୟ ଜଗତକୁ ସ୍ୱାଗତ କରିବା ପାଇଁ । ଆଉ ମଧ୍ୟ ଅନ୍ୟ ଏକ ଆତ୍ମା, ଏକ ସୁନ୍ଦର, ମନୋହର ଆଲୋକ ଉତ୍ସ ତା ଆଡ଼କୁ ଆସିଥାଏ । ଯାହାକୁ ଦେଖିଲେ ଡର ତ ଲାଗେ ନାହିଁ ବରଂ ମନ ଆନନ୍ଦ, ଉତ୍‌ଫୁଲିତ ହୋଇ ଉଠିଥାଏ । ସେହି ଆଲୋକର ଉତ୍ସ ତାକୁ ଗୋଟେ ପ୍ରଶ୍ନ ପଚାରେ । ଶବ୍ଦରେ ନୁହେଁ । ବିନା ଶବ୍ଦରେ । ହୋଇପାରେ ଟେଲିପାଥି (Telepathy) ପରି । ତା ଜୀବନର ମୂଲ୍ୟାଙ୍କନ କରିବା ପାଇଁ । ସେତେବେଳେ ତା ଆଖି (ଆଖି ନ ଥାଇ ମଧ୍ୟ) ଆଗରେ ତା ସାରା ଜୀବନର ଭଲ, ମନ୍ଦ ପ୍ରମୁଖ ଘଟଣା ବଳୀ ଚଳଚିତ୍ର ପରି ଭାସିଯାଇଥାଏ । କିଛି ସମୟ ଭିତରେ ସେ ଗୋଟେ ସୀମାରେ ଉପନୀତ ହୋଇଥାଏ ଯାହାକି ଏହି ପୃଥିବୀବାସୀଙ୍କ ଜୀବନର ଏବଂ ଅନ୍ୟ ଜଗତର ସୀମା ଥାଏ । ସେଠାରେ ତାକୁ ପୁଣି ପୃଥିବୀକୁ ଫେରିଯିବାରୁ କୁହାଯାଇଥାଏ । କାରଣ ତା'ର ମୃତ୍ୟୁର ସମୟ ଆସି ନ ଥାଏ । କିନ୍ତୁ ସେ ପ୍ରତିବାଦ କରେ । ଏ ଭିତରେ ତା'ର ମୃତ୍ୟୁ ପରର ଜୀବନ ବିଷୟରେ କିଛିଟା ଧାରଣା ହୋଇସାରିଥାଏ । ଏହି ଭିତରେ ସେ ଯେଉଁ ଚିରନ୍ତନ ନୈସର୍ଗିକ ଆନନ୍ଦ, ପ୍ରେମ ଏବଂ ଶାନ୍ତିର ସ୍ୱାଦ ଚାଖିଥାଏ, ତାପରେ ପୁଣି ଫେରି ଆସିବାକୁ ତା'ର ଆଦୌ ଇଚ୍ଛା ନ ଥାଏ । କନ୍ତୁ କୌଣସି ପ୍ରକାରେ ତାକୁ ଫେରିବାକୁ ପଡ଼ିଥାଏ ଏବଂ ପୂର୍ନବାର ତାର ସ୍ଥୁଳ ଶରୀରକୁ ପ୍ରବେଶ କରିଥାଏ ।

ତାପରେ ସେ ଏହି ଘଟଣା ଗୁଡ଼ିକ ତା'ର ପରିବାର ତଥା ବନ୍ଧୁ ବାନ୍ଧବଙ୍କୁ କହିବାକୁ ଚେଷ୍ଟା କରିଥାଏ । କିନ୍ତୁ ଏହି ନୈସର୍ଗିକ ଘଟଣାବଳୀକୁ ବର୍ଣ୍ଣନା କରିବାକୁ ତାକୁ ଏଠାକାର ଭାଷାରେ ପ୍ରକୃତ ଶବ୍ଦ ମିଳିନଥାଏ । ଲୋକମାନେ ହୁଏତ ତା କଥାରେ

ବିଶ୍ୱାସ ନ କରି ପାରନ୍ତି କିନ୍ତୁ ତାହା ପରେ ତା'ର ଜବନ ପୁରାପୁରି ବଦଳି ଯାଇଥାଏ । ତା'ର ଜୀବନ ଓ ଜୀବନ ପରର ଜୀବନ ଉପରେ ଧାରଣା ସଂପୂର୍ଣ୍ଣ ଭାବରେ ବଦଳି ଯାଇଥାଏ ।

ଏ ସମ୍ବନ୍ଧରେ ଆମେ କେତୋଟି ସତ୍ୟ ଘଟଣାର ଉପସ୍ଥାପନା କରିବା

ନିଜର ମୃତ୍ୟୁ ସମ୍ବାଦ ଶୁଣିବା

ଜଣେ ହୃଦରୋଗୀ ସ୍ତ୍ରୀ ଲୋକଙ୍କ ଭାଷାରେ, "ହଠାତ୍ ମୋର ଛାତିରେ ଅସହ୍ୟ ଯନ୍ତ୍ରଣା ଆରମ୍ଭ ହୋଇଯାଇଥିଲା । ଯେମିତିକି ଗୋଟେ ଲୁହାର କ୍ଲାମ୍ପ (clamp) ମୋ ଛାତିରେ ଲାଗିଛି ଏବଂ ତାହା ଆସ୍ତେ ଆସ୍ତେ ଟାଇଟ (tight) କରାଯାଉଛି । ମୁଁ ଅଚେତ ହୋଇ ତଳେ ପଡ଼ିଯାଇଥିଲି । ମୁଁ ନିଜକୁ ଗଭୀର ଅନ୍ଧକାର ଭିତରେ ପାଇଥିଲି । ସେହି ଭିତରେ ମୁଁ ମୋ ସ୍ୱାମୀଙ୍କ କଣ୍ଠସ୍ୱର ଶୁଣିପାରିଥିଲି ଯେମିତିକି ତାହା ବହୁତ ଦୂରରୁ ଭାସି ଆସୁଥିଲା । ସେ କହୁଥିଲେ "ସବୁ ଏହିଥର ଶେଷ ହୋଇଗଲା ।" ମୁଁ ମଧ୍ୟ ଭାବୁଥିଲି ଯେ ମୁଁ ମୃତ ।

ସେହିପରି ଜଣେ ଯୁବକ ଯେ କି ଗୋଟେ ଭୀଷଣ କାର ଦୁର୍ଘଟଣାରେ ମରିଯାଇଛନ୍ତି ବୋଲି ଭାବି ନେଇଥିଲେ, ଜଣେ ସ୍ତ୍ରୀ ଲୋକ କହୁଥିବାର ଶୁଣି ପାରିଥିଲେ "ସେ କ'ଣ ମରି ଯାଇଛନ୍ତି ?" ଏବଂ ଆଉ ଜଣେ କହିଥିଲେ, "ହଁ, ସେ ମରିଯାଇଛନ୍ତି ।"

ଅଫୁରନ୍ତ ଶାନ୍ତି ଅନୁଭବ କରିବା

ବହୁତ ଲୋକ ସେମାନଙ୍କ ମୃତ୍ୟୁ ପରେ ଅତ୍ୟନ୍ତ ଶାନ୍ତି ଏବଂ ଖୁସୀର ବର୍ଣ୍ଣନା କରିଛନ୍ତି ।

ମୁଣ୍ଡରେ ଆଘାତ ଲାଗିବା ପରେ ଜଣଙ୍କୁ ମୃତ ବୋଲି ଘୋଷଣା କରାଯାଇଥିଲା । ସେ ପୁଣି ଜିବୀତ ହେଲା ପରେ କହିଥିଲେ, "ମୁଣ୍ଡରେ ଆଘାତ ଲାଗିଲା ବେଳେ କିଛି ସମୟ ପାଇଁ ଅସହ୍ୟ କଷ୍ଟ ହୋଇଥିଲା କିନ୍ତୁ ହଠାତ୍ ସବୁ କଷ୍ଟ ଉଭେଇ ଯାଇଥିଲା । ମୋତେ ଅନ୍ଧକାର ଭିତରେ ଶୂନ୍ୟରେ ଭାସିଲା ପରି ଲାଗୁଥିଲା । ସେଦିନ ବାତାବରଣ ବହୁତ ଥଣ୍ଡା ଥିଲା । କିନ୍ତୁ ସେହି ଥଣ୍ଡା ଏବଂ ଅନ୍ଧକାର ମଧ୍ୟରେ ମୁଁ ବହୁତ ଉଷ୍ଣତା ଏବଂ ସହଜ ଅନୁଭବ କରିଥିଲି ଯାହା ଆଗରୁ ମୁଁ କେବେହେଲେ ଅନୁଭବ କରିପାରି ନ ଥିଲି ।"

ଆଉ ଜଣେ ସ୍ତ୍ରୀ ଲୋକ ଯାହାଙ୍କୁ ହୃଦଘାତ ହୋଇଥିଲା ଏବଂ ତାଙ୍କୁ ରକ୍ଷା କରାଯାଇପାରିଥିଲା, ସେ କହିଛନ୍ତି "ମୁଁ ଆଶ୍ଚର୍ଯ୍ୟ ଜନକ ଅନୁଭୂତି ପାଇବାକୁ ଲାଗିଥିଲି । ଏ ପୃଥିବୀର ଦୁଃଖକଷ୍ଟ, ମାୟା ମମତା, ଭାବନା ଦୁର୍ଭାବନା କିଛି ହେଲେ ନ ଥିଲା । ଥିଲା କେବଳ ଅଫୁରନ୍ତ ଶାନ୍ତି, ସୁଖ, ନୀରବତା ଏବଂ ଆରାମ । ମୁଁ ଭାବିଥିଲି ମୋର ସବୁ ସମସ୍ୟା ଦୂର ହୋଇଗଲା । ଏ ଜାଗା କେତେ ସୁନ୍ଦର, ଶାନ୍ତିଦାୟକ । ମୋତେ ଆଦୌ କଷ୍ଟ ଲାଗୁନଥିଲା ।"

ସେହି ଶବ୍ଦ -

ମୃତ୍ୟୁ ବେଳେ କିମ୍ବା ମୃତ୍ୟୁର ନିକଟବର୍ତ୍ତୀ ହେଲାବେଳେ ବିଭିନ୍ନ ପ୍ରକାରର ଅସାଧାରଣ ଶବ୍ଦ ଶୁଣାଯାଉଥିବାର ଜଣାଯାଇଛି ।

ଜଣେ ବ୍ୟକ୍ତି ଯେ କି ପ୍ରାୟ କୋଡ଼ିଏ ମିନିଟ କାଳ ମରିଯାଇଥିଲେ, ତାଙ୍କର ପେଟ ଅସ୍ତ୍ରୋପଚାର ବେଳେ, କୁହନ୍ତି ଯେ, ଗୋଟେ ଭଅଁରର ଘୁଂ ଘୁଂ ଶବ୍ଦ ପରି ତୀବ୍ର ଶବ୍ଦ ତାଙ୍କର ମୁଣ୍ଡ ଭିତରୁ ଶୁଣାଯାଉଥିଲା । ତାହା ତାଙ୍କୁ ବହୁତ ଅସହ୍ୟ ବୋଧ ହେଉଥିଲା ।

ଆଉଜଣେ ସ୍ତ୍ରୀ ଲୋକ ମଧ୍ୟ କହିଛନ୍ତି ଯେ, ସେ ଚେତାଶୂନ୍ୟ ହେଲା ପରେ ଗୋଟେ ଭୀଷଣ ଶବ୍ଦ ଶୁଣି ପାରିଥିଲେ । ତାହା ମଧ୍ୟ ଉଁ ଉଁ ଶବ୍ଦ ପରି ଥିଲା ।

ଅନ୍ୟ କେତେକ ସ୍ଥଳରେ ଶବ୍ଦ ଗୁଡ଼ିକ ଅପେକ୍ଷାକୃତ ମଧୁର ଥିଲା । ଯେପରିକି ଜଣେ ତାଙ୍କ ଅନୁଭୂତିରୁ କହିଛନ୍ତି, "ସେ ଖୁବ୍ ଦୂରରୁ ଘଣ୍ଟାଧ୍ୱନି ଆସୁଥିବାର ଶୁଣିପାରୁଥିଲେ ଯାହାକି ଦୂରରୁ ପବନରେ ଭାସି ଆସୁଥିଲା ।" ଯେପରିକି ଘରେ ସବୁ ଓହଳା ହୋଇଥିବା ପବନ ଘଣ୍ଟି (wind chimes) ର ମଧୁର ଶବ୍ଦ ପରି ଭାସି ଆସୁଥିଲା ।

ଅନ୍ଧକାର ସୁଡ଼ଙ୍ଗ -

ପ୍ରାୟ ସମସ୍ତେ କୁହନ୍ତି ମୃତ୍ୟୁ ପରେ ସେମାନେ ଗୋଟେ ଅନ୍ଧକାର ସୁଡ଼ଙ୍ଗ ଭିତର ଦେଇ ଗତି କରିଥାନ୍ତି । ଯିଏ ଯାହାର ଅନୁଭୂତି ଅନୁସାରେ ଏହାକୁ ଅନ୍ଧାରୁଆ ଗୁମ୍ଫା, କୂଅ, ସୁଡ଼ଙ୍ଗ, କାହାଳୀ, ଶୂନ୍ୟତା, ଉପତ୍ୟକା, ସିଲିଣ୍ଡର କିମ୍ବା ସ୍ୱରେଜ ବୋଲି ମଧ୍ୟ କହିଥାନ୍ତି ।

ଜଣେ ବ୍ୟକ୍ତି କହିଛନ୍ତି ଯେ, ଯେତେବେଳେ ପିଲା ଥିଲେ ସେତେବେଳେ ତାଙ୍କର କୌଣସି ରୋଗ ଯୋଗୁଁ ତାଙ୍କୁ ଡାକ୍ତରଖାନାରେ ଭର୍ତ୍ତି କରାଯାଇଥିଲା । ସେମାନେ ତାଙ୍କୁ ଶୁଆଇ ଦେବାକୁ ଇଥର (ether) କୁ ରୁମାଲରେ ଢାଳି ତାଙ୍କ ନାକ ଉପରେ ରଖିଥିଲେ । ତାପରେ ପରେ ତାଙ୍କର ହୃତସ୍ପନ୍ଦନ ବନ୍ଦ ହୋଇଯାଇଥିଲା । ସେତେବେଳେ ତାଙ୍କ କାନ ପାଖରେ ଅଦ୍‌ଭୁତ ଶବ୍ଦ କ୍ରମାଗତ ଭାବରେ ଶୁଣା ଯାଇଥିଲା ଏବଂ ସେ ଗୋଟେ ଅନ୍ଧାରୁଆ ଜାଗା ଦେଇ ଗତି କରିଥିଲେ । ସେ ତାକୁ ଠିକ୍ ଭାବରେ ବାଖ୍ୟା କରିବାକୁ ସଠିକ୍ ଶବ୍ଦ ପାଇ ନ ଥିଲେ ।

ଆଉ ଜଣେ ତାଙ୍କ ଅନୁଭୂତିରୁ କହିଛନ୍ତି, "ମୋର ହଠାତ୍ ଶ୍ୱାସରୁଦ୍ଧ ହୋଇଯାଇଥିଲା । ତା ପରେ ପରେ ହଠାତ୍ ମୁଁ ଗୋଟେ ଅନ୍ଧକାର ଭ୍ୟାକୁମ (Vacuum) ଭିତରେ ତୀବ୍ର ବେଗରେ ଗତି କରିବାକୁ ଲାଗିଥିଲି । ତାକୁ ଗୋଟେ ସୁଡ଼ଙ୍ଗ ମଧ୍ୟ କହିପାର । ମୋତେ ଏମିତି ବି ଲାଗିଥିଲା, ମୁଁ ଯେମିତି ଗୋଟେ ପାର୍କର ରୋଲର କୋଷ୍ଟର (Roller coaster) ରେ ତୀବ୍ର ବେଗରେ ଗତି କରୁଥିଲି ।

ଭୀଷଣ ରୋଗରେ ପୀଡ଼ିତ ହୋଇ ଜଣେ ବ୍ୟକ୍ତି ମୃତ୍ୟୁର ପାଖାପାଖି ପହଞ୍ଚି ଯାଇଥିଲେ । ତାଙ୍କର ଶରୀର ଅଣ୍ଡା ପଡ଼ି ଯାଇଥିଲା । ସେ କହିଛନ୍ତି, "ମୁଁ ଗୋଟେ ପୁରାପୁରି ନିବିଡ଼ ଅନ୍ଧକାର ଭିତରେ ଥିଲି । ତାହାକୁ ବର୍ଣ୍ଣନା କରିବା ଅସମ୍ଭବ । କିନ୍ତୁ ମୁଁ ଗୋଟେ ଭ୍ୟାକୁମ (vacuum) ଭିତର ଦେଇ ଗତି କରୁଥିଲା ପରି ଲାଗୁଥିଲା । ମୋତେ ଲାଗୁଥିଲା ମୁଁ ପୁରାପୁରି ଚେତନାରେ ଥିଲି । ମୁଁ ତ କିଛି ଦେଖି ପାରୁ ନ ଥିଲି । କିନ୍ତୁ ମୋତେ ଡର, ଭୟ ବା ଚିନ୍ତା କିଛି ଆସୁ ନ ଥିଲା । ଏହା ଗୋଟେ ସିଲିଣ୍ଡର (cylinder) ପରି ଥିଲା ଯେଉଁଥିରେ କି ବାୟୁ ନ ଥିଲା ।

■

॥ ୯ ॥

ଶରୀର ବାହାରେ ଅନୁଭୂତି

ଆମେମାନେ ଆମର ସ୍ଥୂଳ ଶରୀରକୁ ନେଇ ବଞ୍ଚି ରହିଛେ । ଆମର ବି ଗୋଟେ ମସ୍ତିଷ୍କ ଅଛି ଏବଂ ସେଥିରେ ଚିନ୍ତନ ଶକ୍ତି ଅଛି । ଏହି ଚିନ୍ତନ ଶକ୍ତି ହୁଏତ ମସ୍ତିଷ୍କ ଭିତରେ ବୈଦ୍ୟୁତିକ ଏବଂ ରାସାୟନିକ ପ୍ରକ୍ରିୟାର ଏକ ପ୍ରତିକ୍ରିୟା ହୋଇପାରେ ଯାହାକି ଆମର ସ୍ଥୂଳ ଶରୀରର ଅଂଶ ବିଶେଷ । ବହୁତ ଲୋକଙ୍କ ପାଇଁ ସ୍ଥୂଳ ଦେହ ବ୍ୟତୀତ ଅନ୍ୟ କୌଣସି ପ୍ରକାରେ ବଞ୍ଚିବାର କଳ୍ପନା କରିବା ଅସମ୍ଭବ । ସେଇଥିପାଇଁ ବୋଧହୁଏ ସେହି ଅନ୍ଧକାର ସୁଡ଼ଙ୍ଗରେ ତୀବ୍ର ବେଗରେ ଗତି କରି ସାରିଲା ପରେ ସେ ଆଶ୍ଚର୍ଯ୍ୟରେ ଅଭିଭୂତ ହୋଇପଡ଼ିଥାଏ । କାହିଁକିନା ଏହି ସ୍ଥାନରେ ସେ ନିଜକୁ ନିଜ ସ୍ଥୂଳ ଶରୀରର ବାହରେ ଥିବାର ଅନୁଭବ କରିଥାଏ । ସେ ନିଜର ସ୍ଥୂଳ ଶରୀରକୁ ଜଣେ ତୃତୀୟ ପୁରୁଷ ପରି ବାହାରୁ ଦେଖି ପାରିଥାଏ ।

ସେହିପରି କେତେକ ସତ୍ୟ ଘଟଣା :

●●

ମୁଁ ସେତେବେଳେ ସତର ବର୍ଷର ଥିଲି । ମୁଁ ଏବଂ ମୋର ଭାଇ ଗୋଟେ ଆମ୍ୟୁଜମେଣ୍ଟ ପାର୍କ (amusement park) ରେ କାମ କରୁଥିଲୁ । ଦିନେ ଉପରବେଳା ଆମେମାନେ ନିଷ୍ପତ୍ତି ନେଇଥିଲୁ ପହଁରିବାକୁ ଯିବା ପାଇଁ । କେହି ଜଣେ ପ୍ରସ୍ତାବ ଦେଇଥିଲା ହ୍ରଦର ଏପଟରୁ ସେପଟକୁ ପହଁରି କରି ଯିବାପାଇଁ । ମୋ ପାଇଁ ଏହା କିଛି ବଡ଼ କଥା ନ ଥିଲା । ମୁଁ ଏମିତି ବହୁତଥର ପହଁରି କରି ଯାଇଛି । କିନ୍ତୁ

ସେଦିନ କ'ଣ ହେଲା କେଜାଣି, ହ୍ରଦର ମଝିଆ ମଝି ମୁଁ ବୁଡ଼ି ଯିବାକୁ ଲାଗିଲି । ମୁଁ ପାଣି ଭିତରେ ଉବୁଟୁବୁ ହେଉଥିଲି । ହଠାତ୍ ମୁଁ ଅନୁଭବ କରିଥିଲି, ମୁଁ ଯେପରି ମୋର ଶରୀର ଠାରୁ ଦୂରରେ ଅଛି । ଯେମିତି ପାଣିର ଉପରେ ଅଛି । ମୁଁ ସ୍ଥିର ଭାବରେ ହ୍ରଦ ଜଳରାଶିର ଉପରୁ ମୋର ଶରୀରକୁ ତିନି ଚାରି ଫୁଟ ଦୂରରେ ଉବୁଟୁବୁ ହେଉଥିବାର ଦେଖି ପାରୁଥିଲି । ଯଦିଓ ମୁଁ ମୋର ଶରୀର ବାହାରେ ଥିଲି ତଥାପି ମଧ୍ୟ ମୋର ଅନ୍ୟ ଏକ ଶରୀର ଥିବା ଅନୁଭବ କରି ପାରୁଥିଲି । ମୋର ଦେହ ପକ୍ଷୀ ପରି ହାଲୁକା ଲାଗୁଥିଲା । ସେହି ଅନୁଭୂତି ବର୍ଣ୍ଣନା କରିବା ଏକପ୍ରକାର ଅସମ୍ଭବ ।

●●

ଜଣେ ମହିଳା କହିଛନ୍ତି - ବର୍ଷେ ତଳେ ମୋର ହୃଦୟ ରୋଗ ପାଇଁ ଡାକ୍ତରଖାନାରେ ଭର୍ତ୍ତି ହୋଇଥିଲି । ଦିନେ ସକାଳୁ ଡାକ୍ତରଖାନା ଖଟରେ ଶୋଇଥିଲାବେଳେ ମୋ ଛାତିରେ ଭୀଷଣ ଯନ୍ତ୍ରଣା ଅନୁଭବ କରିଥିଲି । ମୁଁ ବେଲ ବଜାଇ ନର୍ସଙ୍କୁ ଡାକିଥିଲି । ସେମାନେ ଆସି ମୋର ଦେଖାଶୁଣା କରିଥିଲେ । ମୁଁ ଚିତ ହୋଇ ଶୋଇ ରହିଥିଲି । ମୋତେ ଅସୁବିଧା ଲାଗିବାରୁ ମୁଁ କଡ଼ ଲେଉଟାଇ ଶୋଇବାକୁ ଚେଷ୍ଟା କରିଥିଲି । ସେହି କଡ଼ ଲେଉଟାଇବା ସମୟରେ ମୋର ନିଶ୍ୱାସ ପ୍ରଶ୍ୱାସ ବନ୍ଦ ହୋଇଯାଇଥିଲା ଏବଂ ମୋର ହାର୍ଟ କାମ କରିବା ବନ୍ଦ କରି ଦେଇଥିଲା । ସେତେବେଳେ ମଧ୍ୟ ମୁଁ ନର୍ସ ମାନେ ପାଟି କରୁଥିବାର ଶବ୍ଦ "କୋଡ଼ ପିଙ୍କ, କୋଡ଼ ପିଙ୍କ" (code pink, code pink) ଶୁଣି ପାରିଥିଲି । ସେମାନେ ଏହା କହୁଥିବା ସମୟରେ ମୁଁ ଅନୁଭବ କରିଥିଲି ଯେପରିକି ମୁଁ ମୋ ଶରୀରରୁ ବାହାରି ଆସୁଛି ଏବଂ ମୋର ବିଛଣା ଏବଂ ଖଟର ରେଲିଂ ଭିତରେ ପଶି ମୁଁ ଚଟାଣକୁ ଖସି ଆସୁଛି । ପୁଣି ଚଟାଣରୁ ମୁଁ ଆସ୍ତେ ଆସ୍ତେ ଉପରକୁ ଉଠିବାରେ ଲାଗିଥିଲି । ସେହି ଭିତରେ ମୁଁ ଦେଖି ପାରୁଥିଲି ପୁଣି କେତେଜଣ ନର୍ସ ମୋ ପାଖକୁ ଦୌଡ଼ି ଆସୁଥିଲେ । ସେମାନେ ପ୍ରାୟ ଡଜନେ ଖଣ୍ଡେ ହେବେ । ମୁଁ ମଧ୍ୟ ଦେଖିପାରୁଥିଲି ମୋର ଡାକ୍ତରଙ୍କୁ ଡକା ହୋଇଥିଲା ଏବଂ ସେ ମଧ୍ୟ ଆସିଯାଇଥିଲେ । ମୁଁ ଆସ୍ତେ ଆସ୍ତେ ଉପରକୁ ଉଠୁଥିଲି । ପୁରାପୁରି ଛାତ ତଳେ ମୁଁ ରହିଯାଇଥିଲି । ମୁଁ ତଳକୁ ଚାହିଁଥିଲି । ମୁଁ ଖଣ୍ଡେ କାଗଜ ପରି ଅନୁଭବ କରୁଥିଲି । ଯେମିତି କି ଜଣେ ଖଣ୍ଡେ କାଗଜକୁ ପବନ ଦ୍ୱାରା ଉଡ଼ାଇ ଦେଇଛି ।

ମୁଁ ଦେଖୁଥିଲି ମୋର ଶରୀର ଖଟ ଉପରେ ପଡ଼ିଥିଲା । ତାକୁ ବେଢ଼ି ଡାକ୍ତର, ନର୍ସ ମାନେ ଠିଆ ହୋଇଥିଲେ । ଜଣେ ନର୍ସ କହିଥିବାର ମୁଁ ଶୁଣି ପାରିଥିଲି, "ହେ ଭଗବାନ, ସେ ଚାଲିଗଲେ ।" ଆଉ ଜଣେ ନର୍ସ ମୋ ଶରୀର ଉପରେ ଝୁଙ୍କି ପଡ଼ି ମୋ ମୁହଁରେ

ମୁହଁ ଲଗାଇ ଶ୍ୱାସକ୍ରିୟାର ପୁନରୁଦ୍ଧାର କରିବାକୁ ଚେଷ୍ଟା କରୁଥିଲେ । ସେ ଏହା କରୁଥିଲାବେଳେ ମୁଁ ତାଙ୍କ ମୁଣ୍ଡର ପଛ ପଟ ହିଁ ଦେଖି ପାରୁଥିଲି । ତାଙ୍କର ସେହି ଛୋଟ ଛୋଟ ବାଳକୁ ମୁଁ କେବେହେଲେ ଭୁଲି ପାରିବି ନାହିଁ । ସେତିକିବେଳେ ମୁଁ ଦେଖିବାକୁ ପାଇଥିଲି ସେମାନେ ଗୋଟେ ମେସିନ ଗଡ଼ାଇ ଗଡ଼ାଇ ଆଣୁଥିବାର । ପରେ ପରେ ସେମାନେ ମୋ ଛାତିରେ ଇଲେକ୍‌ଟ୍ରିକ୍ ସକ୍ (electric shock) ଦେଇଥିଲେ । ମୁଁ ଦେଖି ପାରୁଥିଲି ସକ୍ ପାଇ ମୋର ପୁରା ଶରୀର ଖଟ ଉପରୁ ଉଠିଯାଉଥିଲା ଏବଂ ମୁଁ ମୋ ଦେହର ହାଡ଼ ଗୁଡ଼ିକର କଡ଼ କଡ଼ ହୋଇ ଫୁଟିବା ଶବ୍ଦ ଶୁଣି ପାରୁଥିଲି । ସେମାନେ ମୋର ଛାତିକୁ ଦବାଉଥିଲେ ଏବଂ ଗୋଡ଼, ହାତକୁ ଘଷୁଥିଲେ । ମୁଁ ଭାବୁଥିଲି ସେମାନେ ଏତେ ବ୍ୟସ୍ତ ହୋଇପଡୁଛନ୍ତି କାହିଁକି ? ମୁଁ ତ ବର୍ତ୍ତମାନ ଭଲରେ ଅଛି ।

●●

ଆଉଜଣେ ଯୁବକ ବର୍ଣ୍ଣନା କରିଥିଲେ - ପ୍ରାୟ ଦୁଇବର୍ଷ ତଳେ । ମୋତେ ସେତେବେଳେ 19 ବର୍ଷ । ମୁଁ ମୋର ଜଣେ ସାଙ୍ଗକୁ ତା ଘରେ ଛାଡ଼ିବାକୁ ଯାଉଥିଲି । ମୁଁ ଯେତେବେଳେ ସେହି ଛକରେ ପହଞ୍ଚିଥିଲି, ଗାଡ଼ି ସ୍ଥିର କରି ଦୁଇ ପାର୍ଶ୍ୱକୁ ଦେଖିଥିଲି । କୌଣସି ଗାଡ଼ି ଦେଖାଯାଇ ନ ଥିଲା । ମୁଁ ମୋ ଗାଡ଼ିର ଆକ୍ସିଲେଟର (Accelerator) ଦବାଇ ଦେଇଥିଲି । ତା ପରେ ପରେ ମୋ ସାଙ୍ଗର ଭୀଷଣ ଚିତ୍କାର ଶୁଣି ପାରିଥିଲି । ସେହି ମୁହୂର୍ତ୍ତରେ ମୁଁ ଦେଖି ପାରିଥିଲି ଗୋଟେ କାର ର ହେଡ଼ ଲାଇଟ (Head Light) ଯାହାକି ଦ୍ରୁତ ଗତିରେ ମାଡ଼ି ଆସୁଥିଲା । ଆଉ କିଛି କରିବାର ସମୟ ବା ଉପାୟ ନ ଥିଲା । ସେ କାର ପ୍ରଚଣ୍ଡ ଶବ୍ଦ କରି ମୋ କାରର ସାଇଡ଼୍‌ରେ ବାଡ଼େଇ ହୋଇଯାଇଥିଲା । ମୋତେ ଲାଗିଲା ମୁଁ ଯେମିତି ଗୋଟେ ଅନ୍ଧାର ସୁଡ଼ଙ୍ଗରେ ତୀବ୍ର ଗତିରେ ଯାଇଥିଲି । ତାପରେ ମୁଁ ନିଜକୁ ରାସ୍ତାର ପାଞ୍ଚ ଫୁଟ ଉପରେ, ଗାଡ଼ିଠାରୁ ପ୍ରାୟ 15 ଫୁଟ ଦୂରରେ ଆବିଷ୍କାର କରିଥିଲି । ଦୁର୍ଘଟଣା ସମୟର ପ୍ରଚଣ୍ଡ ଶବ୍ଦର ପ୍ରତିଧ୍ୱନି ଏ ପର୍ଯ୍ୟନ୍ତ ମଧ୍ୟ ଶୁଣାଯାଉଥିଲା । ମୁଁ ଆଉ ମଧ୍ୟ ଦେଖି ପାରିଥିଲି ଲୋକମାନେ ଦୁର୍ଘଟଣା ସ୍ଥଳକୁ ଦୌଡ଼ି ଆସୁଥିଲେ । ବହୁତ ଲୋକ ଜମା ହୋଇଯାଇଥିଲେ । ମୋ ସାଙ୍ଗ କାର ଭିତରୁ ବିଚଳିତ ହୋଇ ବାହାରି ଆସୁଥିବାର ମଧ୍ୟ ମୁଁ ଦେଖି ପାରିଥିଲି । ସବୁଠାରୁ ବଡ଼କଥା ହେଲା ମୁଁ ମୋର ଶରୀର କାର ଭିତରେ ଚିପି ହୋଇ ରହିଥିବାର ସ୍ପଷ୍ଟ ଭାବରେ ଦେଖି ପାରୁଥିଲି । ମୋ ଗୋଡ଼ ଦୁଇଟା ପୁରାପୁରି ମୋଡ଼ି ହୋଇ ଚିପି ହୋଇଯାଇଥିଲା । ଚାରିଆଡ଼େ ରକ୍ତ ଛିଟିକି ପଡ଼ିଥିଲା । ଲୋକମାନେ ମୋର ଶରୀରକୁ ଗାଡ଼ି ଭିତରୁ ବାହାର କରିବାକୁ ଚେଷ୍ଟା କରୁଥିଲେ ।

ଯେଉଁମାନେ ଏହିପରି ପରିସ୍ଥିତିରେ ଉପନୀତ ହୋଇଥାନ୍ତି, ସେମାନଙ୍କ ମନରେ ଏକ ପ୍ରକାର ଅଦ୍‌ଭୁତ ଭାବନା ବା ଅନୁଭୂତି ଦେଖାଯାଇଥାଏ । ଶରୀର ବାହାରେ ନିଜ ଶରୀରକୁ ଦେଖିବାଟା କେତେକଙ୍କୁ ଏତେ ଅବିଶ୍ୱାସନୀୟ ବୋଧ ହୁଏଯେ, ଯଦିଓ ସେମାନେ ପ୍ରକୃତରେ ତାକୁ ଅନୁଭବ କରୁଥାନ୍ତି ତଥାପି ସେମାନେ ପୁରାପୁରି ଦ୍ୱନ୍ଦରେ ପଡ଼ିଯାଇଥାନ୍ତି ଏବଂ ଏହାକୁ ସେମାନଙ୍କ ମୃତ୍ୟୁ ସାଙ୍ଗରେ ବହୁତ ସମୟ ଯାଏଁ ଯୋଡ଼ି ନ ଥାନ୍ତି । ସେମାନେ ଆଶ୍ଚର୍ଯ୍ୟାନ୍ୱିତ ହୋଇଯାଇଥାନ୍ତି ଯେ ତାଙ୍କର କ'ଣ ହୋଇଗଲା । ସେମାନେ କାହିଁକି ନିଜକୁ ନିଜ ଶରୀର ଠାରୁ ଦୂରରେ ଜଣେ ଦର୍ଶକ ପରି ଦେଖୁଛନ୍ତି ।

ଏହି ଅଦ୍‌ଭୁତ ପରିସ୍ଥିତିରେ ବିଭିନ୍ନ ଭାବ ପ୍ରବଣତା ପ୍ରକାଶ ପାଇଥାଏ । ଅଧିକାଂଶ ଲୋକ ପ୍ରଥମେ ନିଜର ଶରୀରକୁ ଫେରି ଯିବାକୁ ପ୍ରବଳ ଇଚ୍ଛା କରିଥାନ୍ତି । କିନ୍ତୁ ସେମାନେ ଏହାକୁ କିପରି ଭାବରେ କରି ପାରିବେ ସେଥିପାଇଁ ଟିକିଏ ମଧ୍ୟ ଧାରଣା ନ ଥାଏ । କେତେକ ତ ଅତ୍ୟଧିକ ଭୟଭୀତ ହୋଇ ପଡ଼ିଥାନ୍ତି । କିନ୍ତୁ ଅନ୍ୟ କେତେକ ବହୁତ ସାକାରାତ୍ମକ ପ୍ରତିକ୍ରିୟା ରଖିଥାନ୍ତି ।

●●

ଯେମିତିକି ଜଣେ କହିଛନ୍ତି – ମୋର ଦେହ ବହୁତ ଖରାପ ହୋଇଯାଇଥିଲା ଏବଂ ମୋତେ ଡାକ୍ତରଖାନାରେ ଭର୍ତ୍ତି କରାଯାଇଥିଲା । ଦିନେ ସକାଳେ ମୁଁ ଅନୁଭବ କରିଥିଲି ଯେ ମୋ ଦେହ ଚାରିପାଖେ ଘନ କୁହୁଡ଼ି ଘେରି ଯାଇଥିଲା ଏବଂ ମୁଁ ଶରୀର ତ୍ୟାଗ କରିଥିଲି । ମୁଁ ଶରୀରରୁ ବାହାରିଗଲା ବେଳେ ଶୂନ୍ୟରେ ଭାସିବା ପରି ଅନୁଭବ କରିଥିଲି । ମୁଁ ପଛକୁ ଅନାଇ ଦେଖିଲି ମୋର ଶରୀର ଖଟ ଉପରେ ପଡ଼ି ରହିଛି । ମୁଁ ଆଦୌ ଭୟଭୀତ ହୋଇ ନ ଥିଲି ବରଂ ମୋତେ ପୁରା ଶାନ୍ତି ଅନୁଭବ ହେଉଥିଲା । ମୁଁ ଭାବୁଥିଲି, ମୁଁ ବୋଧହୁଏ ମରି ଯାଇଛି ଏବଂ ମୁଁ ଯଦି ମୋ ଶରୀରକୁ ନ ଫେରିବି ତେବେ ମୁଁ ଚିରଦିନ ପାଇଁ ମରିଯିବି ।

କେତେକ ଲୋକ ଅନୁଭବ କରିଛନ୍ତି ଯେ ସେମାନେ ଶରୀର ତ୍ୟାଗ କଲା ପରେ ଅନ୍ୟ ଏକ ଶରୀରରେ ପ୍ରବେଶ କରନ୍ତି । କିନ୍ତୁ ସେ ଶରୀର କିପରି ସେମାନେ ତାହା ବର୍ଣ୍ଣନା କରିବାରେ ସଫଳ ହୋଇପାରି ନାହାନ୍ତି । ସେଥିପାଇଁ ଆମର ଏ ଚିରାଚରିତ ଭାଷାରେ ଅଭାବ । ତା'ର ଅର୍ଥ ଆମର ପୃଥିବୀ ପୃଷ୍ଠର ଭାଷାରେ ତାହାକୁ ବର୍ଣ୍ଣନା କରାଯାଇ ପାରିବା ଏକପ୍ରକାର ଅସମ୍ଭବ । କିନ୍ତୁ ସେମାନେ ଯାହାବି ବର୍ଣ୍ଣନା କରିଛନ୍ତି ସେଥିରୁ ଜାଣିହୁଏ ଯେ, ସେ ଶରୀର ଏପରି ପାର୍ଥିବ ଶରୀର ନୁହେଁ । ତାହାକୁ

ଆମେ ଆଧ୍ୟାତ୍ମିକ ଶରୀର (spiritual body) କହି ପାରିବା । ଯାହାର ଓଜନ ନାହିଁ । ଯାହା ପାରଦର୍ଶୀ, ଆକାର ବିହୀନ । ଏହା ହୁଏତ ଅନ୍ୟ କେଉଁ ପରିମାପ (dimension) ର ଶରୀର ହୋଇଥାଏ ପାରେ ଯାହା ଆମ ବର୍ତ୍ତମାନ ଜ୍ଞାନର ପରିସୀମା ବାହାରେ ।

●●

ଜଣେ ସ୍ତ୍ରୀ ଲୋକ ଶ୍ୱାସ ରୋଗରେ ପୀଡ଼ିତ ହୋଇ ଡାକ୍ତରଖାନାରେ ଚିକିତ୍ସିତ ହେଉଥିଲେ । ସେ କହିଛନ୍ତି -

ମୁଁ ଦେଖୁଥିଲି ସେମାନେ ମୋତେ କୃତ୍ରିମ ଶ୍ୱାସକ୍ରିୟା କରାଇ ରକ୍ଷା କରିବାକୁ ଚେଷ୍ଟା କରୁଥିଲେ । ମୋତେ ଏହା ବଡ଼ ଅଦ୍‌ଭୁତ ଲାଗୁଥିଲା । ମୁଁ ସେମାନଙ୍କର ଠିକ୍ ଉପରେ ଥିଲି ଏବଂ ସେମାନଙ୍କ ସାଙ୍ଗରେ କଥା ହେବା ପାଇଁ ଚେଷ୍ଟା କରୁଥିଲି । କିନ୍ତୁ ସେମାନେ ମୋ କଥା ଶୁଣି ପାରୁ ନ ଥିଲେ । ସେମାନେ ମୋତେ ମଧ୍ୟ ଦେଖି ପାରୁ ନ ଥିଲେ । ଡାକ୍ତର, ନର୍ସ ମାନେ ମୋ ଶରୀର ଉପରେ ବିଭିନ୍ନ ପ୍ରକାର ଚେଷ୍ଟା କରୁଥିଲେ ମୋତେ ପୁଣି ଫେରାଇ ଆଣିବାକୁ । ମୁଁ କହିଥିଲି "ମୋତେ ଏକା ଛାଡ଼ିଦିଅ । ଏପରି କରିବାର କୌଣସି ଆବଶ୍ୟକତା ନାହିଁ ।" କିନ୍ତୁ ସେମାନେ ମୋ କଥା ଶୁଣି ପାରୁ ନ ଥିଲେ । ତେଣୁ ମୁଁ ଡାକ୍ତରଙ୍କ ହାତଧରି ମୋ ଶରୀରକୁ ଆଉ ସେପରି ନ କରିବାକୁ କହିଥିଲି । କିନ୍ତୁ ମୁଁ ତାଙ୍କ ହାତ ଘୁଞ୍ଚାଇ ପାରି ନ ଥିଲି । ସେ ମଧ୍ୟ କିଛି ଅନୁଭବ କରି ପାରିନଥିଲେ । ମୁଁ ମଧ୍ୟ ତାଙ୍କ ହାତର ସ୍ପର୍ଶ ଅନୁଭବ କରି ପାରି ନ ଥିଲି । ଲୋକମାନେ ସେଠାକୁ ଯିବା ଆସିବା କରୁଥିଲେ । ସେ ଜାଗା ଅଣଓସାରିଆ ଥିଲା । ମୁଁ ତ ମଝିରେ ଥିଲି । ମୁଁ ଲୋକ ମାନଙ୍କୁ ଦେଖି ପାରୁଥିଲି । କିନ୍ତୁ ସେମାନେ ମୋତେ ଦେଖି ପାରୁନଥିଲେ । ମୋର ବହୁତ ନିକଟକୁ ଆସିଲେ ମଧ୍ୟ ସେମାନେ ସିଧା ଆଗକୁ ଅନାଇ ଚାଲିଯାଉଥିଲେ ।

ପୁଣି ପ୍ରାୟ ସମସ୍ତେ କହିଥାନ୍ତି ଯେ ଏହି ଆଧ୍ୟାତ୍ମିକ ଶରୀର (spiritual body) ଓଜନ ବିହୀନ । ସେମାନେ ଯେମିତି ଶୂନ୍ୟରେ ଭାସୁଥିବାର ବା ଛାତ ତଳେ ଭାସୁଥିବାର ଅନୁଭବ କରିଥାନ୍ତି । ସେମାନେ ଗୋଟେ ଭାସମାନ ଅବସ୍ଥାରେ ଥିଲା ପରି ଅନୁଭବ କରିଥାନ୍ତି ।

ସାଧାରଣତଃ ଆମେ ଜୀବିତ ଅବସ୍ଥାରେ ଆମ ଶରୀରର ବିଭିନ୍ନ ଅଙ୍ଗ ପ୍ରତ୍ୟେଙ୍ଗ ଚାଳନା କରିଥାଉ । ଆମେ ଆମର ଖଞ୍ଜା ଗୁଡ଼ିକ, ମାଂସପେଶୀ ଗୁଡ଼ିକ ଆମ ଜାଣତରେ ବା ଅଜାଣତରେ ପରିଚାଳନା କରିଥାଉ । ଯେପରିକି ଆମେ ଚାଲିଲା ବେଳେ ପ୍ରତି

ପଦକ୍ଷେପକୁ ନ ଦେଖି ଚାଲିଥାଉ । ଯେପରିକି ଟାଇପ କଲାବେଳେ ଆମେ ଟାଇପରାଇଟରର କି ବୋର୍ଡ଼ (Key Board) କୁ ନ ଦେଖି ମଧ୍ୟ ଟାଇପ୍ କରିଥାଉ । ପୁଣି ଆଖି ବୁଜିକରି ମଧ୍ୟ ଆମେ ଆମର ହାତ, ଗୋଡ଼କୁ ଆମ ଶରୀରର ବିଭିନ୍ନ ସ୍ଥାନରେ ସଂପର୍କ ସ୍ଥାପନ କରିପାରିଥାଉ । ଏହା ସ୍ୱୟଂକ୍ରିୟ ଭାବରେ ଆମ ଶରୀରର ବିଶେଷ ଶକ୍ତି ଯୋଗୁଁ ହୋଇଥାଏ ।

ଆଧ୍ୟାତ୍ମିକ ଶରୀର (spirutual body) ଯଦିଓ ପ୍ରଥମରୁ ସିମୀତ ଜଣାପଡ଼େ ପ୍ରକୃତରେ ଆସ୍ତେ ଆସ୍ତେ ତାହା ଅସିମୀତ ଜଣା ପଡ଼ିଥାଏ । ଯେପରିକି ସେହି ଶରୀରରେ ଜଣେ ଅନ୍ୟମାନଙ୍କୁ ଦେଖି ପାରିବ, ଶୁଣି ପାରିବ କିନ୍ତୁ ଅନ୍ୟମାନେ ତାକୁ ଦେଖି ପାରିବେ ନାହିଁ କି ଶୁଣି ପାରିବେ ନାହିଁ । ଦୁଆର ଖୋଲିଲା ବେଳକୁ ଯଦି ଏହା ଦୁଆର ହ୍ୟାଣ୍ଡେଲକୁ ସ୍ପର୍ଶକରେ ତେବେ ତା'ର ହାତ ହ୍ୟାଣ୍ଡେଲ ଦେଇ ବାହାରି ଆସିବ ଅର୍ଥାତ୍ ତାହା ଉପରେ କିଛି ବି ପ୍ରଭାବ ପକାଇ ପାରିବ ନାହିଁ ।

କିନ୍ତୁ ତାହାର କୌଣସି ଆବଶ୍ୟକତା ନାହିଁ । କାହିଁକିନା ଏ ଶରୀର ଦ୍ୱାର ବନ୍ଦ ଥିଲେ ମଧ୍ୟ ତା ଭିତର ଦେଇ ଗତି କରି ପାରିବ । ଏହି ଶରୀରକୁ କୌଣସି ବସ୍ତୁ ତା'ର ଯାତାୟତ ରେ ବାଧା ଦେଇ ପାରିବ ନାହିଁ । ଏବଂ ତା'ର ଗତି ତତ୍କ୍ଷଣାତ ଯଥେଷ୍ଟ ଦ୍ରୁତ ହୋଇ ପାରିଥାଏ ।

ଏହି ସୂକ୍ଷ୍ମ ଶରୀରର ଏକ ଆକୃତି ଥାଏ । ଯାହାକି ଜୀବିତ ଅବସ୍ଥାରେ ଥିଲାବେଳେ ସ୍ଥୂଳ ଶରୀର ସହ ପ୍ରାୟ ସାମଞ୍ଜସ୍ୟ ଥାଏ । ବେଳେବେଳେ ଏହା ଗୋଲାକାର ବା ଧୂଆଁଳିଆ ହୋଇଥାଏ । କିନ୍ତୁ ତାହାର ଏକ ନିର୍ଦ୍ଦିଷ୍ଟ ରୂପ ଥାଏ । ଯେମିତି ଆଗରୁ କୁହାଯାଇଛି ଏହାକୁ ଏହି ପାର୍ଥିବ ଶବ୍ଦରେ ବାଖ୍ୟା କରିବା କଠିନ ।

ମରିଯାଇଥିବା ଲୋକଙ୍କର ଏକାକୀତ୍ୱ ଭାବ ଚଞ୍ଚଳ ଅପସରି ଯାଇଥାଏ । କିଛି ସମୟ ପରେ କେଉଁ ଏକ ମୁହୂର୍ତ୍ତରେ ଅନ୍ୟ କିଛି ଆତ୍ମା ତାଙ୍କ ପାଖକୁ ଆସିଥାନ୍ତି ତାଙ୍କୁ ତାଙ୍କର ଏହି ପଥରେ ସାହାଯ୍ୟ କରିବାକୁ । ସାଧାରଣତଃ ସେମାନେ ତାଙ୍କର ମରିଯାଇଥିବା ସଂପର୍କୀୟ ବା ସାଙ୍ଗ ସାଥୀ ହୋଇଥାନ୍ତି ଯାହାଙ୍କୁ ସେ ତାଙ୍କର ଜୀବିତ ଅବସ୍ଥାରେ ଜାଣିଥିଲେ । ଅଧିକାଂଶ କ୍ଷେତ୍ରରେ ସେମାନଙ୍କ ସହ ଏକ ଭିନ୍ନ ଚରିତ୍ରର ସୂକ୍ଷ୍ମ ଆତ୍ମା ମଧ୍ୟ ପ୍ରକାଶିତ ହୋଇଥାନ୍ତି ।

●●

ଜଣେ ମହିଳାଙ୍କ ଭାଷାରେ - ଏ ହେଉଛି ମୋର ପିଲା ଜନ୍ମ କରିବା ସମୟର ଘଟଣା । ଡେଲିଭେରୀ ବହୁତ କଠିନ ଥିଲା । ମୁଁ ବହୁତ ରକ୍ତ ହରାଇ ବସିଥିଲି ।

ଡାକ୍ତର ଆଶା ଛାଡ଼ି ଦେଇଥିଲେ ଏବଂ କହିଥିଲେ ଅଳ୍ପ ସମୟ ଭିତରେ ମୋର ମୃତ୍ୟୁ ହୋଇଯିବ । ମୁଁ ସବୁ କିଛି ଶୁଣିପାରୁଥିଲି ଏବଂ ଦେଖି ମଧ୍ୟ ପାରୁଥିଲି । ମୁଁ ହଠାତ୍ ଅନୁଭବ କରିପାରିଥିଲି ଯେ ମୋ ଚାରି ପାଖରେ ଅନ୍ୟ ଆତ୍ମାମାନେ ମଧ୍ୟ ଅଛନ୍ତି । ସେମାନେ ଘରର ଛାତ ପାଖରେ ଖେଳି ଯାଇଥିଲେ । ସେମାନଙ୍କୁ ମୁଁ ଜାଣିଥିଲି ଯେଉଁମାନେ କି ପୂର୍ବରୁ ମୃତ୍ୟୁବରଣ କରିଥିଲେ । ମୁଁ ମୋ ଜେଜେ ମା'ଙ୍କୁ ଚିହ୍ନି ପାରିଥିଲି । ଆଉ ଜଣେ ଝିଅ ଯେ କି ମୋ ସାଙ୍ଗରେ ସ୍କୁଲରେ ପଢୁଥିଲା ତାକୁ ମଧ୍ୟ ଜାଣି ପାରିଥିଲି । ମୁଁ କେବଳ ସେମାନଙ୍କର ମୁହଁ ଗୁଡ଼ିକ ଦେଖି ପାରୁଥିଲି କିନ୍ତୁ ସେମାନଙ୍କର ଅସ୍ତିତ୍ୱକୁ ପୁରା ଅନୁଭବ କରିପାରୁଥିଲି । ମୋତେ ଲାଗିଥିଲା ଯେମିତି ସେମାନେ ମୋତେ ଦିଗଦର୍ଶନ ଦେବା ପାଇଁ ଆସିଛନ୍ତି । ମୋତେ ତ ଲାଗିଥିଲା ଯେମିତିକି ମୁଁ ମୋ ଘରକୁ ଆସିଛି ଏବଂ ସେମାନେ ମୋତେ ଆଦର ସହକାରେ ସ୍ୱାଗତ କରୁଛନ୍ତି । ପ୍ରକୃତରେ ସେ କ୍ଷଣ ବହୁତ ଆନନ୍ଦଦାୟକ ଏବଂ ପରମ ଶାନ୍ତି ପ୍ରଦାୟକ ଥିଲା ଯାହା ଭାଷାରେ ବର୍ଣ୍ଣନା କରିହେବନାହିଁ ।

●●

ଆଉଜଣେ କହିଛନ୍ତି – ମୋର ଡାକ୍ତରଖାନାକୁ ଆସିବାର କିଛି ମାସ ଆଗରୁ ମୋର ସାଙ୍ଗ ବବ୍‌ର ମୃତ୍ୟୁ ହୋଇଥିଲା । ଏବେ ଡାକ୍ତରଖାନାରେ ଯେତେବେଳେ ମୁଁ ମୋ ଶରୀର ବାହାରକୁ ଆସିଥିଲି ସେତେବେଳେ ମୁଁ ଅନୁଭବ କରିଥିଲି ଯେ ବବ୍ ସେଠାରେ ଠିଆ ହୋଇଛି, ଠିକ୍ ମୋରି ପାଖରେ । ମୁଁ ତାକୁ ମୋର ମନରେ ଦେଖି ପାରୁଥିଲି ଏବଂ ତାକୁ ପାଖରେ ଅନୁଭବ କରିପାରୁଥିଲି କିନ୍ତୁ ଅଦ୍‌ଭୁତ କଥା ଯେ, ମୁଁ ତାକୁ ସ୍ଥୂଳ ଶରୀରରେ ଦେଖି ପାରୁ ନ ଥିଲି । ମୁଁ ତା'ର ପ୍ରତ୍ୟେକ ଅଙ୍ଗ ପ୍ରତ୍ୟେଙ୍ଗ ଯେପରିକି ଗୋଡ଼, ହାତ, ମୁହଁ ସବୁ ଦେଖି ପାରୁଥିଲି । କିନ୍ତୁ ଶରୀର ପୁରା ସ୍ୱଚ୍ଛ ଥିଲା । କାଚ ପରି ପାରଦର୍ଶୀ । ମୋତେ ସେତେବେଳେ ତାହା ଅବାସ୍ତବ ମନେ ହୋଇନଥିଲା । କାରଣ ମୋତେ ତାକୁ ମୋ ଆଖିରେ ଦେଖିବାର ଆବଶ୍ୟକତା ନ ଥିଲା କାହିଁକିନା ମୋର ଆଖି ହିଁ ନ ଥିଲା ।

ମୁଁ ତାକୁ ପଚାରିଥିଲି, "ବବ୍ ! ଏବେ ମୁଁ କୁଆଡ଼େ ଯିବି ? କ'ଣ ସବୁ ଘଟି ଯାଉଛି ? ମୁଁ ଏବେ ମୃତ ନା ଜିବୀତ ?" କିନ୍ତୁ ସେ ମୋତେ କେବେହେଲେ ଉତ୍ତର ଦେଇ ନ ଥିଲା । କିନ୍ତୁ ଯେଉଁଦିନ ଡାକ୍ତର କହିଥିଲେ ଯେ ମୁଁ ଏବେ ନିରାପଦ, ମୁଁ ଭଲ ହୋଇଯିବି, ସେବେଠାରୁ ସେ ଚାଲିଯାଇଥିଲା । ମୁଁ ତାକୁ ଆଉ କେବେହେଲେ ଦେଖି ପାରି ନ ଥିଲି କି ତା'ର ଉପସ୍ଥିତି ଅନୁଭବ କରି ନ ଥିଲି । ମୋତେ ଲାଗୁଛି ସେ

ଯେପରି ଅପେକ୍ଷା କରିଥିଲା, ମୁଁ ସେହି ଶେଷ ସୀମା ଅତିକ୍ରମ କଲାପରେ ସେ ମୋତେ ସବୁ କଥା କହିଥାନ୍ତା ବା ଦିଗଦର୍ଶନ ଦେଇଥାନ୍ତା ।

ସାମୟିକ ମୃତ୍ୟୁପରେ ଆତ୍ମା ଶରୀର ବାହାରକୁ ଯିବା ପରେ ଯାହା ସବୁ ଘଟଣା ଘଟିଯାଇଥାଏ ତା'ର ତ କେହି ସାକ୍ଷୀ ନ ଥାନ୍ତି । କିନ୍ତୁ କେତେକ କ୍ଷେତ୍ରରେ ତାହାର ସତ୍ୟତା ପ୍ରତିପାଦିତ ହୋଇ ପାରିଛି । ସେମାନଙ୍କର ଅଭିବ୍ୟକ୍ତି ନିମ୍ନ ପ୍ରକାରର ।

●●

ମୁଁ ସୁସ୍ଥ ହେଲାପରେ ଡାକ୍ତର କହିଥିଲେ ଯେ ପ୍ରକୃତରେ ତୁମର ବହୁତ ଖରାପ ଅବସ୍ଥା ଥିଲା । ମୁଁ କହିଥିଲି, "ହଁ ମୁଁ ଜାଣେ ।" ଡାକ୍ତର ହସିକରି ପଚାରିଥିଲେ "ତୁମେ କିପରି ଜାଣିଲ ?" ମୁଁ କହିଥିଲି, ଯାହା ଘଟିଛି ମୁଁ ସବୁ କହିପାରିବି । ସେ ମୋତେ ବିଶ୍ୱାସ କରିନଥିଲେ । ତେଣୁ ମୁଁ ତାଙ୍କୁ ସବୁକଥା ମୋର ନିଶ୍ୱାସ ପ୍ରଶ୍ୱାସ ବନ୍ଦ ହେବାଠାରୁ ପୁଣି ଫେରି ଆସିବା ପର୍ଯ୍ୟନ୍ତ ପ୍ରାଞ୍ଜଳ ଭାବରେ କହିଥିଲି । ସେ ପ୍ରକୃତରେ ସ୍ତମ୍ଭୀଭୂତ ହୋଇଯାଇଥିଲେ ।

●●

ସେ ଦୁର୍ଘଟଣା ପରେ ମୁଁ ଯେତେବେଳେ ଚେତା ଫେରି ପାଇଥିଲି ମୋ ଆଗରେ ମୋ ବାପା ଥିଲେ । ମୁଁ ତାଙ୍କୁ ସବୁକଥା କହିଥିଲି । କେଉଁମାନେ ମୋତେ ସେ ଘରୁ ଘୋଷାରି ବାହାର କରିଥିଲେ ଏପରିକି ସେ ଲୋକମାନେ କେଉଁ ରଙ୍ଗର ପୋଷାକ ପିନ୍ଧିଥିଲେ ଏବଂ ମୋତେ କେମିତି ବାହାର କରିଥିଲେ । ଏପରିକି ସେ ଇଲାକାରେ କ'ଣ ସବୁ କଥାବାର୍ତ୍ତା ହେଉଥିଲା ତାହା ମଧ୍ୟ କହିଥିଲି । ମୋ ବାପା କହିଥିଲେ, "ହଁ ଏହା ସତ୍ୟ ଅଟେ ।" କିନ୍ତୁ ସେହି ଘଟଣା ସମୟରେ ମୋର ଆତ୍ମା ମୋ ଶରୀରର ବାହାରେ ଥିଲା ଏବଂ ମୋର ଆଖି କି କାନ ନ ଥିଲା ।

●●

ଗୋଟେ ଝିଅ ମରିଗଲା ପରେ ତାର ଆତ୍ମା ଶରୀରରୁ ବାହାରି ଅନ୍ୟ ଗୋଟେ ରୁମ୍‌କୁ ଯାଇଥିଲା ଯେଉଁଠାରେ ସେ ଦେଖି ପାରିଥିଲା ଯେ, ତା'ର ବଡ଼ ଭଉଣୀ କାନ୍ଦୁଛି ଏବଂ କହୁଛି "ମୀରା ! ଦୟାକରି ମର ନାହିଁ, ଦୟାକରି ମର ନାହିଁ ।" ବଡ଼ ଭଉଣୀ ପୁରା ଆଶ୍ଚର୍ଯ୍ୟ ହୋଇ ଯାଇଥିଲେ, ଯେତେବେଳେ ମୀରା ଫେରିଆସିବା ପରେ ତାଙ୍କୁ କେଉଁ ସ୍ଥାନରେ ବସି କାନ୍ଦୁଥିଲା ଏବଂ କ'ଣ କହୁଥିଲା ଜଣାଇଥିଲା ।

■

॥ ୧୦ ॥

ଆଲୋକର ଉତ୍ସ (ସୃଷ୍ଟି)

ପ୍ରାୟ ସମସ୍ତଙ୍କର ଅନୁଭୂତିରୁ ଯାହା ଜଣାଯାଇଥାଏ -

ସେମାନେ ଗୋଟେ ଉଜ୍ଜଳ ଆଲୋକ ଉତ୍ସର ସାମନା କରିଥାନ୍ତି । ଆଲୋକଟି ପ୍ରଥମ ଆବିର୍ଭାବରେ ନିଷ୍ପ୍ରଭ ଥାଏ । କିନ୍ତୁ ଏହା ଖୁବ୍ ଚଞ୍ଚଳ ବହୁତ ଉଜ୍ଜଳ ହୋଇ ଉଠିଥାଏ ଯାହାକି ଆମମାନଙ୍କର କଳ୍ପନାର ବାହାରେ । ଯଦିଓ ଆଲୋକଟି ବର୍ଣ୍ଣନାତୀତ ଉଜ୍ଜଳତା ହାସଲ କରିଥାଏ, ଏହା କେବେବି ସେମାନଙ୍କ ଆଖିକୁ ଜଳକାକରି ନ ଥାଏ କି କଷ୍ଟ ଦେଇ ନ ଥାଏ କିମ୍ବା ଅନ୍ୟ ଜିନିଷ ଦେଖିବାରେ ବ୍ୟାଘାତ ସୃଷ୍ଟି କରି ନ ଥାଏ । ଅବଶ୍ୟ ସେତେବେଳେ ସେମାନଙ୍କର ପାର୍ଥିବ ଚକ୍ଷୁ ନ ଥାଏ ଯାହାକି ଆଘାତ ପ୍ରାପ୍ତ ହେବ ।

ସମସ୍ତେ ଏହା ଅନୁଭବ କରିଛନ୍ତି ଯେ, ସେ ଆଲୋକ କେବଳ ଏକ ଆଲୋକ ନୁହେଁ ବରଂ ଏକ ଜୀବନ୍ତ ଆଲୋକ । ତାହାର ଗୋଟେ ଅସାଧାରଣ ବ୍ୟକ୍ତିତ୍ୱ ଥାଏ । ଯେଉଁ ପ୍ରେମ ଏବଂ ସ୍ନେହ ତାଙ୍କଠାରୁ ମରିଥିବା ବ୍ୟକ୍ତିଙ୍କ ପାଇଁ ବିଚ୍ଛୁରିତ ହୋଇଥାଏ ତାହାକୁ ଶବ୍ଦରେ ବର୍ଣ୍ଣନା କରିହେବନାହିଁ । ଏବଂ ସେ ସେହି ଆଲୋକଙ୍କ ଠାରେ ଅଦ୍‌ଭୁତପୂର୍ଣ୍ଣ ଆକର୍ଷଣ ଶକ୍ତି ଅନୁଭବ କରିଥାନ୍ତି ଏବଂ ସଂପୂର୍ଣ୍ଣ ଭାବରେ ସହଜରେ ତାଙ୍କ ଆଗରେ ନିଜକୁ ସମର୍ପଣ କରିଦେଇଥାନ୍ତି ।

ଏହା ଆବିର୍ଭୁତ ହେବା ସାଙ୍ଗେ ସାଙ୍ଗେ ମୃତ ବ୍ୟକ୍ତିଙ୍କ ସାଙ୍ଗରେ ଯୋଗାଯୋଗ ଆରମ୍ଭ କରିଦେଇଥାନ୍ତି । ଏହି କଥାବାର୍ତ୍ତା କୌଣସି କଣ୍ଠ ସ୍ୱର ବା ଶବ୍ଦ ଆକାରରେ ହୋଇ ନ ଥାଏ ବରଂ ଏହା ସିଧା ସଳଖ ଭାଷାହୀନ, ଶବ୍ଦ ହୀନ କଥାବାର୍ତ୍ତା ହୋଇଥାଏ । ଆଲୋକ ଉତ୍ସଙ୍କ ଭାବନା ଏବଂ ମୃତ ବ୍ୟକ୍ତିଙ୍କର ଭାବନା ପରସ୍ପର ଭିତରେ ବିନା

ବାଧାରେ ସ୍ଥାନାନ୍ତିକରଣ ହୋଇଥାଏ । ଏବଂ ଶବ୍ଦ, ଭାଷା ବ୍ୟତୀତ ସେମାନେ ପରସ୍ପରର ଭାବନାକୁ ବୁଝିପାରିଥାନ୍ତି । ଏହାକୁ ଆମେ ଟେଲିପାଥିକ ଯୋଗାଯୋଗ (Telepathic Communication) କହି ପାରିବା ।

ସେହି ଆଲୋକ କିଛି ପ୍ରଶ୍ନ ପଚାରିଥାନ୍ତି । ଯାହାର ଅର୍ଥ ହେଲା, ତୁମେ ମରିବାକୁ ପ୍ରସ୍ତୁତ କି ? ତୁମେ ଜୀବନରେ କ'ଣ ହାସିଲ କରିପାରିଛ ?

ଏହି ପ୍ରଶ୍ନ ଗୁଡ଼ିକ କେବେହେଲେ ଭୟଭୀତ କରିବା ପାଇଁ ବା ଦୋଷ ଦେବା ପାଇଁ ଉଦ୍ଦିଷ୍ଟ ହେଲା ପରି ମନେ ହୋଇ ନ ଥାଏ ବରଂ ସେମାନେ ସେହି ଆଲୋକଙ୍କ ଠାରୁ ପ୍ରେମ ଏବଂ ସ୍ନେହର ଆଭାସ ପାଇ ପାରିଥାନ୍ତି । ଏହି ପ୍ରଶ୍ନ କେବଳ ତାଙ୍କର ଜୀବନ ସଂପର୍କରେ ଭାବିବାକୁ ଅବସର ଦେଇଥାଏ ।

ଆଲୋକଙ୍କର, "ତୁମେ ଜୀବନରେ କ'ଣ ହାସିଲ କରିଛ" ପ୍ରଶ୍ନ ପଚାରିବା ସାଙ୍ଗେ ସାଙ୍ଗେ ସେ ବ୍ୟକ୍ତିଙ୍କର ପୁରା ଜୀବନର କାହାଣୀ ଚଳଚିତ୍ର ପରି ଆଖି ଆଗରେ ଭାସିଯାଇଥାଏ । ସେହି କେତୋଟି ମୁହୂର୍ତ୍ତରେ ତାଙ୍କର ପିଲାଦିନ ଠାରୁ ଶେଷ ପର୍ଯ୍ୟନ୍ତ ସମସ୍ତ ପ୍ରମୁଖ ଘଟଣାବଳି ତୀବ୍ର ଗତିରେ ଆଖି ଆଗରେ ଝଲସି ଉଠିଥାଏ । ଘଟଣା ଗୁଡ଼ିକ କ୍ରମାନ୍ୱୟରେ ପିଲାଦିନ ଠାରୁ ଦର୍ଶାଇ ଦିଆଯାଇଥାଏ । ବେଳେବେଳେ ତାହା ରଙ୍ଗୀନ ଏବଂ ତିନି ପରିମାପ (dimension) ବିଶିଷ୍ଟ ହୋଇଥାଏ ।

ଏହି ସମୟରେ ବ୍ୟକ୍ତି ଜଣକ ସେ ଆଲୋକଙ୍କୁ ଦେଖି ପାରି ନ ଥାନ୍ତି । ସେ ପ୍ରଶ୍ନ ପଚାରିବା ଏବଂ ଫ୍ଲାସ ବ୍ୟାକ (Flash back) ଆରମ୍ଭ ହେବା ସାଙ୍ଗେ ସାଙ୍ଗେ ଅଦୃଶ୍ୟ ହୋଇଯାଇଥାନ୍ତି । କିନ୍ତୁ ସେ ଜାଣି ପାରିଥାନ୍ତି ଯେ ସେହି ଆଲୋକ ସେହିଠାରେ ଏବଂ ତାଙ୍କରି ପାଖରେ ଅଛନ୍ତି । ତାଙ୍କ ଜୀବନରେ ସେ କ'ଣ କରିଛନ୍ତି ତାହାକୁ ସେ ପୂର୍ବରୁ ଜାଣିଥାନ୍ତି । ତଥାପି ଫ୍ଲାସ ବ୍ୟାକ (Flash back) ମଝିରେ ସମୟେ ସମୟେ ତାଙ୍କୁ ଗୋଟେ ଗୋଟେ ଘଟଣା ଦର୍ଶାଇ ଦେଉଥାନ୍ତି । ଯେମିତିକି ସେ ତାକୁ ମନେ ପକାଇ ପାରିବେ । ସବୁକ୍ଷେତ୍ରରେ ସେ ଆଲୋକ ବୁଝାଇବାକୁ ଚେଷ୍ଟା କରୁଥାନ୍ତି ଯେ ଆମେ ସ୍ୱାର୍ଥପର ନ ହୋଇ ଅନ୍ୟର ଉପକାର ପାଇଁ କାମ କରିବା ଉଚିତ ।

ସୀମା (Border)

କେତେକ ସାମୟିକ ଭାବରେ ମରିଯାଇ ପୁଣି ଫେରି ଆସିଥିବା ଲୋକ ମାନେ କହିଥାନ୍ତି ଯେ, କେମିତି ଗୋଟେ ସୀମାରେଖା ପାଖରେ ପହଞ୍ଚି ଯାଇଥିଲେ ଯେଉଁଠାରୁ ସେମାନଙ୍କୁ ଆଗକୁ ଯିବାକୁ ଦିଆଯାଇନଥିଲା । ସେହିଟାରୁ ହିଁ ସେମାନଙ୍କୁ ଫେରାଇ

ଦିଆଯାଇଥିଲା । କାରଣ ତାଙ୍କର ମରିବାର ସମୟ ଆସି ନ ଥିଲା । ଏହି ସୀମାରେଖା ବିଭିନ୍ନ ପ୍ରକାରର ବୋଲି ବିଭିନ୍ନ ଲୋକ କହିଛନ୍ତି । ଯେପରି ଗୋଟେ ପାଣିର ଧାର, ଧୂସର କୁହୁଡ଼ି, ଗୋଟେ ଦ୍ୱାର, ପଡ଼ିଆ ଭିତରେ ଗୋଟେ ବାଡ଼ କିମ୍ବା ଗୋଟେ ସାଧାରଣ ରେଖା । ଏହି ସ୍ଥାନରେ କେହି ନା କେହି ଜଣେ ତାଙ୍କୁ ଅଟକାଇ ଥାନ୍ତି ଏବଂ କହିଥାନ୍ତି ଯେ ତୁମର ସମୟ ହୋଇନାହିଁ । ତୁମେ ଫେରିଯାଅ । ତାପରେ ତାଙ୍କର ଆତ୍ମା ପୁଣି ଶରୀର ଭିତରକୁ ଫେରି ଆସିଥାଏ ।

ଲେଉଟାଣି – (Coming Back)

ଏହା ନିଶ୍ଚୟ ଯେ, ଏହି ସବୁ ତଥ୍ୟ ଯେଉଁ ବ୍ୟକ୍ତି ମାନଙ୍କ ପାଖରୁ ଆସିଛି ସେମାନଙ୍କର ମୃତ୍ୟୁ ହୋଇଗଲା ପରେ ପୁଣି ଫେରି ଆସିଛନ୍ତି । ସେମାନଙ୍କ ମୃତ୍ୟୁର ପ୍ରଥମ କିଛି କ୍ଷଣରେ ସେମାନଙ୍କ ମନରେ ପୁଣି ସେମାନଙ୍କ ଶରୀରକୁ ଫେରି ଆସିବାକୁ ପ୍ରବଳ ଇଚ୍ଛା ଜାଗ୍ରତ ହୋଇଥାଏ ଏବଂ ମୃତ୍ୟୁ ପାଇଁ ଦୁଃଖ ହୋଇଥାଏ । କିନ୍ତୁ କିଛି ସମୟ ପରେ ସେମାନଙ୍କର ଯେତେବେଳେ ସେହି ଉଜ୍ଜଳ ଆଲୋକଙ୍କ ସହିତ ସାକ୍ଷାତ ହୋଇଥାଏ ସେତେବେଳେ ଏ ଭାବନା ସବୁ ପାଣିର ଫୋଟକା ପରି ଦୂର ହୋଇଯାଇଥାଏ । ସେତେବେଳେ ସେ ଆଉ ଫେରି ଆସିବାକୁ ଇଚ୍ଛା କରି ନ ଥାନ୍ତି ବରଂ ସ୍ୱଶରୀରକୁ ଫେରିବାକୁ ସେ ବାଧା ଦେଇଥାନ୍ତି । ଯେମିତିକି ଜଣେ କହିଥିଲେ, "ମୁଁ ସେ ଆଲୋକଙ୍କ ସଂସ୍ପର୍ଶରୁ ଦୂରେଇ ଆସିବାକୁ କେବେହେଲେ ଚାହିଁ ନ ଥିଲି ।"

କିନ୍ତୁ ଏହି ଲେଉଟଣୀ ବିଭିନ୍ନ କାରଣରୁ ହୋଇଥାଏ । କେତେକ ତାଙ୍କର ଶେଷ ହୋଇ ନ ଥିବା କାର୍ଯ୍ୟ ଯୋଗୁଁ, କେତେକ ପରିବାରର ଉତ୍ତର ଦାୟିତ୍ୱ ଯୋଗୁଁ ବା ଅନ୍ୟ ବିଭିନ୍ନ କାରଣ ଯୋଗୁଁ କିନ୍ତୁ ସବୁ କ୍ଷେତ୍ରରେ ସେହି ଅଦୃଶ୍ୟ ଶକ୍ତିଙ୍କ ଇଙ୍ଗିତରେ ହିଁ ହୋଇଥାଏ । ଏଠାରେ ଗୋଟେ କୌତୁହଳ ପୂର୍ଣ୍ଣ ଘଟଣା ଉଲ୍ଲେଖ କରୁଛି ।

●●

"ମୋର ମାଉସୀଙ୍କର ଭୀଷଣ ଦେହ ଖରାପ ଥିଲା । ଆମେମାନେ ତାଙ୍କର ବହୁତ ଯତ୍ନ ନେଉଥିଲୁ ଏବଂ ସମସ୍ତେ ତାଙ୍କର ଆରୋଗ୍ୟ କାମନା କରି ପ୍ରାର୍ଥନା କରୁଥିଲୁ । ଏ ଭିତରେ ବହୁତ ଥର ତାଙ୍କର ନିଶ୍ୱାସ ପ୍ରଶ୍ୱାସ ବନ୍ଦ ହୋଇଯାଇଥିଲା । କିନ୍ତୁ ଡାକ୍ତର ମାନଙ୍କ ଚେଷ୍ଟାରେ ସେ ପୁଣି ଫେରି ଆସିଥିଲେ । ଶେଷରେ ଦିନେ ସେ ମୋତେ ଅନାଇ କହିଲେ, "ପୁଅ ! ମୁଁ ସେଠାକୁ ଯାଇଥିଲି । ତାହା ବହୁତ ସୁନ୍ଦର । ମୁଁ ସେଠାରେ ରହିବାକୁ ଚାହୁଁଛି । କିନ୍ତୁ ଯେ ପର୍ଯ୍ୟନ୍ତ ତୁମେମାନେ ମୋର ଆରୋଗ୍ୟ

କାମନା କରି ପ୍ରାର୍ଥନା କରୁଥିବ ସେତେବେଳେ ପର୍ଯ୍ୟନ୍ତ ମୁଁ ସେଠାକୁ ଯାଇ ପାରିବି ନାହିଁ । ତୁମ ମାନଙ୍କର ପ୍ରାର୍ଥନା ମୋତେ ଏଠାରେ ଅଟକାଇ ରଖିଛି । ଦୟାକରି ଆଉ ପ୍ରାର୍ଥନା କରନାହିଁ ।" ତାଙ୍କର କଥା ଶୁଣି ଆମେମାନେ ପ୍ରାର୍ଥନା ବନ୍ଦ କରି ଦେଇଥିଲୁ ଏବଂ ଅଳ୍ପ ସମୟ ପରେ ତାଙ୍କର ପ୍ରାଣବାୟୁ ଉଡ଼ି ଯାଇଥିଲା ।"

ଏହି ମୃତ୍ୟୁ ପରର ଅଭିଜ୍ଞତାକୁ ବହୁତ ଲୋକ ଅନ୍ୟ ମାନଙ୍କ ଆଗରେ ପ୍ରକାଶ କରି ନ ଥାନ୍ତି । କାହିଁକିନା,

୧-ଅନ୍ୟମାନେ ସହଜରେ ଏହାକୁ ବିଶ୍ୱାସ କରି ନ ଥାନ୍ତି କିମ୍ବା ଉପହାସରେ ଉଡ଼ାଇ ଦେଇଥାନ୍ତି ।

୨-ଏହି ଅଭିଜ୍ଞତାକୁ ଠିକ୍ ଭାବରେ ବାଖ୍ୟା କରିବା ଭାରି କଷ୍ଟକର

୩-ମଣିଷର ଭାଷା, ମଣିଷର ଭାବନା ଠାରୁ ଏହା ବହୁତ ଉର୍ଦ୍ଧ୍ୱରେ ।

ଯେଉଁମାନେ ଏହିପରି ମୃତ୍ୟୁ ପରେ ଫେରି ଆସିଛନ୍ତି, ତାଙ୍କର ମୃତ୍ୟୁ ଉପରେ ଥିବା ଅଭିମୂଖ୍ୟ ପୁରାପୁରି ବଦଳି ଯାଇଥିଲା । ନିମ୍ନରେ ସେଥିରୁ କେତୋଟି ଉଦାହରଣ ।

••

ମୋତେ ଦଶବର୍ଷ ହୋଇଥିଲା ବେଳେ ଏହି ଘଟଣା ମୋ ଜୀବନର ଚିନ୍ତାଧାରାକୁ ପୁରାପୁରି ବଦଳାଇ ଦେଇଥିଲା । ବିନା କୌଣସି ସନ୍ଦେହରେ ମୁଁ ପୁରାପୁରି ବିଶ୍ୱାସ କରୁଛି ଯେ ମୃତ୍ୟୁ ପରେବି ଜୀବନ ଅଛି । ତେଣୁ ମୁଁ ଆଉ ମୃତ୍ୟୁକୁ ଭୟ କରୁନାହିଁ । ଯେତେବେଳେ ଲୋକମାନେ କୁହନ୍ତି, "ତୁମେ ମରିଗଲା ପରେ ସବୁକିଛି ଶେଷ ହୋଇଯାଇଥାଏ," ମୁଁ ମନେମନେ ଭାବେ "ପ୍ରକୃତରେ ସେମାନେ କିଛି ଜାଣି ନାହାନ୍ତି ।" ମୋ ଜୀବନରେ ବହୁତ ଘଟଣା ଘଟିଯାଇଛି । ଏପରିକି ମୋର ବ୍ୟବସାୟ ଯୋଗୁଁ ମୋ ମୁଣ୍ଡ ଉପରେ ପିସ୍ତଲ ମଧ୍ୟ ଲଗାଯାଇଥିଲା । ସେତେବେଳେ ମୁଁ କିନ୍ତୁ ଆଦୌ ଭୟଭୀତ ହୋଇ ନ ଥିଲି । କାରଣ ମୁଁ ଭାବିଥିଲି, "ଠିକ୍ ଅଛି, ସେମାନେ ଯଦି ମୋତେ ମାରିଦେବେ, ମୁଁ ଜାଣେ ତଥାପି ମଧ୍ୟ ମୁଁ କେଉଁଠାରେ ବଞ୍ଚି ରହିବି ।"

••

ମୁଁ ଯେତେବେଳେ ଛୋଟ ପିଲାଥିଲି ମୋତେ ମୃତ୍ୟୁକୁ ବହୁତ ଡର ଲାଗୁଥିଲା । ରାତି ଅଧରେ ମୁଁ ଉଠିକରି ଜୋରରେ କାନ୍ଦୁଥିଲି । ମୋର ପିତା ମାତା ଦୌଡ଼ି କରି ଆସୁଥିଲେ ଏବଂ ମୋର କାନ୍ଦିବାର କାରଣ ପଚ୍ଚରୁଥିଲେ । ମୁଁ କହୁଥିଲି, ମୁଁ ମରିବାକୁ ଚାହୁଁନାହିଁ । ତୁମେମାନେ ତାହାକୁ ଅଟକାଇ ପାରିବକି ? ମୋ ମା ମୋତେ

ବୁଝାଉଥିଲେ, "ନା, ତାହାକୁ ବନ୍ଦ କରିହେବ ନାହିଁ । ଆମ ସମସ୍ତଙ୍କୁ ତାହାର ସାମନା କରିବାକୁ ପଡ଼ିବ ।" ମୋର ମା'ଙ୍କ ମୃତ୍ୟୁପରେ ମୁଁ ମୋ ସ୍ତ୍ରୀଙ୍କ ସହ ମଧ୍ୟ ମୋର ଭୟ ବିଷୟରେ କଥାବାର୍ତ୍ତା କରୁଥିଲି ।

କିନ୍ତୁ ମୋର ଏହି ମୃତ୍ୟୁ ପରର ଅନୁଭୂତି ପରେ ମୋର ସେହି ଭୟ ପୁରାପୁରି ଦୂର ହୋଇଯାଇଛି । ମୁଁ ଆଉ ମୃତ୍ୟୁକୁ ଡରୁନାହିଁ । ଲୋକମାନଙ୍କ ଶବ ଶୋଭାଯାତ୍ରାରେ ମୁଁ ଆଉ ବିଚଳିତ ହେଉନାହିଁ । କାହିଁକିନା ମୁଁ ଜାଣେ ଜଣେ ମୃତ ବ୍ୟକ୍ତିଙ୍କର ମୃତ୍ୟୁ ପରେ କ'ଣ ହୁଏ । ମୁଁ ଭାବୁଛି ଯେ ଭଗବାନ ମୋତେ ଏହି ଅନୁଭୂତି ଦେଲେ କେବଳ ମୋ ମନରୁ ମୃତ୍ୟୁ ପ୍ରତି ଭ୍ରାନ୍ତ ଧାରଣ ବଦଳାଇବା ପାଇଁ ।

ଏହି ଅନୁଭୂତି ପରେ ସେମାନଙ୍କର ମୃତ୍ୟୁର ଭୟ ଦୂର ହୋଇଯାଇଥାଏ । କାରଣ ସେମାନେ ଜାଣିପାରିଥାନ୍ତି ଯେ ଶାରିରୀକ ମୃତ୍ୟୁ ପରେ ମଧ୍ୟ ସେମାନେ ବଞ୍ଚି ରହିବେ । ଏଇଟା ସେମାନଙ୍କ ପାଇଁ ଏକ ଅବାସ୍ତବ କଥା ନୁହେଁ ବରଂ ସେମାନଙ୍କର ପ୍ରକୃତ ଅନୁଭୂତି । ସେମାନଙ୍କ ମତରେ ମୃତ୍ୟୁ ହେଉଛି ଗୋଟେ ଅବସ୍ଥାରୁ ଆଉ ଗୋଟେ ଅବସ୍ଥାକୁ ପରିବର୍ତ୍ତିତ ହେବା କିମ୍ବା ଆହୁରି ଉଚ୍ଚସ୍ତରର ଚେତନାକୁ ଗମନ କରିବା ।

ଯେମିତି ଜଣେ କହିଛନ୍ତି, ଆମେ ମୃତ୍ୟୁ ଶବ୍ଦକୁ ପ୍ରୟୋଗ କରିବା ଉଚିତ ନୁହେଁ । କାରଣ ମୃତ୍ୟୁ ବୋଲି କିଛି ନାହିଁ । କେବଳ ଆମେ ଯେମିତି ମାଇନର ସ୍କୁଲରୁ ହାଇସ୍କୁଲକୁ ତାପରେ କଲେଜକୁ ଯାଉଛେ, ସେହିପରି ଆମେ ଗୋଟେ ସ୍ତରରୁ ଉଚ୍ଚସ୍ତରକୁ ଯାଉଛେ ।

ଆଉ ଜଣେ ମୃତ୍ୟୁ ଫେରନ୍ତା କୁହନ୍ତି, ଜୀବନ ଗୋଟେ ଜେଲରେ ରହିବା ପରି । ଜେଲ ଭିତରେ ଆମେ ବାହାର କଥା କିଛି ଜାଣିପାରୁ ନଥାଏ । ଆମ ଶରୀର ମଧ୍ୟ ସେମିତି ଏକ ବନ୍ଦୀଶାଳା । ମୃତ୍ୟୁ ହେଉଛି ସେହି ବନ୍ଦୀଶାଳାରୁ ମୁକ୍ତି । ମୁଁ ତାକୁ ଏହିପରି ଭାବରେ ହିଁ କହି ପାରିବି ।

■

॥ ୧୧ ॥

ପୁନର୍ଜନ୍ମ

ବୈଜ୍ଞାନିକ ଦୃଷ୍ଟି କୋଣରୁ ଯେତେବେଳେ ଜଣଙ୍କର ମୃତ୍ୟୁ ହୋଇଥାଏ ଆମେ ତାକୁ ପୋଡ଼ିଦେଇଥାଉ ବା ପୋତି ଦେଇଥାଉ । ତାହା ହେଉଛି ଜୀବନର ଅନ୍ତ । କିନ୍ତୁ ଆମର ଆଗର ଘଟଣାବଳୀ ଗୁଡ଼ିକ ବିଶ୍ଳେଷଣ କଲେ ଜଣା ପଡୁଛି ଯେ, ମଣିଷ ଦେହରେ ଗୋଟେ ଶକ୍ତି ବା ଆତ୍ମା ଅଛି ଯାହା ମୃତ୍ୟୁ ପରେ ଶରୀରରୁ ବାହାରି ଯାଇଥାଏ । ଯେଉଁମାନେ ସ୍ୱଳ୍ପ ସମୟ ମୃତ୍ୟୁ ପରେ ପୁଣି ଜୀବିତ ହୋଇ ସେମାନଙ୍କ ଶରୀରକୁ ଫେରି ଆସିଛନ୍ତି, ସେମାନେ କୁହନ୍ତି ଯେ ସେମାନଙ୍କ ଆତ୍ମା ଗୋଟେ ନିର୍ଦ୍ଦିଷ୍ଟ ସୀମାରେଖା ଯାଏଁ ଯାଇଥାଏ ଯେଉଁଠାରୁ ସେମାନେ ପ୍ରତ୍ୟାବର୍ତ୍ତନ କରିଥାନ୍ତି । ସେ ସୀମାରେଖାର ଅପର ପାର୍ଶ୍ୱରେ କ'ଣ ଅଛି ତାହା କେହି ଜାଣି ପାରିନାହାନ୍ତି । ବୈଜ୍ଞାନିକ ମାନେ ମଧ୍ୟ ସେ ବିଷୟରେ କିଛି ଆଲୋକପାତ କରିପାରି ନାହାନ୍ତି । ବୈଜ୍ଞାନିକ ମାନେ ତ ବହୁତ ବିଷୟ ଉପରେ ଆଜି ପର୍ଯ୍ୟନ୍ତ ପୁରା ତଥ୍ୟ ଜାଣିପାରିନାହାନ୍ତି । ଯେପରିକି ଏ ବିଶ୍ୱ ବ୍ରହ୍ମାଣ୍ଡ କିପରି ସୃଷ୍ଟି ହେଲା, ସମୁଦ୍ର ତଳର ରହସ୍ୟ ଜାଣି ପାରିନାହାନ୍ତି । ଏପରିକି ଆମ ମଣିଷ ମାନଙ୍କର ମସ୍ତିଷ୍କର ସଂପୂର୍ଣ୍ଣ ତଥ୍ୟ ମଧ୍ୟ ଅବଗତ ହୋଇପାରିନାହାନ୍ତି ।

ଭାରତରେ ପୁନର୍ଜନ୍ମର ଶହ ଶହ ଘଟଣା ଘଟୁଛି । କେତେବେଳେ ଖବର କାଗଜରେ ତ କେତେବେଳେ ଟି.ଭି.ରେ ଏହା ପ୍ରସାରିତ ହୋଇଥାଏ । କିନ୍ତୁ ତା ଉପରେ ବୈଜ୍ଞାନିକ ଉପାୟରେ କୌଣସି ଅନୁସନ୍ଧାନ ବା ଗବେଷଣା କରାଯାଇନଥାଏ । କେତେକ ଏହାକୁ ଅନ୍ଧ ବିଶ୍ୱାସ ବୋଲି କହିଥାନ୍ତି । କିନ୍ତୁ ପ୍ରକୃତ ଘଟଣାର ସଠିକ୍ ତଦନ୍ତ ନ କରି ମତାମତ ଦେବା ଏକ ଖରାପ ପରମ୍ପରା । ତଥାପି

ବହୁତ ଲୋକ ଏହାକୁ ବିଶ୍ୱାସ କରିଥାନ୍ତି । ସେହିପରି କେତେକ ଘଟଣାର ଉପସ୍ଥାପନା ଏଠାରେ କରୁଛି ।

●●

ଶାନ୍ତି ଦେବୀ ଡିସେମ୍ବର ୧ ୧ ତାରିଖ ୧ ୯ ୨ ୬ ମସିହାରେ ଦିଲ୍ଲୀରେ ଜନ୍ମ ନେଇଥିଲେ । ତାଙ୍କୁ ଚାରି ବର୍ଷ ହୋଇଥିଲା ବେଳେ ସେ ତାଙ୍କ ବାପା ମା'ଙ୍କୁ କହିଥିଲେ ଯେ, ତାଙ୍କର ପୂର୍ବ ଜନ୍ମର ନାଁ ହେଉଛି ଲୁଗାଡ଼ୀ ଦେବୀ । ସେ ବିବାହିତା ଏବଂ ସେ ମଥୁରାରେ, ଯାହାକି ଦିଲ୍ଲୀଠାରୁ ୧୪୫ କିଲୋମିଟର ଦୂର, ତାଙ୍କ ସ୍ୱାମୀଙ୍କ ସହ ରହୁଥିଲେ ।

ତାଙ୍କର ବାପା ମା ତାଙ୍କ କଥାରେ ବିଶ୍ୱାସ କରି ନ ଥିଲେ ବରଂ ଗୋଟେ ଛୋଟ ପିଲାର ପ୍ରଳାପ ବୋଲି ଧରି ନେଇଥିଲେ । କିନ୍ତୁ ଶାନ୍ତିଦେବୀ ଛଅ ବର୍ଷ ବୟସରେ ମଥୁରା ଯିବା ପାଇଁ ଘରୁ ଲୁଚିକରି ପଳାଇଥିଲେ । ସେ ସେଥିରେ ସଫଳ ହୋଇ ପାରି ନ ଥିଲେ । ସ୍କୁଲରେ ତାଙ୍କର ପ୍ରଧାନଶିକ୍ଷକ ଓ ଅନ୍ୟ ଶିକ୍ଷକ ମାନେ ତାଙ୍କୁ ଏ ବିଷୟରେ ପଚରା ଉଚରା କରିଥିଲେ । ସେ କହିଥିଲେ ଯେ, ସେ ବିବାହିତା ଏବଂ ଗୋଟେ ପିଲା ଜନ୍ମ କରିବାର ଦଶଦିନ ପରେ ସେ ମୃତ୍ୟୁ ବରଣ କରିଥିଲେ । ସେ ମଥୁରା ଅଞ୍ଚଳର ଭାଷା ଶୈଳୀରେ କଥାବାର୍ତ୍ତା କରୁଥିଲେ । ତାଙ୍କର ବ୍ୟବସାୟୀ ସ୍ୱାମୀଙ୍କ ନାମ "କେଦାର ନାଥ" ବୋଲି କହିଥିଲେ ।

ପ୍ରଧାନ ଶିକ୍ଷକ ଏ ଘଟଣାରେ ବେଶୀ ଉତ୍ସୁକତା ପ୍ରଦର୍ଶନ କରିଥିଲେ । ସେ ମଥୁରା ଯାଇ ସେଠାରେ ଜଣେ ବ୍ୟବସାୟୀ କେଦାରନାଥଙ୍କୁ ଖୋଜି ବାହାର କରିଥିଲେ ଯେ କି ୯ ବର୍ଷ ତଳୁ ତାଙ୍କ ସ୍ତ୍ରୀ ଲୁଗାଡ଼ି ଦେବୀଙ୍କୁ ପୁଅ ଜନ୍ମ କରିବାର ଦଶ ଦିନ ପରେ ହରାଇଥିଲେ । କେଦାରନାଥ ତାଙ୍କ ଭାଇଙ୍କ ପରିଚୟରେ ଦିଲ୍ଲୀ ଆସିଥିଲେ । କିନ୍ତୁ ଶାନ୍ତି ଦେବୀ ତାଙ୍କୁ ଏବଂ ତାଙ୍କ ପୁଅକୁ ଦେଖୁ ଦେଖୁ ଚିହ୍ନି ପାରିଥିଲେ । ସେ କେଦାରନାଥ ଏବଂ ତାଙ୍କ ସ୍ତ୍ରୀ ଙ୍କ ବିଷୟରେ ଏପରି ସବୁ କଥା କହିଥିଲେ ଯାହାଦ୍ୱାରା କେଦାରନାଥ ପୁରାପୁରି ବିଶ୍ୱାସ କରିଥିଲେ ଯେ ଶାନ୍ତି ଦେବୀ ହିଁ ଲୁଗାଡ଼ି ଦେବୀଙ୍କର ପୁନର୍ଜନ୍ମ ନେଇଛନ୍ତି ।

ଏହି ଘଟଣା ସେତେବେଳେ ମହାତ୍ମା ଗାନ୍ଧୀଙ୍କ ନଜରକୁ ଅଣାଯାଇଥିଲା । ମହାତ୍ମା ଗାନ୍ଧୀ ଏ ଘଟଣାର ଅନୁସନ୍ଧାନ ପାଇଁ ଏକ ତଦନ୍ତ କମିଶନ ନିଯୁକ୍ତ କରିଥିଲେ । ସେହି କମିଶନ ଶାନ୍ତି ଦେବୀଙ୍କୁ ନେଇ ମଥୁରାରେ ନଭେମ୍ବର ୧୫ ତାରିଖ ୧୯୩୫ ମସିହାରେ ପହଞ୍ଚିଥିଲେ । ସେଠାରେ ଶାନ୍ତି ଦେବୀ କେଦାର ନାଥଙ୍କ ପରିବାରର

ବହୁତ ଲୋକଙ୍କୁ ଚିହ୍ନି ପାରିଥିଲେ ଏପରିକି ଲୁଗାଡ଼ି ଦେବୀଙ୍କ ଜେଜେ ବାପାଙ୍କୁ ମଧ୍ୟ । ସେ ଏହା ମଧ୍ୟ ଜାଣି ପାରିଥିଲେ ଯେ, କେଦାରନାଥ ଲୁଗାଡ଼ି ଦେବୀଙ୍କ ମୃତ୍ୟୁ ଶଯ୍ୟାରେ ଯାହା କରିବାକୁ ଶପଥ କରିଥିଲେ ତାହା କରିବାରେ ଅବହେଳା କରିଛନ୍ତି । ଶେଷରେ ସେ ତାଙ୍କ ପିତା ମାତାଙ୍କ ସହ ଦିଲ୍ଲୀ ଫେରି ଆସିଥିଲେ । କମିଶନଙ୍କ ରିପୋର୍ଟ ୧୯୩୬ ମସିହାରେ ବାହାରିଥିଲା ଯେଉଁଥିରେ କୁହାଯାଇଥିଲା ଯେ, ଶାନ୍ତି ଦେବୀ ହିଁ ଲୁଗାଡ଼ି ଦେବୀଙ୍କର ପୁନର୍ଜନ୍ମ ପାଇଛନ୍ତି ।

ଶାନ୍ତି ଦେବୀ ତାଙ୍କ ଜୀବନରେ ବିବାହ କରି ନ ଥିଲେ । ପରିଣତ ବୟସରେ ୧୯୮୬ ମସିହାରେ ଡ. ଷ୍ଟିଭେନ୍‌ସନ ଏବଂ କେ.ଏସ୍. ରାଓ୍ୱତ ତାଙ୍କର ସାକ୍ଷାତକାର ନେଇଥିଲେ । ଏହି ସାକ୍ଷାତକାରରେ ସେ ଲୁଗାଡ଼ି ଦେବୀଙ୍କର ନିକଟ ମୃତ୍ୟୁ ଅଭିଜ୍ଞତା (Near Death Experience) ମଧ୍ୟ ବର୍ଣ୍ଣନା କରିଥିଲେ । ଶାନ୍ତି ଦେବୀଙ୍କ ପୁନର୍ଜନ୍ମକୁ କେହି କେହି ଅବିଶ୍ୱାସ କଲେ ମଧ୍ୟ ସମସ୍ତ ଘଟଣାବଳୀକୁ ଅନୁଧ୍ୟାନ କଲେ ଏହା ଏକ ପୁନର୍ଜନ୍ମ ଘଟଣା ବୋଲି ସ୍ପଷ୍ଟ ଭାବରେ ପ୍ରତୀୟମାନ ହୋଇଥାଏ ।

●●

ଆଗ୍ରାଠାରୁ କିଛି ଦୂରରେ ଗୋଟେ ଛୋଟ ଗାଁ ଥିଲା ବାଦ । ସେହି ଗାଁରେ ମହାବୀର ପ୍ରସାଦଙ୍କ ଘର । ତାଙ୍କ ସାନ ପୁଅର ନା ଥିଲା ତୋରନା ସିଂ ଏବଂ ଡାକ ନାମ ଟିଟୁ ଥିଲା । ଟିଟୁକୁ ଯେତେବେଳେ ତିନି ବର୍ଷ ବୟସ ହୋଇଥିଲା ସେ ତା'ର ପୁନର୍ଜନ୍ମ କଥା କହିବା ଆରମ୍ଭ କରିଥିଲା । ତା କହିବା ଅନୁସାରେ ତା'ର ନାଁ ତୋରନା ସିଂ ନୁହେଁ ବରଂ ସୁରେଶ ବର୍ମା ଅଟେ । ତା'ର ଘର ଏ ଗାଁରେ ନୁହେଁ ବରଂ ଆଗ୍ରାରେ । ଏମିତି ଏକ ଦିନ ଆସିଲା ଟିଟୁ ତା ବାପାଙ୍କୁ ବାପା ବୋଲି କି ମା'ଙ୍କୁ ମା ବୋଲି ମାନିବାକୁ ମନା କରିଦେଇଥିଲା । ଟିଟୁ ସବୁବେଳେ ଆଗ୍ରାର "ସୁରେଶ ରେଡ଼ିଓଜ୍" ନାମକ ଦୋକାନର ନାଁ କହୁଥିଲା ।

ଛୋଟ ଗାଁରେ ବିଭିନ୍ନ ଲୋକ ନାନା ପ୍ରକାର କଥା କହୁଥିଲେ । କିଏ କିଏ ତ କହୁଥିଲେ ଟିଟୁ ଦେହରେ କୌଣସି ଭୁତ ପ୍ରେତ ପଶିଯାଇଛି । ଘରଲୋକ ମଧ୍ୟ ଗୁଣିଆ ଡାକି ପୂଜା ପାଠ, ଝଡ଼ା ଫୁଙ୍କା ଇତ୍ୟାଦି କରାଇଥିଲେ । ଗୁଣିଆ ଦେଇଥିବା ତାବିଜ, ତଉଁରିଆ ମଧ୍ୟ ପିନ୍ଧାଇ ଥିଲେ । କିନ୍ତୁ କିଛି ଫଳ ହୋଇ ନଥିଲା । ଟିଟୁ ସବୁବେଳେ ତା'ର ପୂର୍ବଜନ୍ମର ସ୍ତ୍ରୀ ଏବଂ ପିଲାମାନଙ୍କୁ ମନେ ପକାଉଥିଲା ।

ଟିଟୁକୁ ଯେତେବେଳେ ପାଞ୍ଚ ବର୍ଷ ହୋଇଥିଲା, ସେ ଅଧିକରୁ ଅଧିକ ତା'ର ସ୍ତ୍ରୀ ଏବଂ ପିଲାଙ୍କୁ ମନେ ପକାଇଥିଲା । ଶେଷରେ ଘର ଲୋକେ ମନସ୍ଥ କରିଥିଲେ

ଏ ଘଟଣାର ଖୋଜ ଖବର ନେବା ପାଇଁ । ଏ ସବୁ ଘଟଣାର ଗୋଟିଏ ସୁରାକ ଥିଲା ଆଗ୍ରା ସହରର ସୁରେଶ ରେଡ଼ିଓଜ୍ । ଟିଟୁର ଭାଇ ଅଶୋକ ତାଙ୍କର ସାଙ୍ଗ ମାନଙ୍କ ସହ ଆଗ୍ରା ଯାଇ ସେଠାର ପ୍ରତିଟି ଗଳି କନ୍ଦି ଖୋଜି ବୁଲିଥିଲେ । ଶେଷରେ ସଦର ବଜାର ଇଲାକାରେ ଅଶୋକଙ୍କ ଆଖି ଗୋଟେ ଦୋକାନ ଉପରେ ପଡ଼ିଥିଲା ଯାହା ଉପରେ ଲେଖାଥିଲା "ସୁରେଶ ରେଡ଼ିଓଜ୍ ।" ଅଶୋକଙ୍କର କେବେହେଲେ ଆଶା ନ ଥିଲା ଏପରି ଗୋଟେ ଦୋକାନ ଥିବ ବୋଲି । ତାଙ୍କର ଛାତି ଧଡ଼ ଧଡ଼ ହେଉଥିଲା । ସେହି ଭିତରେ ସେ ଦୋକାନ ଭିତରେ ପହଞ୍ଚି ଯାଇଥିଲେ । ଦୋକାନର କାଉଣ୍ଟରରେ ଜଣେ ମହିଳା ଥିଲେ । ଅଶୋକ ସେ ମହିଳାଙ୍କୁ ଦୋକାନର ମାଲିକଙ୍କ ନାଁ ପଚାରିଥିଲେ । ମହିଳା ଜଣକ କହିଥିଲେ, ଏ ଦୋକାନର ମାଲିକ ସୁରେଶ ବର୍ମା ଯେ କି ୧୯୮୬ ମସିହାରୁ ଇହଧାମ ତ୍ୟାଗ କରିଛନ୍ତି । ସେ ମହିଳାଙ୍କ ନାଁ ଥିଲା ଉମା ଏବଂ ସେ ସୁରେଶ ବର୍ମାଙ୍କ ପତ୍ନୀ ଥିଲେ । ଟିଟୁର କାହାଣୀ ଶୁଣି ତାଙ୍କ ପରିବାର ପୁରା ବିସ୍ମିତ ହୋଇଯାଇଥିଲେ । କିନ୍ତୁ ଦୁଇ ପରିବାର କଥାକୁ ଆଗକୁ ନ ବଢ଼ାଇ ଚୁପ୍‌ଚାପ୍ ରହିଯାଇଥିଲେ । ଉମାଙ୍କ ମନ କିନ୍ତୁ ମାନି ନଥିଲା । ସେ ତାଙ୍କ ଶାଶୁ, ଶ୍ୱଶୁରଙ୍କୁ ନେଇ ଟିଟୁର ଗାଁକୁ ଯାଇଥିଲେ ।

ସେମାନଙ୍କୁ ଦେଖି ଟିଟୁ ସାଙ୍ଗେ ସାଙ୍ଗେ ଚିହ୍ନି ପାରିଥିଲା ଏବଂ ଅତ୍ୟଧିକ ପ୍ରଫୁଲ୍ଲିତ ହୋଇଥିଲା । ଟିଟୁ ଉମାଙ୍କୁ ଏପରି କଥା ସବୁ କହିଥିଲା ଯାହାଦ୍ୱାରା ଉମାଙ୍କର ବିଶ୍ୱାସ ଆସିଯାଇଥିଲା । ତାପରେ ଉମା ଏବଂ ତାଙ୍କ ପରିବାରର ଲୋକମାନେ ଟିଟୁକୁ ବିଭିନ୍ନ ପ୍ରଶ୍ନ ପଚାରିଥିଲେ ଯାହାର ସନ୍ତୋଷଜନକ ଉତ୍ତର ସେ ଦେଇଥିଲା । ଟିଟୁକୁ ଉମା ତାଙ୍କ ନଣନ୍ଦଙ୍କ ବିଷୟରେ ପଚାରିଥିଲେ । ଟିଟୁ କହିଥିଲା ଯେ, ସେ ଦିଲ୍ଲୀରେ ରହୁଛି ଏବଂ ସେ ତାଙ୍କର କିଛି ପଇସା ରଖିଛି ଯାହା ସତ୍ୟ ଥିଲା । ଟିଟୁକୁ ଆଗ୍ରା ନିଆଯାଇଥିଲା । ସେଠାରେ ତାକୁ ଆହୁରି ଏକ ପରୀକ୍ଷା କରାଯାଇଥିଲା । ଉମା ଦେବୀ ପଡ଼ୋଶୀ ପିଲା ମାନଙ୍କ ସାଙ୍ଗରେ ତାଙ୍କର ଦୁଇ ପୁଅ ରୋନୁ ଏବଂ ସୋନୁଙ୍କୁ ବସାଇ ଦେଇଥିଲେ । କିନ୍ତୁ ଟିଟୁ ଗୋଟେ ନଜରରେ ରୋନୁ ଏବଂ ସୋନୁଙ୍କୁ ଚିହ୍ନି ପାରିଥିଲା । ପୁଣି ଟିଟୁ ଦେହରେ ଏପରି ସବୁ ଦାଗ ଜନ୍ମରୁ ଥିଲା ଯେଉଁପରି ସୁରେଶ ବର୍ମାଙ୍କ ମୃତ୍ୟୁ ସମୟରେ ତାଙ୍କ ଦେହରେ ଥିଲା । ଏତିକି ପ୍ରମାଣ କ'ଣ ଯଥେଷ୍ଟ ନୁହେଁ ଯେ ଟିଟୁ ହିଁ ସୁରେଶ ବର୍ମାଙ୍କର ପୁନର୍ଜନ୍ମ ନେଇଛି ।

●●

ଏହି କାହାଣୀ ମୁଜାଫର ନଗର ଜିଲ୍ଲାର ଗୋଟେ ଗାଁ ଖେଡ଼ି ଆଲିପୁରର ।

ସେଠାରେ ଗୋଟେ ପରିବାରରେ ଏକ ପୁଅ ଜନ୍ମ ହୋଇଥିଲା ଯାହାର ନାଁ ବୀର ସିଂ ରଖାଯାଇଥିଲା । ବୀର ସିଂକୁ ଯେତେବେଳେ ସାଢ଼େ ତିନିବର୍ଷ ବୟସ ହୋଇଥିଲା ତା'ର ପୂର୍ବଜନ୍ମ କଥା ମନେପଡ଼ି ଯାଇଥିଲା । ପୂର୍ବଜନ୍ମରେ ସେ ଶୀକାରପୁର ଗାଁର ପଣ୍ଡିତ ଲକ୍ଷ୍ମୀଚନ୍ଦଙ୍କ ପୁଅ ଥିଲା ଏବଂ ତା'ର ନାମ ସୋମଦର ଥିଲା । ତା'ର ପୂର୍ବଜନ୍ମ କଥା ମନେପଡ଼ିଲା ପରେ ବୀର ସିଂ ଏ ଜନ୍ମର ପିତାମାତାଙ୍କ ପାଖରେ ରହିବାକୁ ଇଚ୍ଛା କରିନଥିଲା । ବରଂ ସେ ପୂର୍ବଜନ୍ମର ପିତାମାତାଙ୍କ ପାଖକୁ ଯିବାକୁ ଜିଦ୍ କରିଥିଲା ।

ଏହି ଖବର ଶୀକାରପୁରରେ ପଣ୍ଡିତ ଲକ୍ଷ୍ମୀଚନ୍ଦଙ୍କ କାନରେ ପଡ଼ିଥିଲା । ସେ ଘଟଣାର ସତ୍ୟାସତ୍ୟ ଜାଣିବା ପାଇଁ ଆଲିପୁର ଆସିଥିଲେ । ସେ ଗାଁର ଗୋଟେ ଚନ୍ଦନୀ ଉପରେ ବସିଥିଲେ । ସେଠାକୁ ବୀର ସିଂଙ୍କୁ ଅଣାଯାଇଥିଲା । ବୀର ସିଂ ଲକ୍ଷ୍ମୀଚନ୍ଦଙ୍କୁ ଦେଖି ବାପା ବୋଲି କହି ଜାବୁଡ଼ି ଧରିଥିଲା । ଲକ୍ଷ୍ମୀଚନ୍ଦ ଅତ୍ୟନ୍ତ ଭାବୁକ ହୋଇ ପଡ଼ିଥିଲେ । ତାଙ୍କ ଆଖିରୁ ଲୁହ ଝରି ପଡ଼ିଥିଲା । ଏହାପରେ ବୀର ସିଂକୁ ତା'ର ପୂର୍ବଜନ୍ମର ଘରକୁ ନିଆ ଯାଇଥିଲା । ସେଠାରେ ସେ ତା'ର ମା, ଭାଇ, ଭଉଣୀ ସମସ୍ତଙ୍କୁ ଚିହ୍ନି ପାରିଥିଲା ।

ତାପରେ ସମସ୍ୟା ଥିଲା ବୀର ସିଂ କେଉଁଠାରେ ରହିବ । ବୀର ସିଂର ଜିଦ୍ ଆଗରେ ତା'ର ଏବେକାର ପିତା ମାତା ରାଜି ହୋଇ ଯାଇଥିଲେ ଏବଂ ବୀର ସିଂ ତା'ର ପୂର୍ବଜନ୍ମର ପିତାମାତାଙ୍କ ପାଖରେ ରହିଥିଲା । କିନ୍ତୁ ଏ ଜନ୍ମର ବାପା ମାଙ୍କ ସାଙ୍ଗରେ ମଧ୍ୟ ସଂପର୍କ ରଖିଥିଲା । ଏ ଘଟଣା ଆଜିକୁ ୬୫ ବର୍ଷ ତଳେ ଘଟିଥିଲା ।

●●

ମୈନପୁରୀ ଜିଲ୍ଲାର ନଗଲା ସଲେହି ନିବାସୀ ପ୍ରମୋଦ କୁମାର ଶ୍ରୀବାସ୍ତବଙ୍କ ପାଇଁ ୨୦୧୩ ମସିହା ମେ ଚାରି ତାରିଖ ଦିନଟି ବହୁତ ଅଶୁଭ ଥିଲା । ସେହିଦିନ ତାଙ୍କର ୧୩ ବର୍ଷର ଏକମାତ୍ର ପୁଅ ରୋହିତ ଗାଁ ପାଖ କେନାଲକୁ ଗାଧୋଇବାକୁ ଯାଇ ପାଣିରେ ବୁଡ଼ିଯାଇ ମୃତ୍ୟୁବରଣ କରିଥିଲା । ରୋହିତର ମୃତ୍ୟୁରେ ପ୍ରମୋଦ ଏବଂ ତାଙ୍କ ପତ୍ନୀ ବହୁତ ଭାଙ୍ଗି ପଡ଼ିଥିଲେ । କେବଳ ଝିଅ କୋମଳର ମୁହଁକୁ ଚାହିଁ ଜୀବନ ବ୍ୟତୀତ କରୁଥିଲେ ।

୨୦୨୧ ମସିହା ଅଗଷ୍ଟ ୧୯ ତାରିଖ ଦିନ ତାଙ୍କ ଘରେ ଜଣେ ସାତ ଆଠ ବର୍ଷ ପିଲା ପହଞ୍ଚିଥିଲା ଯାହାକୁ କେହିହେଲେ ଆଗରୁ ଦେଖି ନ ଥିଲେ । ସେ ପିଲାଟି କହିଥିଲା ଯେ, ତା'ର ନା ଚନ୍ଦ୍ରବୀର କିନ୍ତୁ ପ୍ରକୃତରେ ସେ ତାଙ୍କର ଆଠ ବର୍ଷ ତଳେ ମରିଯାଇଥିବା ପୁଅ ରୋହିତ । ତା କଥାକୁ ପରିବାରର କେହିହେଲେ ବିଶ୍ୱାସ

କରିନଥିଲେ । ସେମାନେ ଭାବିଥିଲେ ଯେ କେହିଜଣେ ପିଲାଟିକୁ ବତାଇ ତାଙ୍କ ସାଙ୍ଗରେ ଥଟ୍ଟା ଖେଳୁଛି । କିନ୍ତୁ ଚନ୍ଦ୍ରବୀରର ସେହିକଥା ବାରମ୍ବାର ଶୁଣି ସେମାନେ ରୋହିତ ବିଷୟରେ ବହୁତ କଥା ପଚାରିଥିଲେ ଯାହାର ସଠିକ୍ ଉତ୍ତର ଚନ୍ଦ୍ରବୀର ଦେଇଥିଲା । ଏହି କଥା ଗାଁରେ ବିଜୁଳି ବେଗରେ ଖେଳି ଯାଇଥିଲା । ଗାଁ ଲୋକେ ପ୍ରମୋଦଙ୍କ ଘରେ ଭିଡ଼ ଜମାଇଥିଲେ । ସେଥିରୁ କେତେକ ଲୋକ ଚନ୍ଦ୍ରବୀରକୁ ପରୀକ୍ଷା କରିବା ପାଇଁ ରୋହିତ ବିଷୟରେ କିଛି ପ୍ରଶ୍ନ ପଚାରିଥିଲେ । ଚନ୍ଦ୍ରବୀର ସବୁ ପ୍ରଶ୍ନର ସନ୍ତୋଷଜନକ ଉତ୍ତର ଦେଇ ପାରିଥିଲା । ଏହି ଭିଡ଼ ଦେଖିକରି ସେହି ଗାଁର ଜଣେ ଶିକ୍ଷକ ସେଠାକୁ ଆସିଥିଲେ । ତାଙ୍କୁ ଦେଖି ଚନ୍ଦ୍ରବୀର ଚିହ୍ନି ପାରିଥିଲା ଏବଂ ତାଙ୍କ ନାଁ ସହ ସ୍କୁଲ ବିଷୟରେ ବହୁତ କିଛି କହିଥିଲା । ସେ ଶିକ୍ଷକ କେଉଁ ବିଷୟରେ ତାକୁ ପଢ଼ାଉଥିଲେ, ତା ମଧ୍ୟ କହିପାରିଥିଲା ।

ପ୍ରକୃତରେ ମୈନପୁରୀ ଜିଲ୍ଲାର ନଗଲା ଅମର ସିଂ ଗାଁର ରାମ ନରେଶଙ୍କ ପୁଅ ଚନ୍ଦ୍ରବୀର ଥିଲା । ଚନ୍ଦ୍ରବୀରର ଜନ୍ମ ରୋହିତ ମୃତ୍ୟୁର କିଛିଦିନ ପରେ ହୋଇଥିଲା । ତାକୁ ଯେତେବେଳେ ଚାରି ବର୍ଷ ହୋଇଥିଲା, ସେ କହିଥିଲା ଯେ ତା'ର ମୃତ୍ୟୁ କେନାଲରେ ବୁଡ଼ିଯାଇ ହୋଇଥିଲା । ସେ ନଗଲା ସଲେହି ଗାଁର । ତା କଥାରେ ରାମ ନରେଶ ଧ୍ୟାନ ଦେଇ ନଥିଲେ । ତାଙ୍କର ଡର ଥିଲା କାଳେ ତାଙ୍କ ପୁଅ ତାଙ୍କ ଠାରୁ ଦୂରେଇ ଯିବ । କିନ୍ତୁ ଚନ୍ଦ୍ରବୀର ଯେତେ ବଡ଼ ହେବାକୁ ଲାଗିଲା, ତା'ର ପୂର୍ବଜନ୍ମର ବାପା, ମାଙ୍କ ପାଖକୁ ଯିବାକୁ ଜିଦ୍ ସେତେ ବଢ଼ି ଚାଲିଥିଲା । ଶେଷରେ ବାଧ୍ୟ ହୋଇ ରାମ ନରେଶ ତାକୁ ସାଙ୍ଗରେ ଧରି ନଗଲା ସଲେହି, ଯାହାକି ତାଙ୍କ ଗାଁଠାରୁ ପ୍ରାୟ ଛଅ କିଲୋମିଟର ଦୂର, ଆସିଥିଲେ । ଗାଁ ପାଖ ହେଲା ମାତ୍ରେ ଚନ୍ଦ୍ରବୀର ଗଳି କନ୍ଦି ଦେଇ ନିଜ ପୂର୍ବଜନ୍ମର ଘରେ ପହଞ୍ଚି ଯାଇଥିଲା ।

■

।। ୧୨ ।।

ପୁନର୍ଜନ୍ମ ଗବେଷଣା

ଭାରତରେ ଏମିତି ଅସଂଖ୍ୟ ଘଟଣା ଘଟିଛି ଯାହାର ସଠିକ୍ ସଂକଳନ କରାଯାଇନାହିଁ କିମ୍ବା କୌଣସି ବ୍ୟକ୍ତି ବିଶେଷ ବା ଅନୁଷ୍ଠାନ ଏଥିରେ ଆଗ୍ରହ ଦେଖାଇ ଗବେଷଣା କରିନାହାନ୍ତି । କିନ୍ତୁ ମଣିଷ ମଲାପରେ ମଧ୍ୟ ବଞ୍ଚିରହେ ଅର୍ଥାତ ପୁଣିଥରେ ପୃଥିବୀ ବକ୍ଷରେ ପୁନର୍ଜନ୍ମ ନେଇଥାଏ ବୋଲି ପ୍ରମାଣ କରିବାକୁ କେତେକ ବିଦେଶୀ ବୈଜ୍ଞାନିକ, ଡାକ୍ତର ଚେଷ୍ଟା କରିଛନ୍ତି ।

ସେହିପରି ଜଣେ ଡାକ୍ତର ଥିଲେ ଡ. ଇଆନ ଷ୍ଟିଭେନ୍ସନ । ସେ ଭର୍ଜିନିଆ ବିଶ୍ୱବିଦ୍ୟାଳୟରେ ମାନସିକ ରୋଗର ପ୍ରଫେସର (Professor of Psychiatry) ଏବଂ ମାନସିକ ରୋଗ ଓ ସ୍ନାୟୁ ବିଜ୍ଞାନ (Psychiatry and Neurology) ବିଭାଗର ଅଧକ୍ଷ ଥିଲେ । ୨୦୦୭ ମସିହାରେ ତାଙ୍କର ମୃତ୍ୟୁ ପର୍ଯ୍ୟନ୍ତ ସେ ତାଙ୍କ ଜୀବନର ସମସ୍ତ ସମୟ ପୁନର୍ଜନ୍ମର ଗବେଷଣା ଉପରେ ବ୍ୟତୀତ କରିଥିଲେ । ସେ ତାଙ୍କ ଜୀବନକାଳ ଭିତରେ ପ୍ରାୟ ୩୦୦୦ଟି ପୁନର୍ଜନ୍ମର ଘଟଣା ଉପରେ ଅନୁସନ୍ଧାନ କରିଥିଲେ ।

ତାଙ୍କର ଗବେଷଣା ମୂଖ୍ୟତଃ ଦୁଇଟି ଦିଗରେ ଗତି କରିଥିଲା । ପ୍ରଥମତ ସେ ମରିଯାଇଥିବା ବ୍ୟକ୍ତିଙ୍କ ଦେହର କ୍ଷତ ସାଙ୍ଗରେ ପୁନର୍ଜନ୍ମ ଲାଭ କରିଥିବା ଶିଶୁର ଜନ୍ମ ଦାଗ (Birth Marks) ଏବଂ ଜନ୍ମ ତ୍ରୁଟି (Birth Defects)କୁ ବିଶ୍ଳେଷଣ କରିଥିଲେ । ଦ୍ୱିତୀୟଟି ସେ ପୁନର୍ଜନ୍ମ ଲାଭ କରିଥିବା ଶିଶୁଟି ଦାବି କରୁଥିବା ମୃତବ୍ୟକ୍ତିଙ୍କ ପରିବାରକୁ ନେଇ ସେମାନଙ୍କୁ ଚିହ୍ନିବାକୁ କହୁଥିଲେ ।

ତାଙ୍କ ଗବେଷଣାରୁ ଜଣାଯାଇଥାଏ ଯେ, ପ୍ରାୟ ଶତକଡ଼ା ୩୫ ଭାଗ ପିଲା ଯେଉଁମାନେ ସେମାନଙ୍କର ପୂର୍ବ ଜୀବନ ମନେ ରଖିଛନ୍ତି ବୋଲି ଦାବୀ କରିଛନ୍ତି, ସେମାନଙ୍କ ଦେହରେ ସେହି ଜନ୍ମ ଦାଗ ବା ଜନ୍ମ ତ୍ରୁଟି ଥାଏ ଯାହାକି ମରିଯାଇଥିବା ସେ ବ୍ୟକ୍ତି, ଯାହାଙ୍କର ପୁନର୍ଜନ୍ମ ସେହି ପିଲାମାନେ ନେଇଛନ୍ତି, ଙ୍କ ଦେହରେ ପୂର୍ବରୁ ଥିଲା । ଏହିପରି ୨୧୦ ଜଣ ପିଲାଙ୍କର ମାମଲାର ଅନୁସନ୍ଧାନ କରାଯାଇଥିଲା ।

୪୯ଟି ମାମଲାରୁ ୪୩ଟି କ୍ଷେତ୍ରରେ ଯେଉଁଥିରେ ମୃତ୍ୟୁବେଳର ଡାକ୍ତରଖାନାର କାଗଜପତ୍ର ବିଶେଷ କରି ପୋଷ୍ଟମର୍ଟମ ରିପୋର୍ଟ ଥିଲା, ଜଣାଯାଇ ଥିଲା ଯେ ମୃତ୍ୟୁବେଳକୁ ସେମାନଙ୍କ ଦେହରେ ଥିବା କ୍ଷତ ବା ଦାଗ, ତାଙ୍କର ପୁନର୍ଜନ୍ମ ନେଇଥିବା ପିଲାମାନଙ୍କ ଦେହରେ ଶତପ୍ରତିଶତ ଥିଲା ।

ପୁନର୍ଜନ୍ମ ପାଇଥିବା ପିଲାମାନେ ନିଜେ ଅନୁଭୂତି ପାଇ ନଥିବା ପ୍ରାୟ ୩୦-୪୦ଟି ବିବୃତି ଦେଇଥାନ୍ତି । ଅନୁସନ୍ଧାନରୁ ଜଣାଯାଇଛି ଯେ ସେମାନେ ଦେଇଥିବା ବିବୃତ୍ତିର ପ୍ରାୟ ଶତକଡ଼ା ୯୨ ଭାଗ ଠିକ୍ ହୋଇଥାଏ ।

ଡ. ଷ୍ଟିଭେନ୍ ସନ୍ ଲେଖିଛନ୍ତି ଯେ, "ପ୍ରତିଟି ମାମଲାରେ ମୁଁ ଆଶା କରିଥାଏ ଯେ, ମୁଁ ଗୋଟେ ପରିବାର ପାଇବି ଯେଉଁଥିରେ ଜଣେ ବ୍ୟକ୍ତି ମରିଯାଇଥିବେ ଏବଂ ତାଙ୍କ ଜୀବନର ଘଟଣାବଳୀ ପୁନର୍ଜନ୍ମ ପାଇଥିବା ପିଲାଟିର ବକ୍ତବ୍ୟ ସାଙ୍ଗରେ ମେଳ ଖାଇଯାଉଥିବ ।"

ପୁନର୍ଜନ୍ମ ପାଇଥିବା ପିଲାମାନେ ସେମାନଙ୍କର ପୂର୍ବ ଜୀବନର କାହାଣୀ ଗୁଡ଼ିକ ଖୁବ୍ ପିଲାଦିନୁ କହିବା ଆରମ୍ଭ କରିଥାନ୍ତି । ଏହା ସାଧାରଣତଃ ଦୁଇରୁ ଚାରିବର୍ଷ ଭିତରେ ହୋଇଥାଏ । ସେମାନଙ୍କୁ ପ୍ରାୟ ସାତ ଆଠ ବର୍ଷ ହେଲା ବେଳକୁ ସେମାନେ ସେମାନଙ୍କର ପୂର୍ବଜନ୍ମ କଥା କହିବା ବନ୍ଦ କରିଦେଇ ଥାନ୍ତି ଏବଂ ତାପରେ ସେମାନେ ସାଧାରଣ ଜୀବନ ଯାପନ କରିଥାନ୍ତି । ଖୁବ୍ ପିଲାଦିନେ ଯେତେବେଳେ ସେମାନେ କୌଣସି କଥା ଜଣାଇବାକୁ ଶବ୍ଦ ପାଇ ନ ଥାନ୍ତି, ସେମାନେ ସେମାନଙ୍କର ଭାବଭଙ୍ଗୀ ଦ୍ୱାରା ତାହା ଜଣାଇଥାନ୍ତି । ଯେମିତି କି କୁମ୍‌କୁମ୍ ବର୍ମା "କମାର" ଶବ୍ଦ ଜାଣି ନଥିଲେ । ତେଣୁ ସେ କହିଥିଲେ ଯେ ତାଙ୍କର ପୂର୍ବଜନ୍ମ ପୁଅ ଗୋଟେ ହାତୁଡ଼ି ସାହାଯ୍ୟରେ କାମ କରୁଥିଲେ ଏବଂ ତାଙ୍କର ଅଙ୍ଗଭଙ୍ଗୀରେ ଦର୍ଶାଇଥିଲେ କେମିତି ଜଣେ କମାର ହାତୁଡ଼ି ଏବଂ ତା'ର ଶାଳରେ କାମ କରିଥାଏ ।

ପ୍ରାୟ ଆଠ ବର୍ଷବେଳକୁ ପିଲାମାନେ ପୂର୍ବ ଜନ୍ମ ବିଷୟରେ କହିବା ବନ୍ଦ କରି

ଦେଇଥାନ୍ତି । କେବଳ ବନ୍ଦ କରି ଦିଅନ୍ତିନି ବରଂ ପଚରିଲେ ତାଙ୍କର ମନେ ନାହିଁ ବୋଲି କହିଥାନ୍ତି । ଏପରି କାହିଁକି ହୋଇଥାଏ ?

୧-ଏହି ସମୟରେ ପିଲାମାନେ ପାଠପଢ଼ା ଆରମ୍ଭ କରିଦେଇଥାନ୍ତି । ଥରେ ପିଲାମାନେ ସେଥିରେ ପୁରାପୁରି ମନଯୋଗ ଦେଇଦେଲେ ସେମାନେ ଅନ୍ୟ ଘଟଣା ଗୁଡ଼ିକ ଭୁଲିଯାଇଥାନ୍ତି ।

୨-ଏଇଟା ହେଉଛି ବୟସ ଯେତେବେଳେ ଅଧିକାଂଶ ପିଲା ତାଙ୍କ ଶୈଶବର ଘଟଣାବଳୀ ଗୁଡ଼ିକ ଭୁଲିଯାଇଥାନ୍ତି । ଯଦି ପରିବାରର ଜଣେ ଅତି ନିକଟତମ ବନ୍ଧୁ ବାହାରକୁ ଚାଲିଯାଇଥିବେ ତେବେ ପିଲାଟିକୁ ଛଅ/ସାତ ବର୍ଷ ହେଲାପରେ ସେ ତାଙ୍କୁ ଆଉ ମନେରଖି ପାରିନଥାଏ । ଏହାକୁ "ଶୈଶବ ସ୍ମୃତିଲୋପ" (early childhood amnesia) ବୋଲି କୁହାଯାଏ ।

ଆଉ ଗୋଟେ କଥା ସମସ୍ତେ ଲକ୍ଷ କରିଥିବେ । ପିଲାଟିଏ ଜନ୍ମ ହେବାର କିଛିଦିନ ପରେ ସେ ତା'ର ମନକୁ ମନ ହସିଥାଏ ବା କାନ୍ଦିଥାଏ । ଏମିତିକି ନିଦରେ ଶୋଇଥିଲେ ମଧ୍ୟ ତାର ହସ କାନ୍ଦ ହୋଇଥାଏ । ସେତେବେଳେ ତା'ର ତ ଏ ସଂସାରର ସୁଖ ଦୁଃଖ ବିଷୟରେ କିଛି ହେଲେ ଅଭିଜ୍ଞତା ନ ଥାଏ । ତେବେ ସେ କାହିଁକି ହସିଥାଏ ବା କାନ୍ଦିଥାଏ । ଅବଶ୍ୟ କ୍ଷୁଧା ଲାଗିଲେ ପିଲାମାନେ କାନ୍ଦିଥାନ୍ତି । କିନ୍ତୁ ସମୟେ ସମୟେ ସେମାନେ ପେଟପୁରା ଖାଇସାରି ବି କୌଣସି କାରଣ ନ ଥାଇ କାନ୍ଦିଥାନ୍ତି । ଏହା ତାଙ୍କର ପୂର୍ବଜନ୍ମର ଘଟଣାବଳୀ ଗୁଡ଼ିକ ମନେ ପକାଇ ନୁହେଁତ ? ଅତି ପିଲାବେଳେ ଯଦି ତାର ପୂର୍ବ ଜନ୍ମ କଥା ମନେ ଥାଏ ତେବେ ସେହି ଜନ୍ମର ସୁଖଦ ଘଟଣାକୁ ମନେପକାଇ ସେ ହସିଥାଏ କିମ୍ବା ଦୁଃଖଦ ଘଟଣା ମନେପକାଇ କାନ୍ଦିଥାଏ । ଏହା ସମ୍ଭବ ହୋଇପାରେ ।

ଏବେ ମୁଁ ପୁର୍ନଜନ୍ମ ଉପରେ କେତେକ ସତ୍ୟ ଘଟଣାର ଅବତାରଣା କରୁଛି ।

●●

କାମାଲ ଆତାସେ ତୁର୍କୀର ଗୋଟେ ଉଚ୍ଚ ମଧ୍ୟବିତ୍ତ ପରିବାରରେ ଜନ୍ମ ଗ୍ରହଣ କରିଥିଲେ । ତାଙ୍କର ପିତା ମାତା ଉଚ୍ଚ ଶିକ୍ଷିତ ଥିଲେ ଏବଂ ପିତାଙ୍କର ଭଲ ବ୍ୟବସାୟ ଥିଲା । ତାଙ୍କୁ ଦୁଇବର୍ଷ ହେବାଠାରୁ ସେ ତାଙ୍କର ପୁନର୍ଜନ୍ମ ବିଷୟରେ କହିବା ଆରମ୍ଭ କରିଦେଇଥିଲେ । ପ୍ରଥମେ ପ୍ରଥମେ ତାଙ୍କର ପିତା ମାତା ତାହା ଉପରେ କୌଣସି ଗୁରୁତ୍ୱ ଦେଇ ନ ଥିଲେ । କିନ୍ତୁ ଏହି ଖବର ଅଷ୍ଟ୍ରେଲିଆର ପ୍ରସିଦ୍ଧ ମନସ୍ତତ୍ତ୍ୱବିଦ୍ (Psycologist) ଡ. ଜର୍ଗେନ କେଲ (Dr. Jurgen Keil) ଙ୍କ ନିକଟରେ

ପହଞ୍ଚିଥିଲା । ସେ ୧୯୯୭ରେ ତୁର୍କୀ ଆସି କାମାଲଙ୍କର ସାକ୍ଷାତକାର ନେଇଥିଲେ । ସେତେବେଳେ କାମାଲଙ୍କୁ ଛଅବର୍ଷ ବୟସ ହୋଇଥିଲା । କାମାଲ କହିଥିଲେଯେ, ସେ ଇସ୍ତାନ୍‌ବୁଲରେ ରହୁଥିଲେ । ଇସ୍ତାନବୁଲ କାମାଲଙ୍କ ଜନ୍ମସ୍ଥାନଠାରୁ ପ୍ରାୟ ୮୦୦ କିଲୋମିଟର ଦୂର ହେବ । ସେ ଜଣେ ଧନୀ ଆର୍ମେନିଆନ ଖ୍ରୀଷ୍ଟିଆନ ଥିଲେ ଏବଂ ତାଙ୍କର ପାରିବାରିକ ନାମ "କାରାକାସ" ଥିଲା । ସେ ଗୋଟେ ବଡ଼ ତିନି ମହଲା କୋଠା ଘରେ ରହୁଥିଲେ । ତାଙ୍କ ଘର ଜଣେ ପ୍ରସିଦ୍ଧ ମହିଳା ଐଶାଗୁଲ (Aysegul)ଙ୍କ ଘର ପାଖରେ ଥିଲା । ଐଶାଗୁଲ ତୁର୍କୀର ଜଣେ ଜଣାଶୁଣା ମହିଳା ଥିଲେ ଯେ କି କୌଣସି ଆଇନଗତ କାରଣ ଯୋଗୁଁ ଦେଶ ଛାଡ଼ି ଚାଲିଯାଇଥିଲେ । କାମାଲ ପୁଣି କହିଥିଲେ ଯେ, ତାଙ୍କ ଘର ଏକ ଜଳ ଭଣ୍ଡାର ପାଖରେ ଥିଲା ଯେଉଁଠାରେ ବହୁତ ଗୁଡ଼ିଏ ଡଙ୍ଗା ବନ୍ଧା ହେଉଥିଲା ଏବଂ ଘର ପଛପଟେ ଗୋଟେ ଚର୍ଚ୍ଚ ଥିଲା । ସେ ଆଉ ମଧ୍ୟ କହିଥିଲେ ଯେ ତାଙ୍କ ସ୍ତ୍ରୀ ଏବଂ ପିଲାମାନଙ୍କର ଗ୍ରୀସ ଦେଶର ନାମ ପରି ପ୍ରଥମ ନାମ ଥିଲା । ସେ ପ୍ରାୟ ସବୁବେଳେ ଗୋଟେ ବଡ଼ ଚମଡ଼ା ବ୍ୟାଗ ଧରୁଥିଲେ ଏବଂ ସେହି ଘରେ ସେମାନେ ବର୍ଷରେ କିଛି ସମୟ ହିଁ ରହୁଥିଲେ ।

କାମାଲଙ୍କ ପିତାମାତା ଇସ୍ତାନ୍‌ବୁଲରେ କାହାକୁ ଜାଣି ନଥିଲେ । ପ୍ରକୃତରେ ତାଙ୍କ ବାପା ଇସ୍ତାନ୍‌ବୁଲ ସହରକୁ ମାତ୍ର ଦୁଇ ଥର ତାଙ୍କର ବ୍ୟବସାୟ ସମ୍ବନ୍ଧରେ ଯାଇଥିଲେ । କାମାଲ କି ତାଙ୍କ ମା ଇସ୍ତାନ୍‌ବୁଲ ସହର ଦେଖି ନ ଥିଲେ । କାମାଲଙ୍କ ବାପା, ମା ଆଲେଭି ମୁସଲମାନ ଥିଲେ ଯେଉଁମାନେ ପୁନର୍ଜନ୍ମରେ ବିଶ୍ୱାସ କରୁଥିଲେ । କିନ୍ତୁ କାମାଲଙ୍କ କ୍ଷେତ୍ରରେ ସେମାନେ କେବେହେଲେ ତାହା ଆଶା କରି ନ ଥିଲେ । ସେମାନେ ଏହାକୁ ଏକ ଶିଶୁର ପ୍ରଳାପ ବୋଲି ଭାବି ନେଇଥିଲେ । କିନ୍ତୁ ଡ. କେଲ ଏହା ଭାବି ନ ଥିଲେ ।

କାମାଲ ଯାହା ବକ୍ତବ୍ୟ ଦେଇଥିଲେ ତାହାର ସତ୍ୟାସତ୍ୟ ଜାଣିବାକୁ ଡ. କେଲ ବଦ୍ଧପରିକର ହୋଇଥିଲେ । ସେ ଜଣେ ଅନୁବାଦକଙ୍କୁ ସାଙ୍ଗରେ ନେଇ ଇସ୍ତାନ୍‌ବୁଲ ଯାତ୍ରା କରିଥିଲେ । ସେଠାରେ ସେ ଐଶାଗୁଲଙ୍କ ଘର, ଯାହାକୁ କାମାଲ ବର୍ଣ୍ଣନା କରିଥିଲେ, ଖୋଜି ପାଇଥିଲେ । ସେ ଘରକୁ ଲାଗି ଗୋଟେ ଖାଲି ତିନି ମହଲା ଘର ଥିଲା ଯାହା କାମାଲଙ୍କ ବକ୍ତବ୍ୟ ଅନୁସାରେ ପୁରାପୁରି ମିଶିଯାଇଥିଲା । ତାହା ଏକ ଜଳ ଭଣ୍ଡାର ପାଖରେ ଥିଲା ଯେଉଁଠାରେ କେତେ ଗୁଡ଼ିଏ ଡଙ୍ଗା ବନ୍ଧା ହୋଇଥିଲା ଏବଂ ସେ ଘରର ପଛପଟେ ଗୋଟେ ଚର୍ଚ୍ଚ ମଧ୍ୟ ଥିଲା । କିନ୍ତୁ ଡ. କେଲ ଯେତେ ଚେଷ୍ଟା କଲେ ବି କୌଣସି ଆର୍ମେନିଆନଙ୍କର ଖୋଜ ଖବର ପାଇ ନଥିଲେ । ସେହି ସମୟରେ ଇସ୍ତାନ୍‌ବୁଲରେ କୌଣସି ଆର୍ମେନିଆନ ରହୁ ନ ଥିଲେ । ଆଖ ପାଖରେ

ପଚାରିଲେ ମଧ୍ୟ କେହି ହେଲେ କୌଣସି ଆର୍ମେନିଆନଙ୍କ ବିଷୟରେ କହିପାରି ନ ଥିଲେ । ଡ. କେଲ ଫେରିଯାଇଥିଲେ ।

ସେହି ବର୍ଷ ଶେଷ ଆଡ଼କୁ ସେ ପୁଣିଥରେ ଇସ୍ତାନ୍‌ବୁଲ ଯାଇଥିଲେ । ସେ ଯାଇ ଆର୍ମେନିଆନ ଚର୍ଚ୍ଚରେ ପଚରା ଉଚରା କରିଥିଲେ । କିନ୍ତୁ ଚର୍ଚ୍ଚର କୌଣସି କର୍ମକର୍ତ୍ତା କିଛି କହିପାରି ନଥିଲେ କି ଚର୍ଚ୍ଚର ରେକର୍ଡ଼ରେ ମଧ୍ୟ ସେମିତି କିଛି ନଥିଲା । ଅବଶ୍ୟ ଚର୍ଚ୍ଚର ବହୁତ ପୁରୁଣା ରେକର୍ଡ଼ ଗୋଟେ ଅଗ୍ନିକାଣ୍ଡରେ ପୋଡ଼ି ଯାଇ ନଷ୍ଟ ହୋଇଯାଇଥିଲା । ଡ. କେଲ ସେହି ନିକଟରେ ଥିବା ଜଣେ ଅତ୍ୟନ୍ତ ବୃଦ୍ଧ ଲୋକଙ୍କୁ ଦେଖାକରି ଏ ବିଷୟରେ ପଚାରିଥିଲେ । ସେ ବୃଦ୍ଧ କହିଥିଲେ ଯେ, ସେ ନିଶ୍ଚିତ ଯେ, ବହୁତ ଦିନ ତଳେ ଜଣେ ଆର୍ମେନିଆନ ସେହି ଘରେ ରହୁଥିଲେ । ଚର୍ଚ୍ଚ କର୍ମକର୍ତ୍ତା ମାନେ ସେତେବେଳେ ବହୁତ ଛୋଟ ଥିଲେ ।

ଡ. କେଲ ସେତେବେଳେ ଫେରି ଆସିଥିଲେ କିନ୍ତୁ ପରବର୍ଷ ପୁଣି ତୃତୀୟ ଥର ପାଇଁ ସେ ଇସ୍ତାନ୍‌ବୁଲ ଯାଇଥିଲେ । ସେ ଜଣେ ସ୍ଥାନୀୟ ଐତିହାସିକଙ୍କୁ ଭେଟିଥିଲେ । ଆଶ୍ଚର୍ଯ୍ୟର କଥା ସେହି ଐତିହାସିକ ଜଣକ କାମାଲ କହିଥିବା ପରି ଘଟଣା ଶୁଣାଇଥିଲେ । ତାଙ୍କର କହିବା ଅନୁସାରେ, ଜଣେ ଧନୀ ଆର୍ମେନିଆନ ଖ୍ରୀଷ୍ଟିଆନ ସେହି ଘରେ ରହୁଥିଲେ । ସେତେବେଳେ ସେ ଇସ୍ତାନ୍‌ବୁଲରେ କେବଳ ଏକ ମାତ୍ର ଆର୍ମେନିଆନ ଥିଲେ ଏବଂ ତାଙ୍କର ପାରିବାରିକ ନାମ "କାରାକାସ" ଥିଲା । ତାଙ୍କ ସ୍ତ୍ରୀ ଗ୍ରୀସର ଥିଲେ ଏବଂ ସେମାନଙ୍କ ପରିବାର ଏହି ବିବାହକୁ ସମ୍ମତି ପ୍ରଦାନ କରି ନ ଥିଲେ । ଏହି ଦମ୍ପତିଙ୍କର ତିନୋଟି ସନ୍ତାନ ଥିଲେ କିନ୍ତୁ ସେ ଐତିହାସିକ ଜଣକ ସେମାନଙ୍କର ନାଁ ଜାଣି ନ ଥିଲେ । କାରାକାସ ଚମଡ଼ା ଜାତ ଦ୍ରବ୍ୟର ବ୍ୟବସାୟ କରୁଥିଲେ ଏବଂ ସେ ପ୍ରାୟ ସବୁବେଳେ ଗୋଟେ ବଡ଼ ଚମଡ଼ା ବ୍ୟାଗ ଧରୁଥିଲେ । କାରାକାସ ପରିବାର ଇସ୍ତାନ୍‌ବୁଲ ସହରର ଅନ୍ୟ ଏକ ଜାଗାରେ ରହୁଥିଲେ କିନ୍ତୁ ଏହି ତିନିମହଲା ଘରକୁ ଗ୍ରୀଷ୍ମ ଋତୁରେ ଆସୁଥିଲେ । କାରାକାସଙ୍କର ୧୯୪୦ ବା ୧୯୪୧ରେ ମୃତ୍ୟୁ ହୋଇଥିଲା ।

କେମିତି ଛଅବର୍ଷର ଗୋଟେ ଛୋଟପିଲା ତା ଜନ୍ମସ୍ଥାନ ଠାରୁ ୮୦୦ କିଲୋମିଟର ଦୂରରେ ଏବଂ ତା ଜନ୍ମର ୫୦ ବର୍ଷ ତଳର ଘଟଣା ଏତେ ପ୍ରାଞ୍ଜଳ ଏବଂ ନିର୍ଭୁଲ ଭାବରେ କହିପାରିଥିଲା ? ଏମିତିକି କାରାକାସଙ୍କୁ ତାଙ୍କ ଘରର ଆଖପାଖ ଅଞ୍ଚଳରେ ତଥା ଚର୍ଚ୍ଚରେ ଲୋକେ ମନେପକାଇ ପାରୁନଥିଲେ । ତଥାପି କାମାଲ

ପରିଷ୍କାର ଭାବରେ ସବୁ ଘଟଣା ଗୁଡ଼ିକ କହିପାରିଥିଲା । ଏହା କ'ଣ ପୁନର୍ଜନ୍ମର ପ୍ରମାଣ ନୁହେଁ ? ଏହା କ'ଣ ଆତ୍ମାର ଏ ଜଗତକୁ ପୁର୍ନପ୍ରବେଶର ପ୍ରମାଣ ନୁହେଁ ?

●●

୧୯୯୨ ମସିହାର ଏକ ରାତିରେ ଅବସରପ୍ରାପ୍ତ ପୋଲିସ କର୍ମଚାରୀ ଜନ ମ୍ୟାକନେଲ ଯେ କି ଏକ ସିକ୍ୟୁରିଟି ଗାର୍ଡ଼ ଭାବରେ କାମ କରୁଥିଲେ; ଡ୍ୟୁଟି ସାରି ଘରକୁ ଫେରୁଥିଲେ । ବାଟରେ ସେ ଗୋଟେ ଦୋକାନରେ ଡକାୟତି ହେଉଥିବାର ଦେଖି ପାରିଥିଲେ । ଅବିଳମ୍ବେ ସେ ତାଙ୍କର ପିସ୍ତଲ ବାହାର କରି ସେହି ଆଡ଼କୁ ଦୌଡ଼ି ଯାଇଥିଲେ । ସେତେବେଳେ କାଉଣ୍ଟର ପଛପଟେ ଥିବା ଡକାୟତ ଜଣଙ୍କ ତାଙ୍କ ଉପରକୁ ଗୁଳି ଚଳାଇଥିଲା । ତାଙ୍କ ଦେହରେ ସର୍ବମୋଟ ଛଅଟି ଗୁଳି ଲାଗିଥିଲା । ସେଥିରୁ ଗୋଟେ ଗୁଳି ତାଙ୍କ ପଛପଟେ ପଶି ତାଙ୍କର ଫୁସଫୁସ ଏବଂ ହୃତପିଣ୍ଡ ଦେଇ ବାହାରିଯାଇଥିଲା । ସେହିଥିରେ ତାଙ୍କର ପଲମୋନାରି ଧମନୀ, ଯେଉଁ ଧମନୀ ହୃତପିଣ୍ଡର ଡାହାଣ ପଟରୁ ଫୁସଫୁସକୁ ରକ୍ତ ବୋହି ନେଇଥାଏ ଅମ୍ଳଜାନ ଗ୍ରହଣ କରିବା ପାଇଁ, ପୁରାପୁରି କ୍ଷତିଗ୍ରସ୍ତ ହୋଇଯାଇଥିଲା । ତାଙ୍କୁ ସାଙ୍ଗେ ସାଙ୍ଗେ ଡାକ୍ତରଖାନା ନିଆଯାଇଥିଲା ଯେଉଁଠାରେ ତାଙ୍କର ମୃତ୍ୟୁ ହୋଇଯାଇଥିଲା ।

ଜନ ତାଙ୍କ ପରିବାରକୁ ବହୁତ ଭଲ ପାଉଥିଲେ । ସେ ତାଙ୍କ ଝିଅ ଡୋରେନକୁ ସବୁବେଳେ କହୁଥିଲେ, "ଯାହା ହେଇଯାଉ ପଛେ ମୁଁ ସବୁବେଳେ ତୋର ଯତ୍ନ ନେବି ।" ଜନ ମରିବାର ପାଞ୍ଚବର୍ଷ ପରେ ଡୋରେନ ଏକ ପୁତ୍ର ସନ୍ତାନକୁ ଜନ୍ମ ଦେଇଥିଲେ ଏବଂ ତା'ର ନାଁ ୱିଲିୟମ ରଖିଥିଲେ । ୱିଲିୟମ ଜନ୍ମ ନେବା ସାଙ୍ଗେ ସାଙ୍ଗେ ଅଚେତ ହୋଇଯାଇଥିଲା । ଡାକ୍ତରମାନେ ପରୀକ୍ଷା କରି ଜାଣି ପାରିଥିଲେ ଯେ, ସେ ପଲମୋନାରି ଭଲଭ ଆଟ୍ରେସିଆ (Pulmonary valve atresia) ରୋଗରେ ପୀଡ଼ିତ । ଏହି ରୋଗରେ ପଲମୋନାରି ଧମନୀ ପୁରାପୁରି ବିକଶିତ ହୋଇ ନ ଥାଏ । ତା ଫଳରେ ହୃତପିଣ୍ଡରୁ ରକ୍ତ ଫୁସଫୁସକୁ ଯାଇପାରି ନ ଥାଏ । ତା ସାଙ୍ଗରେ ହୃଦୟର ଗୋଟେ କୋଠରୀ ମଧ୍ୟ ଠିକ୍ ଭାବରେ ବିକଶିତ ହୋଇ ନ ଥିଲା । ୱିଲିୟମର କେତେ ଗୁଡ଼ିଏ ଅପରେସନ ହୋଇଥିଲା ଏବଂ ସେ କ୍ରମଶଃ ସୁସ୍ଥ ହୋଇ ଉଠିଥିଲା ।

ୱିଲିୟମର ଜନ୍ମଗତ ତ୍ରୁଟି (Birth defects) ଗୁଡ଼ିକ ତା'ର ଜେଜେବାପା ଜନ ମଲାବେଳର କ୍ଷତ ସାଙ୍ଗରେ ପୁରାପୁରି ମେଳ ଖାଇ ଯାଉଥିଲା । ସେ ଯେତେବେଳେ କଥା କହିବା ଆରମ୍ଭ କରିଥିଲା ସେତେବେଳେ ସେ ତା'ର ଜେଜେ ବାପାଙ୍କ ଜୀବନ ଉପରେ ବହୁତ କଥା କହିଥିଲା । ୱିଲିୟମଙ୍କୁ ତିନି ବର୍ଷ ହୋଇଥିଲା

ବେଳେ, ତା ମା ଘରେ କିଛି କାମ କରୁଥିଲେ । ସେତେବେଳେ ସେ ଦୁଷ୍ଟ ହେବାରୁ ମା କହିଥିଲେ, "ଚୁପଚାପ ବସି ରୁହ, ନ ହେଲେ ମାଡ଼ ଖାଇବୁ ।" ଔଲିୟମ ଉତ୍ତର ଦେଇଥିଲେ, "ମମ ! ତୁମେ ଯେତେବେଳେ ଛୋଟପିଲା ଥିଲ, ମୁଁ ତୁମର ବାପା ଥିଲି । ତୁମେ ସେତେବେଳେ ବହୁତ ଦୁଷ୍ଟାମୀ କରୁଥିଲ କିନ୍ତୁ ମୁଁ ତୁମକୁ କେବେହେଲେ ମାଡ଼ ମାରି ନଥିଲି ।" ଡୋରେନ ଆଶ୍ଚର୍ଯ୍ୟ ହୋଇଯାଇଥିଲେ । ତାପରେ ଔଲିୟମ ତା ଜେଜେଙ୍କ ବିଷୟରେ ବହୁତ କଥା କହିଥିଲେ ଏପରିକି ତାଙ୍କର କିପରି ମୃତ୍ୟୁ ହୋଇଥିଲା ତାହା ମଧ୍ୟ କହିଥିଲେ ।

ଥରେ ଔଲିୟମ ତା ମାଙ୍କୁ ପଚାରିଥିଲା, "ତୁମେ ଯେତେବେଳେ ଛୋଟ ପିଲା ଥିଲ ସେତେବେଳେ ଆମ ବିଲେଇର ନାଁ କ'ଣ ଥିଲା ?" ଡୋରେନ କହିଥିଲେ, "ତୁମେ କ'ଣ ମାନିଆକ୍ କଥା କହୁଛ ।"

"ନା, ନା । ସେଇଟା ନୁହେଁ । ସେ ଧଳା ବିଲେଇ ।" - ଔଲିୟମ କହିଥିଲା ।

ଡୋରେନ କହିଥିଲେ, "ହେ ! ବୋଷ୍ଟନ ।"

"ହଁ, ହଁ, ମୁଁ ତାକୁ ବସ ବୋଲି ଡାକୁଥିଲି ।" - ଔଲିୟମ କହିଥିଲା ।

ତାହା ଠିକ୍ ଥିଲା । ସେମାନଙ୍କ ପରିବାରରେ ଦୁଇଟି ବିଲେଇ ଥିଲେ । ମାନିଆକ୍ ଏବଂ ବୋଷ୍ଟନ୍ । କେବଳ ତାଙ୍କ ବାପା ହିଁ ବୋଷ୍ଟନ୍‌କୁ ବସ୍ ବୋଲି ଡାକୁଥିଲେ । ଏମିତି ବହୁତ କ୍ଷେତ୍ରରେ ପ୍ରମାଣିତ ହୋଇ ପାରିଥିଲା ଯେ ଡୋରେନ୍‌ଙ୍କ ବାପା ହିଁ ତାଙ୍କର ପୁତ୍ର ଭାବରେ ପୁନର୍ଜନ୍ମ ନେଇଥିଲେ ।

●●

ପାଟ୍ରିକ କ୍ରିଷ୍ଟେନସନ ୧୯୯୧ ମସିହାରେ ଆମେରିକାର ମିଚିଗାନରେ ଜନ୍ମ ଗ୍ରହଣ କରିଥିଲେ । ନର୍ସ ତାଙ୍କୁ ନେଇ ଯେତେବେଳେ ତାଙ୍କର ମା'ଙ୍କ କୋଳକୁ ଟେକି ଦେଇଥିଲେ, ତାଙ୍କ ମା ସାଙ୍ଗେ ସାଙ୍ଗେ ଜାଣିପାରିଥିଲେ ଯେ ତାଙ୍କର ମରି ଯାଇଥିବା ପୁଅ ପୁଣି ତାଙ୍କ ପାଖକୁ ଫେରି ଆସିଛି । ତାଙ୍କର ପ୍ରଥମ ପୁଅ କେଭିନ୍ ୧୯୭୯ ମସିହାରେ ମାତ୍ର ଦୁଇବର୍ଷ ବୟସରେ କ୍ୟାନସରରେ ମୃତ୍ୟୁବରଣ କରିଥିଲେ । ସେ ଲକ୍ଷ କରିଥିଲେ ଯେ ପାଟ୍ରିକର ତିନୋଟି ଜନ୍ମଗତ ତ୍ରୁଟି ଥିଲା ଯାହା ତାଙ୍କ ପ୍ରଥମ ପୁତ୍ର କେଭିନ୍‌ର ମୃତ୍ୟୁ ବେଳକୁ ଥିଲା ।

କେଭିନ୍‌କୁ ଯେତେବଳେ ଦେଢ଼ ବର୍ଷ ବୟସ ହୋଇଥିଲା, ସେ ହଠାତ୍ ଛୋଟେଇ ଛୋଟେଇ ଚାଲିବା ଆରମ୍ଭ କରିଥିଲା । ଦିନେ ସେ ପଡ଼ିଯିବା ଦ୍ୱାରା ତାର ବାମ ଗୋଡ଼ ଭାଙ୍ଗି ଯାଇଥିଲା । ସେମାନେ ତାକୁ ଡାକ୍ତରଖାନା ନେଇଯାଇଥିଲେ ।

ସେଠାରେ ଡାକ୍ତରମାନେ ତା'ର ଡାହାଣ କାନ ଉପରେ ଥିବା ଗୋଟେ ଛୋଟ ଆବୁର ବାୟୋପ୍ସି କରିଥିଲେ । ଫଳରେ ତା'ର କ୍ୟାନସର ହୋଇଥିବାର ଜଣା ପଡ଼ିଥିଲା ଯାହାକି ଦେହର ଅନ୍ୟ ଅଙ୍ଗକୁ ସଂକ୍ରମିତ ହୋଇଯାଇଥିଲା । ତାହାର ଡାହାଣ ଆଖି ଟ୍ୟୁମର ଯୋଗୁଁ ବାହାରକୁ ବାହାରି ଆସିଥିଲା । ତା'ର ବେକର ଡାହାଣ ପଟେ କେମୋଥିରାପି (chemotherapy) ଦେବାପାଇଁ ଗୋଟେ ବଡ଼ ଇଣ୍ଟ୍ରା ଭେନ୍‌ସ (Intra Venous) ନଳୀ ସଂଯୋଗ କରାଯାଇଥିଲା । ବେକର ସେହି ସ୍ଥାନଟି କିଛିଦିନ ପରେ ନାଲି ପଡ଼ିଯାଇ ଫୁଲି ଯାଇଥିଲା । କାଳକ୍ରମେ ତା'ର ବାମ ଆଖିଟି ପୁରାପୁରି ନଷ୍ଟ ହୋଇଯାଇଥିଲା । ଏବଂ ଶେଷରେ ଦ୍ୱିତୀୟ ଜନ୍ମଦିନର ଅଳ୍ପ କିଛିଦିନ ପରେ ସେ ଚିରଦିନ ପାଇଁ ଆଖି ବୁଜିଥିଲା ।

କେଭିନ୍‌ର ବାପା, ମା କେଭିନ୍‌ର ମୃତ୍ୟୁ ପୂର୍ବରୁ ଅଲଗା ହୋଇଯାଇଥିଲେ । ସେମାନଙ୍କର ଛାଡ଼ପତ୍ର ହୋଇଯାଇଥିଲା । ପାଟ୍ରିକ ହେଉଛି ତା ମାଙ୍କର ଦ୍ୱିତୀୟ ସ୍ୱାମୀଙ୍କର ତୃତୀୟ ସନ୍ତାନ । ଜନ୍ମ ବେଳେ ପାଟ୍ରିକର ଡାହାଣ ପଟ ବେକ ଉପରକୁ ଗୋଟେ ଛୋଟ କଟା ଦାଗ ଥିଲା ଠିକ୍ ସେହି ସ୍ଥାନରେ ଯେଉଁଠାରେ କେଭିନ୍‌ର କେମୋଥିରାପି ପାଇଁ ନଳୀ ଲାଗିଥିଲା । ତା'ର ଡାହାଣ ପଟ କାନ ଉପରକୁ ଗୋଟେ ଗୋଲାକାର ଆବୁ ଥିଲା ଠିକ୍ ଯେଉଁଠାରେ କେଭିନ୍‌ର ଥିଲା । ତା'ର ବାମ ପଟ ଆଖି ପୁରା ଖରାପ ଥିଲା ଯାହାକୁ ଡାକ୍ତର ମାନେ କର୍ନିଆଲ ଲ୍ୟୁକୋମା (Corneal Leukoma) ବୋଲି କହିଥିଲେ ଏବଂ ସେ ସେଥିରେ ବହୁତ କମ ଦେଖି ପାରୁଥିଲା ଠିକ୍ କେଭିନ୍ ପରି । ସବୁଠାରୁ ଆଶ୍ଚର୍ଯ୍ୟର କଥା ଥିଲା ଯେ ଯେତେବେଳେ ପାଟ୍ରିକ ଚାଲିବା ଆରମ୍ଭ କରିଥିଲା ସେତେବେଳେ କୌଣସି ଶାରିରୀକ ଅସୁବିଧା ନ ଥାଇ ମଧ୍ୟ ସେ ଛୋଟେଇ ଛୋଟେଇ ଚାଲିଥିଲା ।

ଯେତେବେଳେ ପାଟ୍ରିକକୁ ୪ ବର୍ଷ ୬ ମାସ ହୋଇଥିଲା ସେ କେଭିନ୍‌ର ଜୀବନ ବିଷୟରେ କହିବା ଆରମ୍ଭ କରିଥିଲା । ସେ ତାଙ୍କର ପୁରୁଣା ଘରକୁ ଫେରି ଯିବାକୁ ଚାହୁଁଥିଲା ଯେଉଁଠାରେ ସେ ମୃତ୍ୟୁ ବେଳକୁ ତା ମାଙ୍କୁ ଛାଡ଼ିକରି ଯାଇଥିଲା । ସେ ମଧ୍ୟ କହିଥିଲା ଯେ, ସେ ଘର କମଳା ଏବଂ ବାଦମୀ ରଙ୍ଗର ଥିଲା ଯାହାକି ପୁରାପୁରି ଠିକ୍ ଥିଲା । ଆଉ ଥରେ ପାଟ୍ରିକ୍ କେଭିନ୍‌ର ଫଟୋ ଦେଖି ତାହା ତାହାରି ଫଟୋ ବୋଲି କହିଥିଲା ।

ଏହି ସବୁ ଘଟଣା ଦେଖି ପାଟ୍ରିକର ମା କାରୋଲ ବୋମ୍ୟାନ ନାମକ ଜଣେ ଲେଖକଙ୍କ ସାଙ୍ଗରେ ସଂପର୍କ ସ୍ଥାପନ କରିଥିଲେ ଯିଏକି ଏହି ପ୍ରକାର ପୁନର୍ଜନ୍ମ

ବିଷୟରେ କହୁଥିବା ପିଲାଙ୍କ ଉପରେ ଦୁଇଟି ବହି "Children's Past Lives" ଏବଂ "Return from Heaven" ଲେଖିଥିଲେ । ସେ ମଧ୍ୟ ଡ. ଷ୍ଟିଭେନସନ୍‌ଙ୍କୁ ସବୁ ବିଷୟ ଜଣାଇଥିଲେ । ଶେଷରେ ଡ. ଷ୍ଟିଭେନସନ୍ ଏବଂ କାରୋଲ ବୋମ୍ୟାନ ଦୁଇଜଣ ମିଶି ଏହାର ଅନୁସନ୍ଧାନ କରିଥିଲେ ଏବଂ ଜାଣିପାରିଥିଲେ ଯେ, ପାଟ୍ରିକ ହିଁ କୋଭିନ୍‌ର ପୁନର୍ଜନ୍ମ ନେଇଅଛି ।

●●

ଚନାଇ ଚୁମାଲେଓଙ୍ଗ ଥାଇଲ୍ୟାଣ୍ଡରେ ୧୯୬୭ ମସିହାରେ ଜନ୍ମଗ୍ରହଣ କରିଥିଲେ । ତାଙ୍କୁ ଯେତେବେଳେ ତିନି ବର୍ଷ ହୋଇଥିଲା, ସେ ତାଙ୍କର ପୂର୍ବଜନ୍ମ କଥା କହିବାକୁ ଆରମ୍ଭ କରିଥିଲେ । ତାଙ୍କ କହିବା ଅନୁସାରେ ସେ ପୂର୍ବଜନ୍ମରେ ଜଣେ ସ୍କୁଲ ଶିକ୍ଷକ ଥିଲେ । ତାଙ୍କ ନାଁ ବୁଆ କାଇ ଥିଲା । ଦିନେ ସ୍କୁଲକୁ ଯିବା ବାଟରେ କେହିଜଣେ ତାଙ୍କୁ ଗୁଳି କରିଥିଲା ଯେଉଁଥିରେ ସେ ପ୍ରାଣ ହରାଇଥିଲେ । ସେ ମଧ୍ୟ ତାଙ୍କର ପିତା, ମାତା, ସ୍ତ୍ରୀ ଏବଂ ଦୁଇ ଜଣ ଝିଅଙ୍କ ନାମ କହିଥିଲେ । ଚନାଇ ଏ ଜନ୍ମରେ ତାଙ୍କର ଜେଜେ ମାଙ୍କ ପାଖରେ ରହୁଥିଲେ ଏବଂ ତାଙ୍କୁ ସବୁବେଳେ ଅନୁରୋଧ କରୁଥିରେ ତାଙ୍କ ପୂର୍ବଜନ୍ମର ବାପା, ମାଙ୍କ ପାଖକୁ ନେଇଯିବାକୁ ଯେଉଁମାନେ ଖାଓ ଫ୍ରା ନାମକ ସ୍ଥାନରେ ରହୁଥିଲେ ।

ଶେଷରେ ଜେଜେମା ରାଜି ହୋଇଥିଲେ । ଚନାଇଙ୍କୁ ସେହି ତିନିବର୍ଷ ହୋଇଥିବା ସମୟରେ ସେ ତାଙ୍କୁ ନେଇ ବସରେ ଖାଓ ଫ୍ରା ପାଖ ସହରକୁ ଯାଇଥିଲେ ଯାହାକି ତାଙ୍କ ଜାଗା ଠାରୁ ୨୪ କିଲୋମିଟର ଦୂର ଥିଲା । ଦୁଇଜଣ ବସରୁ ଓହ୍ଲାଇଲା ପରେ ଚନାଇ ତାଙ୍କର ପୂର୍ବଜନ୍ମର ପିତା ମାତାଙ୍କ ଘରକୁ ବାଟ କଢ଼ାଇ ନେଇଥିଲେ । ସେହି ଘରେ ଏକ ବୃଦ୍ଧ ଦମ୍ପତି ରହୁଥିଲେ ଯାହାଙ୍କ ପୁଅ ବୁଆ କାଇ ଲନାକ୍ ଜଣେ ଶିକ୍ଷକ ଥିଲେ ଏବଂ ଚନାଇ ଜନ୍ମ ହେବାର ପାଞ୍ଚ ବର୍ଷ ପୂର୍ବରୁ ଏକ ଆତତାୟୀର ଗୁଳିରେ ପ୍ରାଣ ହରାଇଥିଲେ । ସେ ଘରେ ଚନାଇ ପହଞ୍ଚି ତାଙ୍କର ବାପା, ମା ତଥା ଘରର ଅନ୍ୟ ସଦସ୍ୟ ମାନଙ୍କୁ ଚିହ୍ନି ପାରିଥିଲେ। ସେମାନେ ତାଙ୍କୁ ବିଭିନ୍ନ ପ୍ରକାର ପରୀକ୍ଷା କରିଥିଲେ । ସେମାନେ ବୁଆ କାଇ ଙ୍କ ବ୍ୟବହୃତ ଜିନିଷ ଗୁଡ଼ିକ ଅନ୍ୟ ମାନଙ୍କ ଜିନିଷ ସହିତ ମିଶାଇ ଚନାଇଙ୍କୁ ତାଙ୍କର ଜିନିଷ ଗୁଡ଼ିକ ଚିହ୍ନଟ କହିବା ପାଇଁ କହିଥିଲେ । ଚନାଇ ସେଥିରେ ଶତ ପ୍ରତିଶତ ସଫଳ ହୋଇଥିଲେ । ସେ ବୁଆ କାଇଙ୍କ ଜଣେ ଝିଅକୁ ଚିହ୍ନିପାରି ଆଉ ଝିଅଟିର ନାଁ ଧରି ତା ବିଷୟରେ ପଚାରିଥିଲେ । ସେ ବୁଆ କାଇଙ୍କ ଝିଅ ମାନଙ୍କୁ ତାଙ୍କୁ ବାପା ବୋଲି ଡାକିବାକୁ ବାଧ୍ୟ କରିଥିଲେ ନ ହେଲେ ସେ ସେମାନଙ୍କ କଥା ଶୁଣୁ ନ ଥିଲେ ।

ସବୁଠାରୁ ଆଶ୍ଚର୍ଯ୍ୟ ଏବଂ କୌତୁହଳର ବିଷୟ ହେଉଛି ଯେ, ଋନାଇର ଦୁଇଟି ଜନ୍ମ ଦାଗ ଥିଲା । ଗୋଟେ ଛୋଟ ଗୋଲାକାର ଦାଗ ମୁଣ୍ଡର ପଛପଟେ ଥିଲା ଏବଂ ଅନ୍ୟଟି ଅପେକ୍ଷାକୃତ ବଡ଼ ଦାଗ ବାମ ପଟ ଆଖିର ଉପରେ ଥିଲା । ବୁଆ କାଇଙ୍କ ସ୍ତ୍ରୀ କହିଥିଲେ ଯେ, ବୁଆ କାଇଙ୍କ ମରଶରୀରକୁ ଯେଉଁ ଡାକ୍ତର ପରୀକ୍ଷା କରିଥିଲେ ତାଙ୍କର ବକ୍ତବ୍ୟ ଅନୁସାରେ, ବୁଆ କାଇଙ୍କ ମୁଣ୍ଡ ପଛ ପଟରେ ଗୁଳି ପଶି ଆଗ କପାଳର ବାମ ପଟେ ବାହାରି ଯାଇଥିଲା । ତେଣୁ ଗୁଳି ପଶିଥିବା ଜାଗାର କ୍ଷତ ଅପେକ୍ଷାକୃତ ଛୋଟ ତଥା ଗୋଲାକାର ଥିଲା ଏବଂ ଗୁଳି ବାହାରିଯିବା କ୍ଷତ ବଡ଼ ଥିଲା ।

ଗୋଟେ ତିନି ବର୍ଷର ପିଲାର ଦୁଇଟି ଜନ୍ମରୁ ଥିବା ଦାଗ ଜଣେ ପାଞ୍ଚ ବର୍ଷ ତଳୁ ମରିଯାଇଥିବା ବ୍ୟକ୍ତିର ମରିବା ସମୟର ଗୁଳିର ପଶିବା ଏବଂ ବାହାରିବାର କ୍ଷତ ସାଙ୍ଗରେ ମିଶିଯିବା ଏବଂ ସେ ପିଲା ସେହି ମୃତବ୍ୟକ୍ତିଙ୍କର ସମସ୍ତ ବ୍ୟକ୍ତିଗତ ତଥା ପାରିବାରିକ ଘଟଣା ନିର୍ଭୁଲ ଭାବରେ କହିପାରିବା କ'ଣ ପୁନର୍ଜନ୍ମର ପ୍ରମାଣ ନୁହେଁ ?

●●

ନେସିପ ଉନ୍‌ଲୁଟାସ୍କିରନ ତୁର୍କୀରେ ଜନ୍ମ ଗ୍ରହଣ କରିଥିଲେ । ତାଙ୍କର ବାପା, ମା ତାଙ୍କୁ ପ୍ରଥମେ ମାଲିକ ନାଁ ଦେଇଥିଲେ । କିନ୍ତୁ ତାଙ୍କ ଜନ୍ମର ତିନିଦିନ ପରେ ତାଙ୍କ ମା ଗୋଟେ ସ୍ୱପ୍ନ ଦେଖିଥିଲେ ଯେଉଁଥିରେ ତାଙ୍କ ପୁଅ ତାଙ୍କୁ କହୁଥିଲା, "ସେ ହେଉଛି ନେସିପ ।" ତାପରେ ସେମାନେ ତାଙ୍କର ନାଁ ମାଲିକରୁ ନେସାଟିଙ୍କୁ ବଦଳାଇ ଦେଇଥିଲେ କାରଣ ନେସିପ ନାମରେ ଜଣେ ପିଲା ତାଙ୍କ ପରିବାରରେ ଥିଲା । ଯେତେବେଳେ ପିଲାଟି କଥା କହିବା ଆରମ୍ଭ କରି ଦେଇଥିଲା, ସେ ଜିଦ୍ କରିଥିଲା ଯେ ତା ନାଁ ହେଉଛି ନେସିପ ଏବଂ ଅନ୍ୟ କୌଣସି ନାଁରେ ଡାକିଲେ ସେ ଶୁଣିବାକୁ ପ୍ରସ୍ତୁତ ନ ଥିଲା । ତେଣୁ ତା'ର ବାପା ମା ବାଧ୍ୟ ହୋଇ ତା'ର ନାଁ ପୁଣିଥରେ ନେସିପକୁ ବଦଳାଇଥିଲେ ।

ନେସିପ ଟିକେ ଡେରିରେ କଥା କହିଥିଲା । ତାକୁ ଯେତେବେଳେ ଛଅ ବର୍ଷ ବୟସ ସେତେବେଳେ ସେ ତାର ପୂର୍ବଜନ୍ମ କଥା କହିବା ଆରମ୍ଭ କରିଥିଲା । ତା'ର କହିବା ଅନୁସାରେ ପୂର୍ବଜନ୍ମରେ ସେ ସେଠାରୁ ପ୍ରାୟ ୮୦ କିଲୋମିଟର ଦୂରରେ ଥିବା ମରସିନ୍ ସହରରେ ରହୁଥିଲା । ତା'ର ପରିବାର ତଥା ପିଲାପିଲି ଥିଲେ । ତା' ମୃତ୍ୟୁ ବାରମ୍ବାର ଛୁରୀକାଘାତ ଦ୍ୱାରା ହୋଇଥିଲା । କିନ୍ତୁ ସେତେବେଳେ ତା'ର ଏବେକାର ପରିବାର ତା କଥା ଉପରେ ସେତେ ଗୁରୁତ୍ୱ ଦେଇ ନ ଥିଲେ ।

ନେସିପଙ୍କୁ ଯେତେବେଳେ ବାର ବର୍ଷ ବୟସ ସେତେବେଳେ ତା ମା ତାକୁ ମରସିନ ପାଖରେ ଥିବା ଗୋଟେ ସହରକୁ ନେଇଥିଲେ, ତାଙ୍କର ବାପା ଏବଂ ନୂଆ ମା'ଙ୍କୁ ଦେଖା କରିବାକୁ । ତାଙ୍କ ବାପା ଦ୍ୱିତୀୟ ବିବାହ କରିଥିଲେ ଏବଂ ନୂଆ ମା'ଙ୍କୁ ସେ କିମ୍ବା ନେସିପ ଆଗରୁ କେବେହେଲେ ଦେଖି ନଥିଲେ । ଯେତେବେଳେ ନେସିପ ତା'ର ନୂଆ ଆଈକୁ ଦେଖିଥିଲା ସେତେବେଳେ ସେ କହିଥିଲା ଯେ, "ତୁମେ ଏବେ ମୋର ନିଜ ଆଈ କିନ୍ତୁ ମୋର ପୂର୍ବ ଜନ୍ମରେ ତୁମେ ମଧ୍ୟ ଆଈ ଥିଲ ।" ପ୍ରକୃତ ରେ ତାହା ସତ୍ୟ ଥିଲା । କାରଣ ନେସିପଙ୍କ ବର୍ତ୍ତମାନର ଆଈ ଆଗରୁ ମରସିନ୍‌ରେ ରହୁଥିଲେ ଯେଉଁଠାରେ ସମସ୍ତେ ତାଙ୍କୁ ଆଈ ବୋଲି ଡାକୁଥିଲେ । ତାଙ୍କର ସେଠାକାର ଜଣେ ପଡ଼ୋଶୀ ନେସିପ ବୁଢ଼ାକା ଙ୍କୁ ଛୁରୀ ଭୁଷି ହତ୍ୟା କରାଯାଇଥିଲା ।

ସବୁକଥା ଶୁଣି, ନେସିପର ଅଜା ତାକୁ ମରସିନ୍ ନେଇଯାଇଥିଲେ । ସେଠାରେ ଏବେକାର ପିଲା ନେସିପ ତା ପୂର୍ବ ଜନ୍ମର ପରିବାର ସଦସ୍ୟ ମାନଙ୍କୁ ଚିହ୍ନ ପାରିଥିଲା । ଏପରିକି ନେସିପ ବୁଢ଼ାକଙ୍କର ଦୁଇଟି ବ୍ୟବହୃତ ଜିନିଷ ମଧ୍ୟ ଚିହ୍ନଟ କରିପାରିଥିଲା । ସେ ମଧ୍ୟ କହିଥିଲା ଯେ ନେସିପ ବୁଢ଼ାକ ଥରେ ତାଙ୍କ ସ୍ତ୍ରୀଙ୍କର ଜଙ୍ଘ କାଟି ଦେଇଥିଲା । ଏହି ସବୁ ଘଟଣା ଡ. ଷ୍ଟିଭେନ୍‌ସନ ଏବଂ ତାଙ୍କ ଦଳଙ୍କ ସମୁଖରେ ହୋଇଥିଲା । ଡ. ଷ୍ଟିଭେନ୍‌ସନଙ୍କ ଦଳର ଜଣେ ମହିଳା ସଦସ୍ୟା ନେସିପ ବୁଢ଼ାକଙ୍କ ବିଧବା ପତ୍ନୀଙ୍କ ଜଙ୍ଘ ଯାଞ୍ଚ କରିଥିଲେ ଏବଂ ଜାଣିବାକୁ ପାଇଥିଲେ ଯେ ତାଙ୍କ ଜଙ୍ଘରେ ଗୋଟେ କଟା ଦାଗ ଅଛି । ପଚାରିବାରୁ ନେସିପ ବୁଢ଼ାକଙ୍କ ସ୍ତ୍ରୀ କହିଥିଲେ ଯେ, ତାଙ୍କର ସ୍ୱାମୀ ଥରେ ରାଗିକରି ଛୁରୀରେ ଏହିପରି ତାଙ୍କ ଜଙ୍ଘକୁ କାଟି ଦେଇଥିଲେ ।

ଡ. ଷ୍ଟିଭେନସନ ନେସିପ ବୁଢ଼ାକଙ୍କ ପୋଷ୍ଟମର୍ଟମ ରିପୋର୍ଟ ପରୀକ୍ଷା କରିଥିଲେ ଏବଂ ଜାଣି ପାରିଥିଲେ ଯେ ନେସିପ ବୁଢ଼ାକଙ୍କର ଛାତି, ବାମହାତ ପ୍ରଭୃତି ଯେଉଁ ଜାଗାରେ ଛୁରୀରେ ଆଘାତ ଲାଗିଥିଲା, ଏ ଜନ୍ମରେ ନେସିପ ଦେହରେ ସେହି ସେହି ସ୍ଥାନରେ ଦାଗ ରହିଯାଇଥିଲା । ନେସିପ ଦେହରେ ସର୍ବମୋଟ ଆଠଟି ଦାଗ ଜନ୍ମରୁ ଥିଲା ଯାହା ତା'ର ପୂର୍ବ ଜନ୍ମର ମୃତ୍ୟୁ ବେଳର କ୍ଷତ ସାଙ୍ଗରେ ମେଳ ଖାଇଯାଉଥିଲା ।

●●

ଇଣ୍ଡିକା ଇଶ୍ୱରା ଶ୍ରୀଲଙ୍କାରେ ୧୯୭୨ ମସିହାରେ ଜନ୍ମଗ୍ରହଣ କରିଥିଲେ । ତାଙ୍କୁ ତିନିବର୍ଷ ହୋଇଥିଲା ସମୟରୁ ସେ ତାଙ୍କର ପୂର୍ବଜନ୍ମ ବିଷୟରେ କହିବା ଆରମ୍ଭ କରିଥିଲେ । ସେ କହିଥିଲେ ଯେ, ସେ ପୂର୍ବଜନ୍ମରେ ବାଲପିଟିୟା ସହରରେ ରହୁଥିଲେ ଯାହାକି ତାଙ୍କର ବର୍ତ୍ତମାନର ଜନ୍ମସ୍ଥାନ ଠାରୁ ପ୍ରାୟ ୪୮ କିଲୋମିଟର ଦୂରରେ ଥିଲା ।

ସେ ତାଙ୍କ ବାପା ମା'ଙ୍କ ନାମ ମନେରଖି ପାରିନଥିଲେ କିନ୍ତୁ ସେମାନଙ୍କୁ "ଆମ୍ବାଲଙ୍ଗୋଡ଼ା ମା" ଏବଂ "ଆମ୍ବାଲଙ୍ଗୋଡ଼ା ବାପା" ଡାକୁଥିଲେ ବୋଲି କହିଥିଲେ । ସେ ବାଲପିଟିୟା ପାଖରେ ଗୋଟେ ବଡ଼ ସହର ଆମ୍ବାଲଙ୍ଗୋଡ଼ାର ଗୋଟେ ପ୍ରସିଦ୍ଧ ସ୍କୁଲରେ ପଢୁଥିଲେ । ଏବଂ ସେ ସେଠାକୁ ଟ୍ରେନରେ ଯାଉଥିଲେ । ତାଙ୍କୁ ସମସ୍ତେ "ବେବି ମହାତ୍ତ୍ୟା" (Baby Mahattya) ବୋଲି ଡାକୁଥିଲେ । ସିଂହଳି ଭାଷାରେ ମହାତ୍ତ୍ୟାର ଅର୍ଥ ମାଷ୍ଟର ବା ବସ୍ ଏବଂ ଶ୍ରୀଲଙ୍କାରେ ଏହା ଏକ ସାଧାରଣ ଡାକ ନାମ । ତାଙ୍କର ଜଣେ ବଡ଼ ଭଉଣୀ ଥିଲେ ଯାହାଙ୍କ ନାଁ ମାଲକାନ୍ତି ଥିଲା । ତାହା ସହ ସେ ସାଇକେଲ ଚଳାଉଥିଲେ । ସେ ତାଙ୍କର ଦୁଇଜଣ ଦାଦାଙ୍କ ବିଷୟରେ କହିଥିଲେ । ଜଣଙ୍କ ନାଁ ପ୍ରେମାସିରି ଥିଲା ଏବଂ ଅନ୍ୟ ଜଣଙ୍କୁ ସେ "ମୁଦାଲାଲି ବାପା" (Mudalali Bappa) ବୋଲି କହିଥିଲେ । ମୁଦାଲାଲି ଅର୍ଥ ଜଣେ ପ୍ରତିଷ୍ଠିତ ବ୍ୟବସାୟୀ ଏବଂ ବାପା ଅର୍ଥ ଦାଦା । ସେ ଆହୁରି ମଧ୍ୟ କହିଥିଲେ ଯେ ତାଙ୍କ ପରିବାରରେ ଗୋଟେ କୁକୁର, ଗୋଟେ ବାଛୁରୀ ଥିଲା ଏବଂ ଗୋଟେ କାର୍ ଓ ଟ୍ରକ୍ ମଧ୍ୟ ଥିଲା । ସେ ତାଙ୍କ ଭଉଣୀଙ୍କ ସହ ଗୋଟେ ମନ୍ଦିରକୁ ଯାଉଥିଲେ ଯେଉଁଠାରେ ବୁଦ୍ଧଙ୍କ ବିଗ୍ରହ ଆଗରେ ଲାଲ ରଙ୍ଗର ପରଦା ପଡୁଥିଲା । ତାଙ୍କର ପୂର୍ବଜନ୍ମର ବାପା ଟ୍ରାଉଜର ପିନ୍ଧୁଥିଲେ ଏବଂ ତାଙ୍କ ଘରେ ଇଲେକ୍‌ଟ୍ରିସିଟି ଥିଲା । ତାଙ୍କର ପୂର୍ବଜନ୍ମର ମା ଏବେକାର ମାଙ୍କ ଅପେକ୍ଷା ଅଧିକ ଡେଙ୍ଗୀ, କାଳୀ ଏବଂ ମୋଟୀ ଥିଲେ । ସେତେବେଳେ ସେ ଚତୁର୍ଥ ଶ୍ରେଣୀରେ ପଢୁଥିଲେ ।

ଇଣ୍ଡିକାଙ୍କ ପରିବାରର ଆମ୍ବାଲଙ୍ଗୋଡ଼ାରେ କେହି ଚିହ୍ନା ପରିଚୟ ନ ଥିଲେ । କିନ୍ତୁ ତାଙ୍କ ବାପାଙ୍କର ଜଣେ ସାଙ୍ଗ ସେଠାରେ ଚାକିରି କରୁଥିଲେ । ସେ ତାଙ୍କ ସାଙ୍ଗଙ୍କୁ ଅନୁରୋଧ କରିଥିଲେ, ଇଣ୍ଡିକାର କାହାଣୀ ଅନୁସାରେ ତାଙ୍କର ପୂର୍ବଜନ୍ମର ପରିବାରକୁ ଖୋଜିବାକୁ । ସେହି ସାଙ୍ଗ ଜଣଙ୍କ ସେଥିରେ ଖୁବ୍ ଶୀଘ୍ର ସଫଳ ହୋଇଥିଲେ । ବାଲପିଟିୟାରେ ତାଙ୍କୁ ଏମିତି ଏକ ପରିବାର ମିଳି ଯାଇଥିଲା ଯାହା ଇଣ୍ଡିକାଙ୍କ ବକ୍ତବ୍ୟକୁ ଠିକ୍ ଖାପ ଖୁଆଉଥିଲା । ସେହି ପରିବାରର ବଡ଼ପୁଅ ଦର୍ଶନା ଦଶବର୍ଷ ବୟସରେ ଏନ୍‌ସେଫାଲିଟିସରେ ଇଣ୍ଡିକା ଜନ୍ମର ଚାରିବର୍ଷ ପୂର୍ବରୁ ମୃତ୍ୟୁବରଣ କରିଥିଲେ ।

ଏହି ଘଟଣାଟିକୁ ଡ. ଷ୍ଟିଭେନ୍‌ସନଙ୍କ ଦୀର୍ଘଦିନର ଶ୍ରୀଲଙ୍କାର ସହକର୍ମୀ ଗଡ଼ୱିନ ସମରରତ୍ନେ ପୁଙ୍ଖାନୁପୁଙ୍ଖ ଭାବରେ ଅନୁସନ୍ଧାନ କରିଥିଲେ ।

ଇଣ୍ଡିକା ଯାହାସବୁ କହିଥିଲେ ତାହା ଦର୍ଶନାଙ୍କ ଜୀବନ ଏବଂ ପରିବାର ସାଙ୍ଗରେ

ପୁରାପୁରି ମେଳ ଖାଇଯାଇଥିଲା । ଦର୍ଶନାଙ୍କ ପରିବାର ବାଲପିଟିୟାରେ ରହୁଥିଲେ ଏବଂ ସେ ଆମ୍ବାଲଙ୍ଗୋଡ଼ାର ଏକ ବଡ଼ ସ୍କୁଲରେ ପଢୁଥିଲେ । ଦର୍ଶନାଙ୍କର ଡାକ ନାମ "ବେବି ମହାତ୍ତ୍ୟା' ଥିଲା । ତାଙ୍କ ବଡ଼ ଭଉଣୀଙ୍କ ନାଁ ମାଲକାନ୍ତି ଥିଲା ଏବଂ ସେମାନେ ଉଭୟେ ମିଶି ସାଇକେଲ ଚଳାଉଥିଲେ । ତାଙ୍କର ଜଣେ ଦାଦାଙ୍କ ନାଁ ପ୍ରେମାସିରି ଥିଲା ଏବଂ ଅନ୍ୟ ଜଣେ ଦାଦା ଜଣେ କଣ୍ଟ୍ରାକ୍‌ଟର ତଥା କାଠ ବ୍ୟବସାୟୀ ଥିଲେ । ତେଣୁ ସେ ଜଣେ "ମୁଦାଲାଲି" ଥିଲେ । ଦର୍ଶନାଙ୍କ ପରିବାରରେ ଗୋଟେ କାର ଏବଂ ଗୋଟେ କୁକୁର ଥିଲା । ତାଙ୍କର ନିଜର ଟ୍ରକ ନ ଥିଲା । କିନ୍ତୁ ଗୋଟେ ଟ୍ରକ ତାଙ୍କ ଘରର ହତା ଭିତରେ ପ୍ରାୟ ସବୁବେଳେ ପାର୍କିଙ୍ଗ ହୋଇ ରହୁଥିଲା । ତାଙ୍କର ବାଛୁରୀ ନ ଥିଲା କିନ୍ତୁ ଅନ୍ୟ ଲୋକମାନେ ସେମାନଙ୍କ ବାଛୁରୀକୁ ତାଙ୍କ ହତାର ଘାସ ଖାଇବାକୁ ନେଇ ଆସୁଥିଲେ । ଯେଉଁ ମନ୍ଦିରକୁ ଦର୍ଶନା ଏବଂ ତାଙ୍କ ଭଉଣୀ ଯାଉଥିଲେ ସେଠାରେ ବୁଦ୍ଧ ଦେବଙ୍କ ପ୍ରତିମା ଆଗରେ ଗୋଟେ ନାଲି ପରଦା ପକା ଯାଉଥିଲା । ଦର୍ଶନାଙ୍କ ବାପା ଟ୍ରାଉଜର ପିନ୍ଧୁଥିଲେ ଏବଂ ତାଙ୍କ ଘରେ ବିଦ୍ୟୁତ ସଂଯୋଗ ହୋଇଥିଲା । ଦର୍ଶନାଙ୍କ ମା ମଧ୍ୟ ଇଣ୍ଡିକାଙ୍କ ମା'ଙ୍କ ଠାରୁ ଅଧିକ ଡେଙ୍ଗା, କାଳୀ ଏବଂ ମୋଟି ଥିଲେ । ଦର୍ଶନା ଚତୁର୍ଥ ଶ୍ରେଣୀରୁ ଉତ୍ତୀର୍ଣ୍ଣ ହୋଇ ପଞ୍ଚମକୁ ଯାଇଥିଲେ ଯେତେବେଳେ ତାଙ୍କର ମୃତ୍ୟୁ ହୋଇଥିଲା । ଗୋଟେ ପାଚେରୀରୁ ଖସି ପଡ଼ିବା ଫଳରେ ତାଙ୍କର ମୁଣ୍ଡରେ ଆଘାତ ଲାଗିଥିଲା ଏବଂ କିଛିଦିନ ପରେ ଏନ୍‌ସେଫାଲିଟିସରୁ ସେ ଶେଷ ନିଶ୍ୱାସ ତ୍ୟାଗ କରିଥିଲେ ।

ସବୁଠାରୁ ଆଶ୍ଚର୍ଯ୍ୟର କଥା ହେଉଛି, ସେ ଅନୁସନ୍ଧାନ ଭିତରେ ଥରେ ଗଡ଼ୱିନ ସମରରତ୍ନେ ଇଣ୍ଡିକାକୁ ନେଇ ବାଲପିଟିୟା ଯାଇଥିଲେ । ସେତେବେଳେ ଇଣ୍ଡିକା ଦର୍ଶନା ପରିବାରର ଘର ବାହାରେ କ'ଣ ଖୋଜିବାକୁ ଲାଗିଥିଲା । ଶେଷରେ ସେ ତାହା ପାଇ ଯାଇଥିଲା । ଘର ବାହାର ଡ୍ରେନର ଭିତର ପଟ କଂକ୍ରିଟ କାନ୍ଥରେ ପରିଷ୍କାର ଲେଖାଥିଲା "ଦର୍ଶନା-୧୯୬୫" । ବୋଧହୁଏ ଡ୍ରେନ କାମ ହେଲା ବେଳେ ଯେତେବେଳେ ସିମେଣ୍ଟ କଞ୍ଚା ଥିଲା ସେତେବେଳେ ତାହା କୌଣସି କାଠି ବା ମୁନିଆ ଜିନିଷରେ ଲେଖା ହୋଇଥିଲା ଯାହାକୁ ସେ ପର୍ଯ୍ୟନ୍ତ ସେଠାରେ କେହିହେଲେ ଜାଣି ପାରି ନ ଥିଲେ ।

ଇଣ୍ଡିକା ପରି ଜଣେ ତିନି ଚାରି ବର୍ଷର ସାଧାରଣ ପିଲା ତା ଘରଠାରୁ ୪୮ କିଲୋମିଟର ଦୂରରେ ତା ଜନ୍ମର ଚାରିବର୍ଷ ତଳୁ ମରିଯାଇଥିବା ଗୋଟେ ପିଲା ବିଷୟରେ କେମିତି ଏତେ ବିସ୍ତାର ପୂର୍ବକ ଜାଣି ପାରିଥିଲା ? ଏହା ଆଶ୍ଚର୍ଯ୍ୟ ଜନକ ନୁହେଁ କି ? ଏହା କ'ଣ ପୁନର୍ଜନ୍ମ ନୁହେଁ ?

●●

କୁମ୍‌କୁମ୍ ବର୍ମାଙ୍କୁ ୩ ବର୍ଷ ୬ ମାସ ହୋଇଥିଲା ବେଳେ ସେ ତାଙ୍କର ପୂର୍ବ ଜନ୍ମ କଥା କହିବା ଆରମ୍ଭ କରିଥିଲେ । ତାଙ୍କର କହିବା ଅନୁସାରେ ପୂର୍ବଜନ୍ମରେ ସେ ଦରଭଙ୍ଗା ସହରର ଉର୍ଦ୍ଦୁ ବଜାର ଇଲାକାରେ ରହୁଥିଲେ ଯାହାକି ତାଙ୍କର ବର୍ତ୍ତମାନର ଜନ୍ମସ୍ଥାନ ଠାରୁ ପ୍ରାୟ ୪୦ କିଲୋମିଟର ଦୂରରେ ଥିଲା । ତାଙ୍କର ନାମ ସୁନାରୀ ବା ସୁନ୍ଦରୀ ଥିଲା ଏବଂ ସେ ଏବେକାର ପରିବାର ଲୋକ ମାନଙ୍କୁ ବାଧ୍ୟ କରୁଥିଲେ ତାଙ୍କୁ ସୁନାରୀ ବୋଲି ଡାକିବାକୁ । ସେ ତାଙ୍କର ପୁଅ ଏବଂ ନାତିର ନାଁ କହିଥିଲେ । ତାଙ୍କ ପୁଅ ଗୋଟେ ହାତୁଡ଼ି ସାହାଯ୍ୟରେ କାମ କରୁଥିଲା ବୋଲି ମଧ୍ୟ କହିଥିଲେ । ଆଉ ମଧ୍ୟ କହିଥିଲେ ଯେ ତାଙ୍କ ଘରେ ଗୋଟେ ଲୁହାର ସିନ୍ଦୁକ ଥିଲା, ଗୋଟେ ଖଣ୍ଡା ତାଙ୍କର ଖଟ ପାଖରେ ଝୁଲୁଥିଲା ଏବଂ ଲୁହା ସିନ୍ଦୁକ ପାଖରେ ଗୋଟେ ସାପ ଥିଲା ଯାହାକୁ ସେ କ୍ଷୀର ପିଇବାକୁ ଦେଉଥିଲେ । ସେ ମଧ୍ୟ ତାଙ୍କ ବାପାଙ୍କର ଘରର ଅବସ୍ଥିତି ବିଷୟରେ କହିପାରିଥିଲେ ଯେଉଁଠାରେ ଆମ୍ବ ବଗିଚା ଥିଲା ଏବଂ ଗୋଟେ ପୋଖରୀ ଥିଲା ।

କୁମ୍‌କୁମ୍‌ଙ୍କ ପରିବାର ଶିକ୍ଷିତ ଥିଲେ । ତାଙ୍କ ବାପା ଜଣେ ଜମିଦାର, ହୋମିଓପାଥିକ ଡାକ୍ତର ତଥା ଲେଖକ ଥିଲେ । ତାଙ୍କର ଖୁଡ଼ୀ ତାଙ୍କ ବକ୍ତବ୍ୟକୁ ପ୍ରାଞ୍ଜଳ ଭାବରେ ଲିପିବଦ୍ଧ କରିଥିଲେ । ସେ କୁମ୍‌କୁମ୍‌ଙ୍କର ୧୮ଟି ବକ୍ତବ୍ୟ ଲେଖିଥିଲେ ଯାହା ପରବର୍ତ୍ତୀ କାଳରେ ସଂପୂର୍ଣ୍ଣ ସଠିକ୍ ବୋଲି ଜଣାପଡ଼ିଥିଲା ।

କୁମ୍‌କୁମ୍‌ଙ୍କ ବାପାଙ୍କର ଜଣେ ବନ୍ଧୁ ଦରଭଙ୍ଗାର ଥିଲେ । ସେ ତାଙ୍କୁ ଏ ବିଷୟରେ ଜଣାଇଥିଲେ । ସେ ବନ୍ଧୁଙ୍କର ଜଣେ କର୍ମଚାରୀ ଉର୍ଦ୍ଦୁ ବଜାରରେ ରହୁଥିଲେ । ସେ ତାଙ୍କୁ ଅନୁରୋଧ କରିଥିଲେ କୁମ୍‌କୁମ୍‌ଙ୍କର କହିବା ଅନୁସାରେ କୌଣସି ପରିବାର ସେ ଅଞ୍ଚଳରେ ଅଛନ୍ତି କି ନାହିଁ ବୁଝିବାକୁ । ସେ କର୍ମଚାରୀ ଜଣକ ଶେଷରେ ସେମିତି ଏକ ପରିବାର ଖୋଜି ପାଇ ପାରିଥିଲେ । ସେ ପରିବାର ସୁନାରୀ ବା ସୁନ୍ଦରୀ ମିସ୍ତ୍ରୀଙ୍କର ଥିଲା । ସେମାନେ ଏକ ନୀଚ ଜାତିର କାରିଗର ଥିଲେ । ତାଙ୍କ ଅପେକ୍ଷା ଡ. ବର୍ମାଙ୍କ ପରିବାର ସମାଜରେ ବହୁତ ଉଚ୍ଚସ୍ତରର ଥିଲେ । ସେଇଥିପାଇଁ ବୋଧହୁଏ ଡ. ବର୍ମା କୁମ୍‌କୁମ୍‌ଙ୍କୁ ସେଠାକୁ ଯିବାକୁ ଅନୁମତି ଦେଇ ନ ଥିଲେ । ଅବଶ୍ୟ ସେ ନିଜେ ଥରେ ସୁନ୍ଦରୀଙ୍କ ପରିବାରକୁ ଯାଇଥିଲେ ଏବଂ ସୁନ୍ଦରୀଙ୍କ ନାତି ଡ. ବର୍ମାଙ୍କ ଘରକୁ ଦୁଇଥର ଆସିଥିଲେ ।

ଏହି ଘଟଣାକୁ ଡ. ଷ୍ଟିଭେନ୍‌ସନ ତଦନ୍ତ କରିଥିଲେ । ସେତେବେଳକୁ କୁମ୍‌କୁମ୍‌ଙ୍କୁ ପ୍ରାୟ ୯ ବର୍ଷ ବୟସ ହୋଇଯାଇଥିଲା । ତାଙ୍କ ଖୁଡ଼ୀଙ୍କ ଲେଖାକୁ ଇଂରାଜୀରେ ଅନୁବାଦ

କରି ସେ ତାଙ୍କର ତଦନ୍ତ ଚଳାଇଥିଲେ ଏବଂ ସେଥିରେ କୁମ୍‌କୁମ୍‌ଙ୍କର ପ୍ରତ୍ୟେକଟି ବକ୍ତବ୍ୟ ସତ୍ୟ ବୋଲି ସାବ୍ୟସ୍ତ ହୋଇଥିଲା ।

କୁମ୍‌କୁମ୍ ଜନ୍ମ ହେବାର ୫ ବର୍ଷ ପୂର୍ବରୁ ସୁନ୍ଦରୀଙ୍କର ମୃତ୍ୟୁ ହୋଇଥିଲା । କୁମ୍‌କୁମ୍ ଦାବୀ କରିଥିଲେ ଯେ ପୂର୍ବ ଜନ୍ମରେ ତାଙ୍କ ସାବତ ପୁଅର ସ୍ତ୍ରୀ ତାଙ୍କୁ ବିଷ ଦେଇ ମାରିଥିଲା । ସେଦିନ ସେ ତାଙ୍କ ପୁଅ ତରଫରୁ ତାଙ୍କର ଦ୍ୱିତୀୟ ସ୍ୱାମୀଙ୍କ ବିରୁଦ୍ଧରେ କୋର୍ଟକୁ ସାକ୍ଷୀ ଦେବା ପାଇଁ ଯିବାର ଥିଲା । ଘରେ ସେଦିନ ବହୁତ ଝଗଡ଼ା ଲାଗିଥିଲା । ତାପରେ ତାଙ୍କର ହଠାତ୍ ସନ୍ଦେହ ଜନକ ଭାବରେ ମୃତ୍ୟୁ ହୋଇଥିଲା । କିନ୍ତୁ ତାଙ୍କର କୌଣସି ପୋଷ୍ଟମର୍ଟମ ହୋଇ ନ ଥିବାରୁ ତାହା ପ୍ରମାଣ କରିବା ଅସମ୍ଭବ ଥିଲା ।

●●

ସୁଜିଥ ଜୟରତ୍ନେ ଶ୍ରୀଲଙ୍କାର ରାଜଧାନୀ କଲମ୍ବୋର ଏକ ଉପାନ୍ତ ଅଞ୍ଚଳରେ ଜନ୍ମ ହୋଇଥିଲେ । ତାଙ୍କୁ ଯେତେବେଳେ ଆଠ ମାସ ହୋଇଥିଲା ସେ ଟ୍ରକ ଦେଖିଲେ କିମ୍ବା "ଲରୀ" ବୋଲି କେହି କହି ଦେଲେ ଅତ୍ୟନ୍ତ ଭୟାତୁର ହୋଇ ଉଠୁଥିଲେ । ଟ୍ରକକୁ ସିଂହଳି ଭାଷାରେ ଲରୀ କୁହାଯାଇଥାଏ । ସୁଜିଥ କଥା କହିବା ଆରମ୍ଭ କଲାପରେ, ସେ ତାଙ୍କର ପୂର୍ବଜନ୍ମ କଥା କହିଥିଲେ ।

ସେ କହିଥିଲେ ଯେ, ପୂର୍ବଜନ୍ମରେ ସେ ଗୋରକଣା ଗାଁ ଯାହାକି କଲମ୍ବୋ ଠାରୁ ପ୍ରାୟ ୧୨ କିଲୋମିଟର ଦୂର ରେ ରହୁଥିଲେ । ତାଙ୍କ ବାପାଙ୍କ ନାମ ଜାମିସ ଥିଲା ଯାହାଙ୍କର ଡାହାଣ ଆଖିଟି ଖରାପ ହୋଇଯାଇଥିଲା । ସେ ସେଠାରେ ଗୋଟେ ଜୀର୍ଣ୍ଣଶୀର୍ଣ୍ଣ ବିଦ୍ୟାଳୟ (Kabal iskole) କୁ ପଢ଼ିବାକୁ ଯାଇଥିଲେ । ସେଠାରେ ଜଣେ ଶିକ୍ଷକଙ୍କ ନାଁ ଫ୍ରାନ୍‌ସିସ ଥିଲା । ତାଙ୍କ ନାଁ ସାମି ଥିଲା । ସେ ନିଜକୁ "ଗୋରକଣା ସାମି" ବୋଲି କହୁଥିଲେ । ତାଙ୍କ ସାନ ଭଉଣୀର ଝିଅ, କୁସୁମ, ତାଙ୍କ ପାଇଁ ଖାଦ୍ୟ ପ୍ରସ୍ତୁତ କରିଦେଉଥିଲା । ତା'ର ଲମ୍ବା ଘଞ୍ଚ ବାଳ ଥିଲା । ତାଙ୍କ ସ୍ତ୍ରୀଙ୍କ ନାମ ମାଗି ଏବଂ ଝିଅର ନାଁ ନନ୍ଦାନୀ ଥିଲା । ସେ କିଛିଦିନ ରେଳ ବିଭାଗରେ କାମକରୁଥିଲେ । ସେ ମଧ୍ୟ ଶ୍ରୀଲଙ୍କା (Central Srilanka)ର ସବୁଠାରୁ ଉଚ୍ଚ ପାହାଡ଼ ଆଦାମ୍‌ସ ପିକ୍ (Adam's Peak) ଆରୋହଣ କରିପାରିଥିଲେ। ସେ ବେଆଇନ ଦେଶୀ ମଦ ଡଙ୍ଗାରେ ପାର କରୁଥିଲେ ଯାହା ଥରେ ନଦୀରେ ବୁଡ଼ିଯାଇଥିଲା ଏବଂ ସେଥିରେ ଥିବା ସବୁ ମଦ ନଷ୍ଟ ହୋଇଯାଇଥିଲା । ସେ ଗୋଟେ ଟ୍ରକ ଦୁର୍ଘଟଣାରେ ପ୍ରାଣ ହରାଇଥିଲେ । ସେଦିନ ତାଙ୍କର ସ୍ତ୍ରୀ ମାଗିଙ୍କ ସହ ପ୍ରବଳ ଝଗଡ଼ା ହୋଇଥିଲା । ସେ ରାଗି କରି ଘରୁ ବାହାରିଯାଇ ରାସ୍ତା ପାର ହେଲାବେଳକୁ ଗୋଟେ ଟ୍ରକ ତାଙ୍କ ଉପରେ ମାଡ଼ି ଯାଇଥିଲା ।

ସୁଜିଥଙ୍କ ଅଜାଙ୍କର ଜଣେ ଭାଇ ସ୍ଥାନୀୟ ମନ୍ଦିରରେ ସନ୍ୟାସୀ ଥିଲେ । ସୁଜିଥର କଥା ଶୁଣି ସେ ଆଉଜଣେ ଯୁବ ସନ୍ୟାସୀଙ୍କୁ ଏହାର ଅନୁସନ୍ଧାନ ଭାର ଦେଇଥିଲେ । ସେ ଯୁବ ସନ୍ୟାସୀ ଜଣକ ସୁଜିଥର ସବୁ ବକ୍ତବ୍ୟକୁ ଲେଖି ରଖିଥିଲେ ଏବଂ ଗୋରକଣ ଯାଇ ଅନୁସନ୍ଧାନ କରିଥିଲେ । କିଛି ଚେଷ୍ଟାପରେ ସେ ଆବିଷ୍କାର କରିଥିଲେ ଯେ, ଜଣେ ପଚଶ ବର୍ଷ ବୟସ୍କ ଲୋକ ଯାହାଙ୍କ ନାମ ସାମି ଫର୍ନାଣ୍ଡୋ ବା "ଗୋରକଣା ସାମି" ଥିଲା ଗୋଟେ ଟ୍ରକ ଦୁର୍ଘଟଣାରେ ସୁଜିଥ ଜନ୍ମ ହେବାର ଛଅ ମାସ ପୂର୍ବରୁ ପ୍ରାଣ ହରାଇଥିଲେ । ସେ ମଧ୍ୟ ଜାଣିପାରିଥିଲେ ଯେ ସୁଜିଥ କହିଥିବା ସବୁ କଥା ଗୁଡ଼ିକ ସତ୍ୟ ।

ଏହାର ବର୍ଷକ ପରେ ଡ. ଷ୍ଟିଭେନ୍‌ସନ ମଧ୍ୟ କଲମ୍ବୋ ଏବଂ ଗୋରକଣା ଯାଇଥିଲେ । ସେ ପ୍ରାୟ ୩୫ ଜଣ ବ୍ୟକ୍ତିଙ୍କର ସାକ୍ଷାତକାର ନେଇଥିଲେ ଏବଂ ତା ସାଙ୍ଗେ ସାଙ୍ଗେ ସୁଜିଥର ବକ୍ତବ୍ୟ ମଧ୍ୟ ନେଇଥିଲେ । ସେତେବେଳେ ସୁଜିଥକୁ ୩ ବର୍ଷ ୬ ମାସ ହୋଇଥିଲା । ସୁଜିଥ ସାମିଙ୍କ ପରିବାରର ବହୁତ ଲୋକଙ୍କୁ ମଧ୍ୟ ଚିହ୍ନି ପାରିଥିଲା । ସୁଜିଥର ବକ୍ତବ୍ୟ ଶତ ପ୍ରତିଶତ ସତ୍ୟ ବୋଲି ତାଙ୍କର ହୃଦବୋଧ ହୋଇଥିଲା । ଏବଂ ସୁଜିଥ ହିଁ ସାମିଙ୍କର ପୁନର୍ଜନ୍ମ ପାଇଛି ବୋଲି ସେ ନିଶ୍ଚିତ ହୋଇଥିଲେ ।

●●

ଜଗଦୀଶ ଚନ୍ଦ୍ର ଉତ୍ତର ଭାରତର ଗୋଟେ ବଡ଼ ସହରରେ ଜନ୍ମଗ୍ରହଣ କରିଥିଲେ । ତାଙ୍କୁ ଯେତେବେଳେ ୩ ବର୍ଷ ୬ ମାସ ହୋଇଥିଲା, ସେ ତାଙ୍କର ପୂର୍ବଜନ୍ମ କଥା କହିବା ଆରମ୍ଭ କରିଥିଲେ । ତାଙ୍କ କଥା ଅନୁସାରେ, ପୂର୍ବଜନ୍ମରେ ସେ ବନାରସରେ ରହୁଥିଲେ ଯାହାକି ତାଙ୍କର ବର୍ତ୍ତମନର ଜନ୍ମସ୍ଥାନ ଠାରୁ ପ୍ରାୟ ୪୮୦ କିଲୋମିଟର ଦୂରରେ ଥିଲା । ତାଙ୍କ ନାମ ଜୟ ଗୋପାଳ ଥିଲା ଏବଂ ତାଙ୍କ ବଡ଼ ଭାଇଙ୍କ ନାମ ଜୟ ମଙ୍ଗଳ ଥିଲା ଯିଏ କି ବିଷାକ୍ତ ପ୍ରତିକ୍ରିୟା ଯୋଗୁଁ ମରିଯାଇଥିଲେ । ତାଙ୍କ ବାପାଙ୍କ ନାଁ ବାବୁ ପାଣ୍ଡେ ଥିଲା । ତାଙ୍କର ବନାରସ ଘରେ ଗୋଟେ ବଡ଼ ଫାଟକ ଲାଗିଥିଲା । ସେଥିରେ ବୈଠକ ଘର ଏବଂ ଗୋଟେ ଭୂମିତଳ (under ground) ଘର ଥିଲା ଯେଉଁଠାରେ କାନ୍ଥରେ ଗୋଟେ ଲୁହା ଟ୍ରେଜେରୀ (Iron safe) ସ୍ଥାପିତ କରାଯାଇଥିଲା । ତାଙ୍କ ଘର ବାହାରେ ଗୋଟେ ବଡ଼ ପ୍ରାଙ୍ଗଣ ଥିଲା ଯେଉଁଠାରେ ତାଙ୍କ ବାପା ସଂଧ୍ୟାବେଳେ ବସୁଥିଲେ ଏବଂ ସେଠାରେ କିଛି ଲୋକ ଏକତ୍ରିତ ହେଉଥିଲେ । ସେମାନେ ସମସ୍ତେ ମିଶି ଭାଙ୍ଗ ପଣା ପାନ

କରୁଥିଲେ । ବାବୁଙ୍କୁ ଜଣେ ଘସାମୋଡ଼ା କରୁଥିଲା ଏବଂ ସେ ମୁହଁରେ ପାଉଡ଼ର ବ୍ୟବହାର କରୁଥିଲେ । ତାଙ୍କର ଦୁଇଟା କାର ଥିଲା ଏବଂ ଗୋଟେ ଘୋଡ଼ା ଗାଡ଼ି ଥିଲା । ବାବୁଙ୍କର ଦୁଇ ପୁଅ ଏବଂ ସ୍ତ୍ରୀ ଇହଧାମ ତ୍ୟାଗ କରିସାରିଥିଲେ । ତାଙ୍କ ଘର ଗଙ୍ଗାନୀଦ କୂଳରେ ଦଶାଶ୍ୱମେଧ ଘାଟ ପାଖରେ ଥିଲା । ତାଙ୍କ ବାପା ଗୋଟେ ଘାଟର ସୁପରଭାଇଜର ଥିଲେ । ଭଗବତୀ ନାମରେ ଜଣେ ବେଶ୍ୟା ତାଙ୍କ ବାପାଙ୍କ ଆଗରେ ସଙ୍ଗୀତ ଗାନ କରୁଥିଲା ।

ଜଗଦୀଶଙ୍କ ବାପା ଜଣେ ପ୍ରଖ୍ୟାତ ତଥା ପ୍ରତିଷ୍ଠିତ ଓକିଲ ଥିଲେ । ସେ ତାଙ୍କର ବନ୍ଧୁମାନଙ୍କୁ ଡାକି ଜଗଦୀଶ ସାଙ୍ଗରେ କଥାବାର୍ତ୍ତା କରାଇଥିଲେ ଏବଂ ତାଙ୍କର ସମସ୍ତ ଅଭିବ୍ୟକ୍ତକୁ ସମସ୍ତଙ୍କ ସମ୍ମୁଖରେ ଲେଖିକରି ରଖିଥିଲେ । ତାପରେ ସେ ବନାରସ ମ୍ୟୁନିସିପାଲିଟି ବୋର୍ଡ଼ର ଚେୟାରମ୍ୟାନଙ୍କୁ ସବିଶେଷ ବିବରଣୀ ଦେଇ ଏକ ପତ୍ର ଲେଖିଥିଲେ । ସେହି ଚେୟାରମ୍ୟାନ ଉତ୍ତର ଦେଇଥିଲେ ଯେ, ପତ୍ର ପାଇ ଜଗଦୀଶ କହୁଥିବା ସେ ବ୍ୟକ୍ତିଙ୍କୁ ସେ ଜାଣିପାରିଛନ୍ତି ଏବଂ ଜଗଦୀଶ ଯାହା ଯାହା କହିଛନ୍ତି ତାହା ସମ୍ପୂର୍ଣ୍ଣ ଭାବରେ ସଠିକ୍ ।

ତାପରେ ଜଗଦୀଶଙ୍କ ବାପା ଗୋଟେ ଜାତୀୟ ଖବର କାଗଜକୁ ଚିଠି ଲେଖି ସବୁ ବିଷୟ ଜଣାଇଥିଲେ ଏବଂ ସେମାନଙ୍କୁ ଅନୁରୋଧ କରିଥିଲେ ତାଙ୍କୁ ଏ ବିଷୟ ବିଷଦ ଭାବରେ ପରୀକ୍ଷା କରିବା ପାଇଁ ସହଯୋଗ କରିବାକୁ । ଯେଉଁଦିନ ଏହି ବିଷୟ ଖବର କାଗଜରେ ପ୍ରକାଶ ପାଇଥିଲା ସେଇଦିନ ଜଗଦୀଶଙ୍କ ବାପା ଜଣେ ମାଜିଷ୍ଟ୍ରେଟଙ୍କ ପାଖକୁ ଯାଇ ସବୁ ଘଟଣା ରେକର୍ଡ଼ କରିଥିଲେ । ତାପରେ ହିଁ ସେ ଜଗଦୀଶଙ୍କୁ ନେଇ ବନାରସ ଯାଇଥିଲେ । ସେଠାରେ ଜଗଦୀଶ ଲୋକମାନଙ୍କୁ ଏବଂ ସବୁ ସ୍ଥାନକୁ ଚିହ୍ନି ପାରିଥିଲେ । ଅନୁସନ୍ଧାନରେ ତାଙ୍କର ପ୍ରତ୍ୟେକଟି ବକ୍ତବ୍ୟ ସତ୍ୟ ବୋଲି ପ୍ରମାଣିତ ହୋଇଥିଲା । କେବଳ ଗୋଟିଏ ବକ୍ତବ୍ୟ ମେଳ ଖାଇ ନ ଥିଲା । ତାହା ଥିଲା, ବାବୁ ପାଣ୍ଡେଙ୍କର କୌଣସି କାର ନ ଥିଲା କିନ୍ତୁ ସେ ସବୁବେଳେ ଭଡ଼ାରେ କାର ବ୍ୟବହାର କରୁଥିଲେ ।

ଜଗଦୀଶଙ୍କ ବାପା କୌଣସି ଅନୁସନ୍ଧାନ ଆଗରୁ ତାଙ୍କର ସବୁ ବକ୍ତବ୍ୟକୁ ସାକ୍ଷୀମାନଙ୍କ ଆଗରେ ଲିପିବଦ୍ଧ କରିଥିଲେ । ତାପରେ ଯାଇ ଘଟଣାର ସତ୍ୟାସତ୍ୟ ପରୀକ୍ଷା କରାଯାଇଥିଲା । ଡ. ଷ୍ଟିଭେନସନ୍ ଏ ଘଟଣା ଶୁଣି ତାର ପରୀକ୍ଷା ବହୁତ ବିଳମ୍ବରେ କରିଥିଲେ । ତଥାପି ମଧ୍ୟ ସେ ଜଗଦୀଶଙ୍କର ପୁନର୍ଜନ୍ମ ବିଷୟରେ ପୁରାପୁରି ନିଶ୍ଚିତ ହୋଇପାରିଥିଲେ ।

●●

୧୯୫୭ ମସିହା ମେ ମାସ ପାଞ୍ଚ ତାରିଖରେ ଇଂଲଣ୍ଡର ହେକ୍ସମ ସହରରେ ଜୋଆନା ଏବଂ ଜ୍ୟାକଲିନ ନାମକ ଦୁଇ ଭଉଣୀ ତାଙ୍କର ଜଣେ ସାଙ୍ଗ ଆନ୍ଥୋନୀ ସହ ଚର୍ଚ୍ଚ ଯାଉଥିଲେ । ରାସ୍ତାରେ ପ୍ରଚଣ୍ଡ ଗତିରେ ଯାଉଥିବା ଗୋଟେ କାର ସେମାନଙ୍କ ଉପରେ ମାଡ଼ି ଯାଇଥିଲା ଯେଉଁଥିରେ ସେ ତିନିଜଣଙ୍କର ଜୀବନ ପ୍ରଦୀପ ଲିଭି ଯାଇଥିଲା । ସେତେବେଳେ ଜୋଆନାକୁ ଏଗାର ବର୍ଷ ଏବଂ ଜ୍ୟାକଲିନକୁ ଛଅ ବର୍ଷ ହୋଇଥିଲା । ସେମାନଙ୍କର ମାତା, ପିତା ଫ୍ଲୋରେନ୍ସ ଏବଂ ଜନ୍ ପୋଲକ ଏହିପରି ମୃତ୍ୟୁକୁ ଗ୍ରହଣ କରି ପାରିନଥିଲେ । ସବୁବେଳେ ସେମାନେ ତାଙ୍କର ଦୁଇ ଝିଅଙ୍କୁ ମନେ ପକାଉଥିଲେ । ଏହି ଭିତରେ ୧୯୫୮ ମସିହା ଅକ୍ଟୋବର ଚରି ତାରିଖରେ ଫ୍ଲୋରେନ୍ସ ଦୁଇଟି ଜାଆଁଳା ଝିଅଙ୍କୁ ଜନ୍ମ ଦେଇଥିଲେ । ସେମାନଙ୍କ ନାଁ ଜିଲିୟନ ଏବଂ ଜେନିଫର ରଖିଥିଲେ ।

ପିଲାମାନେ କିଛି ସପ୍ତାହର ହେଲା ପରେ ଜନ୍ ଏବଂ ଫ୍ଲୋରେନ୍ସ ଲକ୍ଷ୍ୟ କରିଥିଲେ ସେମାନଙ୍କ ଝିଅ ମାନଙ୍କ ଦେହରେ ଜନ୍ମରୁ କିଛି ଚିହ୍ନ ରହିଅଛି ଯାହାକି କୌଣସି ଦୁର୍ଘଟଣାର କ୍ଷତ ପରି ଜଣା ପଡୁଥିଲା । ଭଲ ଭାବରେ ଲକ୍ଷ୍ୟ କରି ଦେଖିଥିଲେ ଯେ, ଦୁଇ ପିଲାଙ୍କ ଦେହରେ ଯେଉଁ ଦାଗ ସବୁ ଅଛି ସେହିପରି କ୍ଷତ ଜୋଆନା ଏବଂ ଜ୍ୟାକଲିନଙ୍କ ଦେହରେ ଦୁର୍ଘଟଣା ପରେ ଥିଲା । ଯେମିତିକି ଜିଲିୟନର ମଥାରେ ସେହିପରି ଚିହ୍ନ ଥିଲା ଯେଉଁପରି ତା'ର ଭଉଣୀ ଜ୍ୟାକଲିନର ମଥା ଉପରେ ଦୁର୍ଘଟଣା ପରେ ଥିଲା । ସେମିତି ଜେନିଫର ଦେହରେ ସେହି ସ୍ଥାନମାନଙ୍କରେ କ୍ଷତର ଚିହ୍ନଥିଲା ଯେଉଁଠାରେ ତା'ର ଦ୍ୱିତୀୟ ଭଉଣୀ ଜୋଆନାର କାର ଦୁର୍ଘଟଣା ପରେ ଥିଲା ।

ଜିଲିୟନ ଏବଂ ଜେନିଫର ଯେତେବେଳେ ସଡ଼କ ଉପରେ କୌଣସି କାର ଦେଖୁଥିଲେ ଭୟରେ ଚିତ୍କାର କରି ଉଠୁଥିଲେ ଯେମିତିକି ସେ କାର ସେମାନଙ୍କୁ ମଡ଼ାଇ ଦେବ । ପରେ ଜନ୍ ଦୁଇ ଭଉଣୀଙ୍କୁ ଜୋଆନା ଏବଂ ଜ୍ୟାକଲିନର ପୁରୁଣା ଖେଳଣା ଗୁଡ଼ିକୁ ଖେଳିବାକୁ ଦେଇଥିଲେ । ଜନ୍ ଏବଂ ଫ୍ଲୋରେନ୍ସ ଆଶ୍ଚର୍ଯ୍ୟ ହୋଇଯାଇଥିଲେ ଯେତେବେଳେ ସେମାନେ ଖେଳଣା ଗୁଡ଼ିକୁ ଜୋଆନା ଏବଂ ଜ୍ୟାକଲିନ ଦେଇଥିବା ନାଁରେ ଡାକିବା ଆରମ୍ଭ କରିଦେଇଥିଲେ । ଏତିକି ନୁହେଁ, ଦୁଇ ଭଉଣୀଙ୍କୁ ସେ ସ୍କୁଲର ନାଁ ଜଣାଥିଲା ଯେଉଁଠାରେ ଜୋଆନା ଏବଂ ଜ୍ୟାକଲିନ ପଢୁଥିଲେ । ହେକ୍ସମ ସହରର କିଛି ରାସ୍ତା ଏବଂ ଜାଗା ମଧ ସେମାନଙ୍କୁ ଜଣାଥିଲା ।

ଏହି ଅଦ୍‌ଭୁତ ଘଟଣା ସେତେବେଳେ ଅନେକ ଖବର କାଗଜରେ ପ୍ରକାଶିତ

ହୋଇଥିଲା । ଡ. ଇଆନ ଷ୍ଟିଭେନ୍‌ସନ ମଧ୍ୟ ଏହି ଘଟଣାର ଅନୁସନ୍ଧାନ କରିଥିଲେ । ସେ ଦୁଇ ଭଉଣୀ ଏବଂ ସେମାନଙ୍କ ପିତା ମାତାଙ୍କ ସହ ବହୁଥର ମିଶିଥିଲେ ଏବଂ ତାଙ୍କର ସମସ୍ତ ତଥ୍ୟ ତାଙ୍କ ପୁସ୍ତକ "Reincarnation and Biology" ରେ ପ୍ରକାଶ କରିଥିଲେ । ଆସ୍ତେ ଆସ୍ତେ ବୟସ ବଢ଼ିବା ସାଙ୍ଗେ ସାଙ୍ଗେ ଦୁଇ ଭଉଣୀ ପୂର୍ବଜନ୍ମ କଥା ଭୁଲିଯାଇଥିଲେ ଏବଂ ସାଧାରଣ ଜୀବନ ଯାପନ କରିଥିଲେ । ଡ. ଷ୍ଟିଭେନ୍‌ସନ ସେମାନଙ୍କୁ ଯେତେବେଳେ ଶେଷଥର ପାଇଁ ସାକ୍ଷାତ କରିଥିଲେ ସେତେବେଳେ ସେମାନଙ୍କ ବୟସ ୨୦ ବର୍ଷ ହୋଇଯାଇଥିଲା ଏବଂ ସେମାନେ ସଂପୂର୍ଣ୍ଣ ଭାବେ ପୂର୍ବଜନ୍ମ କଥା ଭୁଲି ଯାଇଥିଲେ ।

●●

ରତନା ଓ୍ୱଙ୍ଗସୋମ୍ବାତ ବ୍ୟାଙ୍କକରେ ୧୯୬୪ ମସିହାରେ ଜନ୍ମ ନେଇଥିଲେ । ତାଙ୍କର ପୋଷ୍ୟ ବାପା ସପ୍ତାହରେ ଥରେ ଗୋଟେ ବଡ଼ ମନ୍ଦିରରେ ଧ୍ୟାନ କରିବାକୁ ଯାଉଥିଲେ । ସେହି ମନ୍ଦିରରେ ପ୍ରାୟ ୩୦୦ ସନ୍ୟାସୀ ଥିଲେ । ତାଙ୍କୁ ଯେତେବେଳେ ଚଉଦ ମାସ ହୋଇଥିଲା ତାଙ୍କ ବାପା ତାଙ୍କୁ ସେ ମନ୍ଦିରକୁ ନେଇଯାଇଥିଲେ । ରତନା ଏପରି ହାବଭାବ ଦେଖାଇ ଥିଲେ ଯେପରିକି ସେ ମନ୍ଦିରକୁ ସେ ଆଗରୁ ଜାଣିଛନ୍ତି । ଘରକୁ ଆସିବା ପରେ ତାଙ୍କ ବାପା କଥା ଛଳରେ ସେହି ମନ୍ଦିର ବିଷୟରେ ପଚାରିଥିଲେ । ରତନା ଯାହା କହିଥିଲେ ତା'ର ଅର୍ଥ ଥିଲା ଯେ, ସେ ପୂର୍ବଜନ୍ମରେ ଜଣେ ଚାଇନିଜ ମହିଳା ଥିଲେ । ତାଙ୍କ ନାଁ କିମ୍ ଲାନ୍ ଥିଲା ଏବଂ ସେ ସେହି ମନ୍ଦିରରେ ରହୁଥିଲେ । ସେଠାରେ ସେ ଜଣେ ନନ୍ ମାଏ ଚାନ୍‌ଙ୍କ ସାଙ୍ଗରେ ଗୋଟେ ସବୁଜ ରଙ୍ଗର କୁଡ଼ିଆରେ ରହୁଥିଲେ । କିଛିଦିନ ପରେ ସେଠାରୁ ତାଙ୍କୁ ବାହାର କରି ଦିଆଯାଇଥିଲା । ସେ ତାଙ୍କର ନିଜଘର ବାଙ୍ଗଲାମ୍ପୁକୁ ଚାଲିଯାଇଥିଲେ ଯେଉଁଠାରେ ତାଙ୍କର ଏକମାତ୍ର ଝିଅ ରହୁଥିଲା । ଗୋଟେ ଅସ୍ତ୍ରୋପଚାର ପରେ ସେ ମୃତ୍ୟୁମୁଖରେ ପଡ଼ିଥିଲେ । ସେ ବହୁତ ଅସନ୍ତୁଷ୍ଟ ଥିଲେ ଯେ, ତାଙ୍କର ମୃତ୍ୟୁ ପରେ ତାଙ୍କ ଇଚ୍ଛାନୁସାରେ ତାଙ୍କର ଦେହାବଶେଷ (ପାଉଁଶ)କୁ ପୋତି ନ ଦେଇ ତାଙ୍କ ଝିଅ ବିଞ୍ଚି ଦେଇଥିଲା ।

ରତନାଙ୍କ କଥାକୁ ତାଙ୍କ ବାପା ସେତେ ପ୍ରାଧାନ୍ୟ ଦେଇ ନ ଥିଲେ । ରତନାଙ୍କୁ ଯେତେବେଳେ ଦୁଇ ବର୍ଷ ହୋଇଥିଲା ତାଙ୍କ ବାପା ତାଙ୍କୁ ପୁଣିଥରେ ସେ ମନ୍ଦିରକୁ ନେଇଯାଇଥିଲେ । ସେମାନେ ଦଳେ ନନ୍‌ଙ୍କୁ ଅତିକ୍ରମ କଲାବେଳେ ରତନା ଜଣଙ୍କୁ ଚିହ୍ନି ପାରି "ମାଏ ଚାନ" ବୋଲି ଡାକ ପକାଇଥିଲା । ସେ ନନ୍ କୌଣସି ପ୍ରତିକ୍ରିୟା ପ୍ରକାଶ କରି ନ ଥିଲେ କିନ୍ତୁ ରତନା ତା ବାପାଙ୍କୁ କହିଥିଲା ଯେ, ପୂର୍ବଜନ୍ମରେ ସେ

ସେହି ନନ୍‌ଙ୍କ ସାଙ୍ଗରେ ରହୁଥିଲେ । ରତନାଙ୍କ ବାପା କିଛିଦିନ ପରେ ସେ ମନ୍ଦିରକୁ ଆସି ସେହି ନନ୍‌ଙ୍କ ସାଙ୍ଗରେ ବାର୍ତ୍ତାଳାପ କରିଥିଲେ । ତାଙ୍କ ନାମ ମାଏ ଡି ଚନ୍ ସୁଥିପାତ ଥିଲା । "ମାଏ ଚି" ଏକ ସମ୍ମାନାସ୍ପଦ ଶବ୍ଦ, ଥାଇଲ୍ୟାଣ୍ଡରେ ଯାହାର ଅର୍ଥ "ମଦର ନନ୍" (Mother nun) । କିନ୍ତୁ ଅଧିକାଂଶ ଲୋକ ତାଙ୍କୁ ମାଏ ଚନ ନାମରେ ଡାକୁଥିଲେ । ସେ କହିଥିଲେ ଯେ, ରତନା ଯାହା ସବୁ କହିଛନ୍ତି ତାହା କିମ୍ ଲାନ୍ ପ୍ରୟୁନ ସୁପାମିତ୍ରଙ୍କ ଜୀବନ ସହ ଶତ ପ୍ରତିଶତ ମେଳ ଖାଇ ଯାଉଛି । କିମ୍ ଲାନ୍ ରଚନା ଜନ୍ମ ହେବାର ଦେଢ଼ ବର୍ଷ ଆଗରୁ ପ୍ରାଣତ୍ୟାଗ କରିଥିଲେ ।

କିମ୍ ଲାନ୍‌ଙ୍କ ଝିଅ ମଧ୍ୟ ରତନାଙ୍କ ପୁରା ବକ୍ତବ୍ୟକୁ ଠିକ୍ ବୋଲି ଦର୍ଶାଇଥିଲେ । ସେ କିମ୍ ଲାନ୍‌ଙ୍କ ଦେହାବଶେଷକୁ ନେଇ ମନ୍ତବ୍ୟକୁ ସତ୍ୟ ବୋଲି କହିଥିଲେ । କିମ୍ ଲାନ୍‌ଙ୍କ ଇଚ୍ଛା ଥିଲା ତାଙ୍କର ପାଉଁଶକୁ ମନ୍ଦିର ଭିତରେ ଥିବା ବୋଧି ବୃକ୍ଷ ତଳେ ପୋତି ଦେବାପାଇଁ । ତାଙ୍କ ଝିଅ ତାଙ୍କ ଇଚ୍ଛାକୁ ସମ୍ମାନ ଜଣାଇ ପାଉଁଶ ନେଇ ସେଠାକୁ ଯାଇଥିଲେ । କିନ୍ତୁ ବୋଧି ବୃକ୍ଷର ଚେର ସବୁ ଏତେ ବ୍ୟାପ୍ତ ହୋଇଥିଲା ଯେ ସେ ସେହି ପାଉଁଶକୁ ଗୋଟେ ଜାଗାରେ ନ ପୋତି ସବୁଆଡ଼େ ବିଛାଇ ଦେଇଥିଲେ ।

●●

ଲେବାନନର ନାଜିହ ଅଲ-ଦନାଫ ବହୁତ ଛୋଟ ବୟସରୁ ତାଙ୍କର ପୂର୍ବଜନ୍ମ କଥା କହିବା ଆରମ୍ଭ କରି ଦେଇଥିଲେ । ସେ କହିଥିଲେ ଯେ, ପୂର୍ବଜନ୍ମରେ ସେ ସବୁବେଳେ ପିସ୍ତଲ ଏବଂ ଗ୍ରେନେଡ଼ ଧରି ବୁଲୁଥିଲେ । ତାଙ୍କର ଜଣେ ସୁନ୍ଦରୀ ପତ୍ନୀ ଏବଂ ପିଲାମାନେ ଥିଲେ । ତାଙ୍କର ଗୋଟେ ଦୁଇ ମହଲା ଘର ଥିଲା ଯାହାର ଚାରିପଟେ ବହୁତ ଗଛ ଥିଲା ଏବଂ ପାଖରେ ଗୋଟେ ଗୁମ୍ଫା ଥିଲା । ତାଙ୍କର ଜଣେ ମୁକ ସାଙ୍ଗ ଥିଲେ । ତାଙ୍କୁ ଦଳେ ଲୋକ ଗୁଳି କରି ହତ୍ୟା କରିଥିଲେ ।

ନାଜିହ କହିଥିଲେ ଯେ, ପୂର୍ବଜନ୍ମରେ ସେ ଗୋଟେ ଛୋଟ ସହରରେ ରହୁଥିଲେ ଯାହା ତାଙ୍କର ବର୍ତ୍ତମାନର ଘରଠାରୁ ୧୬ କିଲୋମିଟର ଦୂର ଥିଲା । ସେ ଜିଦ୍ କରିଥିଲେ ସେହି ସହରରେ ଥିବା ତାଙ୍କ ଘରକୁ ଯିବା ପାଇଁ । ତାଙ୍କୁ ଯେତେବେଳେ ଛଅ ବର୍ଷ ହୋଇଥିଲା ତାଙ୍କ ବାପା ତାଙ୍କୁ ସେହି ସହରକୁ ନେଇଯାଇଥିଲେ । ସହର ଗୋଟେ କିଲୋମିଟର ଦୂର ଥିଲାବେଳେ ସେ କାର ଅଟକାଇଥିଲେ ଏବଂ ମୁଖ୍ୟ ରାସ୍ତାରୁ ବାହାରିଥିବା ଗୋଟେ କଚ୍ଚା ସଡ଼କକୁ ଦେଖାଇ କହିଥିଲେ ଯେ ଏହି ରାସ୍ତା କିଛିବାଟ ପରେ ଶେଷ ହୋଇଯାଇଛି ଏବଂ ସେଠାରେ ଗୋଟେ ଗୁମ୍ଫା ଅଛି । ସେମାନେ ସେ କଥାରେ ଧ୍ୟାନ ନ ଦେଇ ମୁଖ୍ୟ ରାସ୍ତାରେ ଚାଲି ଆସିଥିଲେ । ସେମାନେ

ଯେତେବେଳେ ସହରର ମଧ୍ୟସ୍ଥଳକୁ ଆସିଯାଇଥିଲେ, ସେଠାରେ ଚାରିପଟକୁ ଛଅଟି ରାସ୍ତା ଯାଇଥିବାର ଦେଖି ପାରିଥିଲେ । ନାଜିହଙ୍କ ବାପା ତାଙ୍କୁ କେଉଁ ରାସ୍ତାରେ ଯିବାକୁ ପଡ଼ିବ ପଚାରିଥିଲେ । ସେ ଗୋଟେ ରାସ୍ତା ଆଡ଼କୁ ସଂକେତ କରି ଯିବାକୁ କହିଥିଲେ । ସେହି ରାସ୍ତାରେ ଯାଇ ସେମାନେ କିଛି ଘର ସମ୍ମୁଖରେ ପହଞ୍ଚିଥିଲେ । ସେଠାରେ ସେମାନେ କାରରୁ ଓଲହାଇ ବିଭିନ୍ନ ଲୋକ ମାନଙ୍କୁ ନାଜିହ କହିବା ଅନୁସାରେ କେହି ସେଠାରେ ମୃତ୍ୟୁବରଣ କରିଛନ୍ତି କି ବୋଲି ପଚାରିଥିଲେ ।

ତାଙ୍କୁ ଚଞ୍ଚଳ ତାଙ୍କର ଉତ୍ତର ମିଳି ଯାଇଥିଲା । ସେମାନେ ଜାଣିବାକୁ ପାଇଥିଲେ ଯେ, ଫୁଆଦ ନାମକ ଜଣେ ବ୍ୟକ୍ତି ଯାହାଙ୍କର ଘର ସେହି ରାସ୍ତାରେ ଥିଲା, ନାଜିହ କହିବା ପ୍ରକାରରେ ନାଜିହ ଜନ୍ମର ଦଶ ବର୍ଷ ଆଗରୁ ମୃତ୍ୟୁବରଣ କରିଥିଲେ । ଫୁଆଦଙ୍କ ବିଧବା ସ୍ତ୍ରୀ ନାଜିହଙ୍କୁ ପଚାରିଥିଲେ, "ଏହି ଘରର ପ୍ରବେଶରେ ଥିବା ଗେଟର ମୂଳଦୁଆ କିଏ ସେ ପକାଇଥିଲେ ?" ସଠିକ୍ ଉତ୍ତର ଦେଇ ନାଜିହ କହିଥିଲେ, "ଫରାଦ ପରିବାରର ଜଣେ ଲୋକ ।" ନାଜିହ ମଧ୍ୟ ସେହି ଘରେ ଫୁଆଦ ଯେଉଁ କାନ୍ଥ ଆଲମାରୀରେ ତାଙ୍କର ଅସ୍ତ୍ରଶସ୍ତ୍ର ରଖୁଥିଲେ ତାହା ଦେଖାଇ ଦେଇଥିଲେ । ଫୁଆଦଙ୍କ ସ୍ତ୍ରୀ ପଚାରିଥିଲେ, "ତାଙ୍କର ଆଗ ଘରେ ତାଙ୍କର କିଛି ଦୁର୍ଘଟଣା ହୋଇଥିଲା କି ?" ନାଜିହ ସେ ଦୁର୍ଘଟଣାର ପୁରା ବିବରଣୀ ଦେଇ ପାରିଥିଲେ । ସେ ପୁଣି ପଚାରିଥିଲେ, "ତାଙ୍କର ସାନ ଝିଅ କାହିଁକି ଗୁରୁତର ଭାବରେ ଅସୁସ୍ଥ ହୋଇପଡ଼ିଥିଲା ?" ନାଜିହ ଉତ୍ତର ଦେଇଥିଲେ ଯେ, "ସେ ଭୁଲ ବଶତଃ ତା ବାପାଙ୍କର କିଛି ବଟିକା ଖାଇ ଦେଇଥିଲା ।" ସେହିପରି ନାଜିହ ଏପରି ବହୁତ ପାରିବାରିକ କଥା କହିଥିଲେ ଯାହା ଫଳରେ ତାଙ୍କର ବିଧବା ସ୍ତ୍ରୀ ଏବଂ ପାଞ୍ଚଜଣ ପିଲା ବିଶ୍ୱାସ କରିଥିଲେ ଯେ ନାଜିହ ହିଁ ଫୁଆଦଙ୍କର ପୁନର୍ଜନ୍ମ ନେଇଛନ୍ତି ।

ତାପରେ ନାଜିହଙ୍କୁ ଫୁଆଦଙ୍କ ଭାଇ ଶେଖ ଅଦିବ୍‌ଙ୍କ ପାଖକୁ ନିଆଯାଇଥିଲା । ତାଙ୍କୁ ଦେଖୁ ଦେଖୁ ନାଜିହ କହିଥିଲେ, "ଏବେ ମୋର ଭାଇ ଅଦିବ୍ ଆସିଗଲେ ।" ଅଦିବ ତାଙ୍କୁ ପଚାରିଥିଲେ, "ତୁମେ ମୋର ଭାଇ ବୋଲି ପ୍ରମାଣ କ'ଣ ?" ନାଜିହ କହିଥିଲେ ମୁଁ ତୁମକୁ ଗୋଟେ "ଚେକି-16" (Checki-16) ଦେଇଥିଲି । ଚେକି-16 ଚେକୋସ୍ଲୋଭାକିଆରେ ନିର୍ମିତ ଏକ ପିସ୍ତଲ ଯାହା ଲେବାନନରେ ଦୁର୍ଲଭ । ପ୍ରକୃତରେ ଫୁଆଦ ତାଙ୍କ ଭାଇଙ୍କୁ ସେଥିରୁ ଗୋଟେ ଦେଇଥିଲେ । ପୁଣି ପରୀକ୍ଷା କରିବା ପାଇଁ ଅଦିବ୍ ପଚାରିଥିଲେ ତାଙ୍କର ପ୍ରଥମ ଘର କେଉଁଠାରେ । ନାଜିହ ସେମାନଙ୍କୁ ସେହି ରାସ୍ତାରେ ଆଉ କିଛିବାଟ ନେଇଯାଇ ଏକ ଘର ଦେଖାଇଥିଲେ । ଏବଂ

କହିଥିଲେ ଏହା ହେଉଛି ମୋ ବାପାଙ୍କ ଘର ଏବଂ ତା ପାଖଟା ମୋର ପ୍ରଥମ ଘର । ସମସ୍ତେ ସେ ଘର ଭିତରକୁ ଯାଇଥିଲେ । ସେ ଘରେ ଜଣେ ମହିଳା ଥିଲେ । ଅଦିବ୍ ପଚାରିଥିଲେ ସେ ମହିଳା ଜଣକ କିଏ ସେ ? ନାଜିହ କହିଥିଲେ ସେ ମୋର ପ୍ରଥମ ସ୍ତ୍ରୀ । ପ୍ରକୃତରେ ଫୁଆଦଙ୍କ ପ୍ରଥମ ସ୍ତ୍ରୀ ସେହି ଘରେ ରହୁଥିଲେ । ତାପରେ ଅଦିବ୍ ନାଜିହଙ୍କୁ ସେମାନଙ୍କ ଭାଇ ମାନଙ୍କର ଏବଂ ବାପାଙ୍କର ଫଟୋ ଦେଖାଇଥିଲେ ଯାହାକୁ ନାଜିହ ଠିକ୍ ଭାବରେ ଚିହ୍ନି ପାରିଥିଲେ ।

ଏହି ଘଟଣାକୁ ଡ. ହେରାଲଡ୍‌ସନ୍ ଅନୁସନ୍ଧାନ କରିଥିଲେ । ସେ ଜାଣିବାକୁ ପାଇଥିଲେ ଯେ ପ୍ରକୃତରେ ଫୁଆଦଙ୍କର ଜଣେ ମୂକ ବନ୍ଧୁ ଥିଲେ । ସହର ଭିତରେ ତାଙ୍କର ଘର ତିଆରି ଚାଲିଥିଲାବେଳେ ସେ ଗୋଟେ ଘରେ କିଛି ବର୍ଷ ରହିଥିଲେ ଯାହାକି ପୂର୍ବରୁ ନାଜିହ ଦେଖାଇଥିବା କଚ୍ଚା ସଡ଼କ ଶେଷରେ ଥିଲା ଏବଂ ସେଠାରେ ଗୋଟେ ଗୁମ୍ଫା ମଧ୍ୟ ଥିଲା । ତେଣୁ ନାଜିହଙ୍କର ପ୍ରତ୍ୟେକଟି କଥା ସତ୍ୟ ବୋଲି ପ୍ରମାଣିତ ହୋଇ ପାରିଥିଲା ଏବଂ ସେ ଯେ ଫୁଆଦଙ୍କ ମୃତ୍ୟୁ ପରେ ପୁନର୍ଜନ୍ମ ନେଇଛନ୍ତି ତାହା ମଧ୍ୟ ସତ୍ୟ ବୋଲି ସମସ୍ତଙ୍କର ହୃଦୟଙ୍ଗମ ହୋଇଥିଲା ।

■

।। ୧୩ ।।

ବିଭିନ୍ନ ଧର୍ମରେ ପୁନର୍ଜନ୍ମ

ପୂର୍ବ ଅଧ୍ୟାୟ ଗୁଡ଼ିକରେ ଆମେ ଆତ୍ମାର ସ୍ଥିତି, ଗତି ଏବଂ ପୁନର୍ଜନ୍ମ ବିଷୟରେ କିଛିଟା ଜାଣିବାକୁ ପାଇ ପାରିଲେ ଯାହା କି ବିଭିନ୍ନ ଗବେଷଣାକାରୀ ମାନଙ୍କ ଦ୍ୱାରା ଉପସ୍ଥାପନା କରାଯାଇଛି । ଏହା ସବୁ ସତ୍ୟ ଘଟଣା ଏବଂ ପ୍ରତିଷ୍ଠିତ ଡାକ୍ତର ଏକ ବୈଜ୍ଞାନିକ ମାନଙ୍କ ଦ୍ୱାରା ଅନୁସନ୍ଧାନ କରାଯାଇଛି । ବର୍ତ୍ତମାନ ଆମେ ବିଭିନ୍ନ ଧର୍ମରେ ଆତ୍ମା ଏବଂ ମୃତ୍ୟୁପରେ ମଣିଷର ପରିଣତି କ'ଣ ହୋଇଥାଏ, ସେ ବିଷୟେ କିଞ୍ଚିତ ଆଲୋକପାତ କରିବା ।

ହିନ୍ଦୁ ଧର୍ମ -

ବିଶ୍ୱର ସର୍ବ ପୁରାତନ ଧର୍ମ ହେଉଛି ହିନ୍ଦୁ ଧର୍ମ ବା ସନାତନ ଧର୍ମ । ଦୀର୍ଘ ୭୦୦୦ ବର୍ଷ ତଳୁ ଏ ଧର୍ମର ଉତ୍ପତ୍ତି ହୋଇଥିଲା । ହିନ୍ଦୁ ଧର୍ମରେ ଆତ୍ମା ଏବଂ ପୁନର୍ଜନ୍ମରେ ବିଶ୍ୱାସ କରାଯାଇଥାଏ । ଯେପରି ଗୀତାରେ ଅଛି ।

ନୈନଂ ଛିନ୍ଦାତି ଶସ୍ତ୍ରାଣି, ନୈନଂ ଦହତି ପାବକଃ;

ନୈନଂ କ୍ଲେଦୟନ୍ତ୍ୟାପୋ, ନ ଶୋଷୟତି ମାରୁତଃ ।

ଅର୍ଥାତ ଆତ୍ମାକୁ କୌଣସି ପ୍ରକାର ଶସ୍ତ୍ର ଛେଦନ କରିପାରିବ ନାହଁ । ଅଗ୍ନି ଦଗ୍ଧ କରିପାରେ ନାହିଁ । ଜଳ ଆଦ୍ର କରିପାରେ ନାହିଁ । ଆଉ ପବନ ଶୁଷ୍କ କରି ପାରେ ନାହିଁ ।

ଆତ୍ମା ଅମର କିନ୍ତୁ ଶରୀର ମରଣଶୀଳ । ମୃତ୍ୟୁ ପରେ ଆତ୍ମା ତେର ଦିନ ଏହି

ଧରାପୃଷ୍ଠରେ ଥାଏ ବୋଲି ସେମାନେ ବିଶ୍ୱାସ କରିଥାନ୍ତି । ତେଣୁ ଜଣେ ମରିଗଲେ ତାଙ୍କ ପାଇଁ ତେର ଦିନ କାଳ ହିନ୍ଦୁ ଶାସ୍ତ୍ର ଅନୁସାରେ କ୍ରିୟା କର୍ମ ହୋଇଥାଏ । ସେମାନେ ଭାବିଥାନ୍ତି ଯେ ମୃତ୍ୟୁ ପରେ ଏ ଶରୀରର ଆଉ କୌଣସି ଆବଶ୍ୟକତା ନାହିଁ । ତେଣୁ ତାହାକୁ ଅଗ୍ନିକୁ ସମର୍ପଣ କରି ପୁନର୍ଜନ୍ମର ପଥ ସୁଗମ କରିଦେଇଥାନ୍ତି । ମୃତବ୍ୟକ୍ତିଙ୍କ କ୍ରିୟା କର୍ମରେ ତାଙ୍କର ଗଲା ତିନି ପିଢ଼ିର ପୂର୍ବପୁରୁଷ ମାନଙ୍କୁ ଆବାହାନ କରାଯାଇଥାଏ ଏବଂ ଅନୁରୋଧ କରାଯାଇଥାଏ ଯେ ମୃତବ୍ୟକ୍ତିଙ୍କ ଆତ୍ମାକୁ ପଥପ୍ରଦର୍ଶନ କରି ପରଲୋକରେ ବାଟ କଢ଼ାଇ ନେବାପାଇଁ ।

ହିନ୍ଦୁ ମାନେ ପୁନର୍ଜନ୍ମରେ ପୁରାପୁରି ବିଶ୍ୱାସ କରିଥାନ୍ତି । ଏ ଜନ୍ମର କର୍ମଫଳ ଅନୁସାରେ ସେ ପୁନର୍ଜନ୍ମ ନେଇଥାଏ ।

ବାସାଂସି ଜୀର୍ଣାନି ଯଥା ବିହାୟ, ନବାନୀ ଗୃହନାତି ନରୋପରାଣି;
ତଥା ଶରୀରାଣି ବିହାୟ ଜିର୍ଣା, ନ୍ୟନ୍ୟାନି ସଂୟାତି ନବାନି ଦେହୀ ।

ଅର୍ଥାତ ମଣିଷ ଯେପରି ପୁରୁଣା ବସ୍ତ୍ର ତ୍ୟାଗ କରି ନୂତନ ବସ୍ତ୍ର ଧାରଣ କରିଥାଏ, ଠିକ୍ ସେହିପରି ଜୀବାତ୍ମା ପୁରୁଣା ଶରୀରକୁ ତ୍ୟାଗ କରି ନୂତନ ଶରୀର ଗ୍ରହଣ କରିଥାଏ ।

ଆତ୍ମା ମୋକ୍ଷପ୍ରାପ୍ତି ନ ହେଲା ପର୍ଯ୍ୟନ୍ତ ଅର୍ଥାତ୍ ପରମବ୍ରହ୍ମଙ୍କ ସାଙ୍ଗରେ ଲୀନ ନ ହେବା ପର୍ଯ୍ୟନ୍ତ ଏହିପରି ଜନ୍ମ ଗ୍ରହଣ କରୁଥିବ । ହିନ୍ଦୁ ଧର୍ମ ଗ୍ରନ୍ଥମାନଙ୍କରେ ପୁନର୍ଜନ୍ମର ବହୁଳ ବାଖ୍ୟା କରାଯାଇଛି । ସବୁଠାରୁ ବଡ଼ ଉଦାହରଣ କାଶୀ ରାଜକୁମାରୀ ଅମ୍ବାଙ୍କର ଶୀଖଣ୍ଡୀ ରୂପରେ ପୁନର୍ଜନ୍ମ ନେବା । ପିତାମହ ଭୀଷ୍ମଙ୍କ ଉପରେ ପ୍ରତିଶୋଧ ନେବାପାଇଁ ସେ ଦ୍ରୁପଦ ରାଜାଙ୍କ ସନ୍ତାନ ଭାବରେ ପୁନର୍ଜନ୍ମ ଗ୍ରହଣ କରିଥିଲେ । ତ୍ରେତୟାଯୁଗରେ ପ୍ରଭୁ ଶ୍ରୀରାମ ବାଳିକୁ ବଧ କରିଥିଲେ । ବାଳିର ମୃତ୍ୟୁ ବେଳେ ସେ ବର ପ୍ରଦାନ କରିଥିଲେ ଯେ ଦ୍ୱାପର ଯୁଗରେ ବାଳି ଜରା ଶବର ଭାବରେ ପୁନର୍ଜନ୍ମ ନେବ ଏବଂ ସେତେବେଳେ ପ୍ରଭୁ ଶ୍ରୀକୃଷ୍ଣଙ୍କ ଅବତାର ନେଇଥିବେ । ସେତେବେଳେ ଜରା ଶବର ତାଙ୍କୁ ବଧ କରିବ ।

ମୁସଲମାନ ଧର୍ମ -

ମୁସଲମାନ ଧର୍ମରେ ଆତ୍ମାକୁ ସ୍ୱୀକୃତୀ ଦିଆ ଯାଇଛି କିନ୍ତୁ ପୁନର୍ଜନ୍ମକୁ ବିଶ୍ୱାସ କରାଯାଇନାହିଁ । ଇସଲାମ ମତ ଅନୁଯାୟୀ ମଣିଷ କେବଳ ଗୋଟିଏ ଜନ୍ମ ପାଇଁ ଏ ଧରାପୃଷ୍ଠକୁ ଆସିଛି । ମୃତ୍ୟୁ ପରେ ମୃତବ୍ୟକ୍ତିଙ୍କ ଆତ୍ମା "ବରଜାଖ"କୁ ପ୍ରବେଶ କରିଥାଏ ।

ତାହା ଏକ ଅପେକ୍ଷା କରିବାର ସମୟ । ଶେଷ ନିଷ୍ପତ୍ତିର ଦିନ ପର୍ଯ୍ୟନ୍ତ ଅପେକ୍ଷା । ସେଇଥିପାଇଁ ସେମାନେ ମୃତ୍ୟୁ ପରେ ମର ଶରୀରକୁ ଦାହ ନ କରି କବର ଦେଇଥାନ୍ତି । ସେହି କବର ଭିତରେ ହିଁ ମୃତ ବ୍ୟକ୍ତିଙ୍କ ଆତ୍ମା ଶେଷ ନିଷ୍ପତ୍ତି ଦିନ (Day of judgement) କୁ ଅପେକ୍ଷା କରିଥାଏ । ଚାଳିଶ ଦିନ ପରେ ମୃତବ୍ୟକ୍ତି ମାନଙ୍କୁ କବରରୁ ଆଲ୍ଲାଙ୍କ ପାଖରୁ ନିଆଯାଇଥାଏ ଯେଉଁଠାରେ ସେମାନଙ୍କର ତାଙ୍କ ଜୀବନର କର୍ମ ଅନୁସାରେ ବିଚାର ହୋଇଥାଏ । ଯେଉଁମାନେ ଭଲ କାମ କରିଥାନ୍ତି ସେମାନଙ୍କୁ ଜନ୍ନତ (ସ୍ୱର୍ଗ)କୁ ନିଆଯାଇଥାଏ ଏବଂ ଯେଉଁମାନେ ଖରାପ କାମ କରିଥାନ୍ତି ସେମାନଙ୍କୁ ଜହନ୍ନୁମ୍ (ନର୍କ)କୁ ନିଆଯାଇଥାଏ । ଆତ୍ମା ମାନେ ବଞ୍ଚି ରହିଥାନ୍ତି ଏବଂ କେତେକ ସ୍ଥଳରେ ତାଙ୍କ ପରିବାର ବା ବନ୍ଧୁ ପରିଜନଙ୍କୁ ସପ୍ତମ ଦିନ, ଚାଳିଶ ଦିନ କିମ୍ବା ବର୍ଷକ ପରେ ମଧ୍ୟ ବୁଲିବାକୁ ଆସିଥାନ୍ତି ।

କିନ୍ତୁ ଅଳ୍ପ କେତେକ ମୁସଲମାନ ସଂପ୍ରଦାୟ ପୁନର୍ଜନ୍ମକୁ ବିଶ୍ୱାସ କରିଥାନ୍ତି । ଯେପରିକି ଶିଆ ସଂପ୍ରଦାୟ (ଘୁଲାଟ), ଡ୍ରୁଜେସ ସଂପ୍ରଦାୟ ଏବଂ ଆଧୁନିକ ସୁଫି ପରି "ବାଓ୍ୱା ମୁହେୟାଦିନ" (Bawa Muhaiyadeen) ସଂପ୍ରଦାୟ ପୁନର୍ଜନ୍ମରେ ବିଶ୍ୱାସ କରିଥାନ୍ତି ।

ଖ୍ରୀଷ୍ଟ ଧର୍ମ -

ଖ୍ରୀଷ୍ଟ ଧର୍ମରେ ଆତ୍ମାର ସ୍ଥିତିକୁ ସଂପୂର୍ଣ୍ଣ ଭାବରେ ବିଶ୍ୱାସ କରାଯାଇଥାଏ । ମୃତ୍ୟୁ ସମୟରେ ଆତ୍ମା ଶରୀରରୁ ବିଛିନ୍ନ ହୋଇଯାଇଥାଏ ଏବଂ ଚେତନ ବା ଅବଚେତନ ଅବସ୍ଥାରେ ଅଶରୀର ଭାବରେ ରହିଥାଏ । ଆତ୍ମା ଅମର ବୋଲି ସେମାନେ ବିଶ୍ୱାସ କରିଥାନ୍ତି । ମୃତ୍ୟୁ ପରେ ଚାଳିଶ ଦିନ ଯାଏଁ ଆତ୍ମା ଏହି ପୃଥିବୀ ବକ୍ଷରେ ଥାଏ । ସେହିଦିନ ଆତ୍ମାକୁ ଈଶ୍ୱରଙ୍କ ପାଖରେ ହାଜର କରାଯାଇଥାଏ । ଶେଷ ବିଚାର (Final judgement) ପର୍ଯ୍ୟନ୍ତ ଆତ୍ମା କେଉଁଠାରେ ରହିବ ଈଶ୍ୱର ତାହା ନିର୍ଣ୍ଣୟ କରିଥାନ୍ତି । ସେଥିପାଇଁ ଖ୍ରୀଷ୍ଟିଆନ ମାନେ ଚାଳିଶ ଦିନ ଯାଏଁ ମୃତବ୍ୟକ୍ତିଙ୍କ ପାଇଁ ପ୍ରାର୍ଥନା କରିଥାନ୍ତି ।

ମୃତ୍ୟୁ ପରେ ଖ୍ରୀଷ୍ଟଧର୍ମାବଲମ୍ବୀ ମାନେ ଶରୀରକୁ କବର ଦେଇଥାନ୍ତି । ସେମାନଙ୍କର ବିଶ୍ୱାସ ଥାଏ ପ୍ରଭୁ ଯୀଶୁ ପୁଣି ଥରେ ଏହି ଧରାପୃଷ୍ଠରେ ଅବତରଣ କରିବେ ଏବଂ ଶେଷ ବିଚାରଦିନ (Judgement day) ସବୁ ମୃତବ୍ୟକ୍ତି ମାନଙ୍କୁ ପୁଣିଥରେ ବଞ୍ଚାଇ ଦିଆଯିବ ଏବଂ ମୃତ, ଜୀବନ୍ତ ସମସ୍ତଙ୍କର ଈଶ୍ୱରଙ୍କ ସାମନାରେ ବିଚାର ହେବ ।

ଉତ୍ତମ କାର୍ଯ୍ୟ କରିଥିବା ଲୋକମାନେ ହେଭେନ (ସ୍ୱର୍ଗ) କୁ ଯିବେଏବଂ ଦୁଷ୍ଟ ଲୋକମାନେ ହେଲ (ନର୍କ)କୁ ଯିବେ । ସେହି ଦିନ ହିଁ ଭଲ ଏବଂ ଖରାପର ବିଚାର ହୋଇ ସେମାନଙ୍କୁ ଅଲଗା କରିଦିଆଯିବ ।

ଖ୍ରୀଷ୍ଟ ଧର୍ମରେ ଯଦିଓ ପୁନର୍ଜନ୍ମକୁ ବିଶ୍ୱାସ କରାଯାଇ ନ ଥାଏ ତଥାପି କେତେକ ସ୍ଥାନରେ ପୁନର୍ଜନ୍ମକୁ ବିଶ୍ୱାସ କରାଯାଇଛି ।

କେତେକ ଖ୍ରୀଷ୍ଟିଆନ ବିଶ୍ୱାସ କରିଥାନ୍ତି ଯେ, ପୁରୁଣା ଟେଷ୍ଟାମେଣ୍ଟ (Old Testament) ର କେତେକ ଚରିତ୍ର ନୂଆ ଟେଷ୍ଟାମେଣ୍ଟ (New Testament) ରେ ପୁନର୍ଜନ୍ମ ଗ୍ରହଣ କରିଛନ୍ତି ।

ଶିଖ୍ ଧର୍ମ -

ଶିଖ୍ ଧର୍ମ ଅନୁସାରେ ସମସ୍ତ ପ୍ରାଣୀ ଏବଂ ମନୁଷ୍ୟ ମାନଙ୍କର ଆତ୍ମା ଥାଏ ଯାହାକି ପୁନର୍ଜନ୍ମ ଚକ୍ରର ଏକ ଅଂଶ ବିଶେଷ । ଶିଖ୍ ମାନେ ଜନ୍ମ, ମୃତ୍ୟୁ ଏବଂ ପୁନର୍ଜନ୍ମର ଚକ୍ରରେ ବିଶ୍ୱାସ କରିଥାନ୍ତି । ଆତ୍ମା ଓ୍ୱାହେଗୁରୁ (ଭଗବାନ) ଙ୍କ ଦ୍ୱାରା ପ୍ରାଣୀ ଏବଂ ମନୁଷ୍ୟ ମାନଙ୍କୁ ଦିଆଯାଇଥାଏ । ଏହା ଏକ ଐଶରୀକ ଜ୍ୟୋତି ଯାହା ଓ୍ୱାହେଗୁରୁଙ୍କ ଏକ ଅଂଶ ବିଶେଷ ଏବଂ ତାହା ସବୁ ପ୍ରାଣୀ ମାନଙ୍କ ଭିତରେ ଥାଏ । ମୃତ୍ୟୁ ପରେ ଆତ୍ମା ଅନ୍ୟ ଏକ ଶରୀର ଗ୍ରହଣ କରି ପୁନର୍ଜନ୍ମ ନେଇଥାଏ । ଏହା ଜନ୍ମ ଏବଂ ମୃତ୍ୟୁ ଚକ୍ରର ଅଂଶ ବିଶେଷ । ଆତ୍ମା କେଉଁ ଶରୀର ନେଇ ଜନ୍ମଗ୍ରହଣ କରିବ ତାହା ତାର ଏହି ଜନ୍ମର କର୍ମ ଉପରେ ନିର୍ଭର କରିଥାଏ । ଏହି ଧରାପୃଷ୍ଠରେ ସବୁଠାରୁ ଉଚ୍ଚତର ଜୀବ ହେଉଛି ମାନବ । ଏହି ଜନ୍ମ ଚକ୍ରର ପୁନରାବୃତ୍ତି ହୋଇଥାଏ ଯେ ପର୍ଯ୍ୟନ୍ତ ଆତ୍ମା ମୋକ୍ଷ ପାଇ ଓ୍ୱାହେଗୁରୁଙ୍କ ସାଙ୍ଗରେ ଲୀନ ହୋଇଯାଇନଥାଏ । ଶିଖ୍ ଧର୍ମ ସ୍ୱର୍ଗ କି ନର୍କରେ ବିଶ୍ୱାସ କରିନଥାଏ । ସ୍ୱର୍ଗର ସୁଖ କିମ୍ବା ନର୍କର ଯନ୍ତ୍ରଣା ଏହି ପୃଥିବୀରେ ଭୋଗିବାକୁ ପଡ଼ିଥାଏ ।

ବୌଦ୍ଧ ଧର୍ମ -

ବୌଦ୍ଧ ମାନେ ବିଶ୍ୱାସ କରିଥାନ୍ତି ଯେ, ଜଣେ ଜୀବନ ତ୍ୟାଗ କଲାପରେ ପୁନର୍ବାର କୌଣସି ପ୍ରାଣୀ ବା ମନୁଷ୍ୟ ଆକାରରେ ପୁନର୍ଜନ୍ମ ଗ୍ରହଣ କରିଥାଏ । ତା'ର ପୁନର୍ଜନ୍ମ ଏହି ଜନ୍ମର କର୍ମ ଉପରେ ନିର୍ଭର କରିଥାଏ । କିନ୍ତୁ ବୌଦ୍ଧ ମାନେ ଆତ୍ମାର

ଅମରତ୍ୱରେ ବିଶ୍ୱାସ କରି ନ ଥାନ୍ତି କିନ୍ତୁ ସେମାନେ ଏକ ପ୍ରାକୃତିକ ଭାବରେ ପୁନର୍ଜନ୍ମ ଏବଂ ପୁନର୍ମୃତ୍ୟୁର ଚକ୍ରରେ ବିଶ୍ୱାସ କରିଥାନ୍ତି । ଯେଉଁ ଶକ୍ତି ଏକ ଜନ୍ମରେ ମୃତ୍ୟୁ ଲାଭ କରି ପୁନର୍ଜନ୍ମ ଗ୍ରହଣ କରିଥାଏ ତାହାକୁ ଆତ୍ମା ନ କହି ବୌଦ୍ଧ ମାନେ ଅନତ୍ତା (Anatta) କହିଥାନ୍ତି । ବୌଦ୍ଧ ଧର୍ମର ଜାତକ ଗଳ୍ପରେ ଭଗବାନ ବୁଦ୍ଧଙ୍କର ବିଭିନ୍ନ ପ୍ରାଣୀ ଏବଂ ମନୁଷ୍ୟ ରୂପରେ ପୂର୍ବଜନ୍ମ ମାନଙ୍କର ବହୁତ କାହାଣୀ ଲେଖାଯାଇଛି ।

ଜୈନ ଧର୍ମ -

ହିନ୍ଦୁ ଧର୍ମ ପରି ଜୈନ ଧର୍ମାବଲମ୍ବୀ ମାନେ ଆତ୍ମା ଏବଂ ପୁନର୍ଜନ୍ମରେ ବିଶ୍ୱାସ କରିଥାନ୍ତି । ସେମାନେ ବିଶ୍ୱାସ କରିଥାନ୍ତି ଯେ, ପ୍ରତ୍ୟେକ ଶରୀରରେ ଗୋଟିଏ ଲେଖାଏଁ ଆତ୍ମା ଥାଏ ଏବଂ ମୃତ୍ୟୁ ପରେ ସେ ଅନ୍ୟ ପ୍ରାଣୀ ବା ମନୁଷ୍ୟ ଭାବରେ ପୁନର୍ଜନ୍ମ ନେଇଥାଏ । ଜୈନ ମାନେ ଆତ୍ମାକୁ ଛଅଟି ମୌଳିକ ଏବଂ ଅନନ୍ତ ଦ୍ରବ୍ୟ ଭାବରେ ଗ୍ରହଣ କରିଥାନ୍ତି । ସେହି ଛଅଟି ମୌଳିକ ଦ୍ରବ୍ୟ ହେଉଛି ଆତ୍ମା (Soul), ପଦାର୍ଥ (Pudgala), ଆକାଶ (Space), ଧର୍ମ (motion ବା ଗତି), ଅଧର୍ମ (Rest ବା ବିରତି) ଏବଂ କାଳ (Time)। ମୃତବ୍ୟକ୍ତିଙ୍କ ପୁନର୍ଜନ୍ମ କୌଣସି ଭଗବାନ ବା ବାହ୍ୟଶକ୍ତି ନିୟନ୍ତ୍ରଣ କରିନଥାନ୍ତି । ବରଂ ସେହି ଜନ୍ମରେ ସେ ବ୍ୟକ୍ତିଙ୍କର କର୍ମ ହିଁ ତାହାକୁ ନିରୁପଣ କରିଥାଏ । ଜୈନ ମାନେ ୧୨ ରୁ ୧୬ ଦିନ ଯାଏଁ ଜଣେ ମୃତ ବ୍ୟକ୍ତିଙ୍କ ପାଇଁ ଶୋକ ପାଳନ କରିଥାନ୍ତି । ଏହାକୁ ସୁତକ (Sutak) କୁହାଯାଇଥାଏ ।

ଜୈନମାନଙ୍କର ମୃତ୍ୟୁର ଏକ ପ୍ରଥା ରହିଛି "ସଲେଖାନା" (Sallekhana)। ଏହା ଏକ ଇଚ୍ଛା ମୃତ୍ୟୁ ପରି । ଜଣେ ଚାହିଁଲେ ଏହି ପଦ୍ଧତିରେ ଉତ୍ତର ଦିଗକୁ ମୁହଁ କରି ଉପବାସ ରହି ଧ୍ୟାନ କରି ମୃତ୍ୟୁ ବରଣ କରିଥାନ୍ତି । ଏହାର ପ୍ରମୁଖ କାରଣ ଗୁଡ଼ିକ ହେଲା ଅସହ୍ୟ ବ୍ୟକ୍ତିଗତ ସମସ୍ୟା, ଅତ୍ୟଧିକ ବୃଦ୍ଧାବସ୍ଥା ଏବଂ ଉପଶମ ହେଉ ନ ଥିବା ରୋଗ । ଯାହାହେଉ ଜୈନ ମାନଙ୍କର ଏହି ପ୍ରଥା ଏବେ ବି ପ୍ରଚଳିତ ଅଛି । ଇତିହାସରେ ସମ୍ରାଟ ଚନ୍ଦ୍ରଗୁପ୍ତ ମୌର୍ଯ୍ୟ ଏହି ସଲେଖାନା ପ୍ରଥାନୁସାରେ ମୃତ୍ୟୁବରଣ କରିଥିଲେ । ଖ୍ରୀଷ୍ଟପୂର୍ବ ୨୯୮ରେ ସେ ତାଙ୍କ ପୁତ୍ର ବିନ୍ଦୁସାରଙ୍କୁ ରାଜ୍ୟ ଭାର ଅର୍ପଣ କରି ଶ୍ରବଣ ବେଲଗୋଲାର ଏକ ଗୁମ୍ଫାରେ ଖାଦ୍ୟ ପାନୀୟ ତ୍ୟାଗ କରି ଧ୍ୟାନରତ ହୋଇ ପ୍ରାଣତ୍ୟାଗ କରିଥିଲେ ।

॥ ୧୪ ॥

ଉପସଂହାର

ଆମେ ଏ ପର୍ଯ୍ୟନ୍ତ ଆତ୍ମାର ଅବସ୍ଥିତି, ସ୍ଥିତି ଏବଂ ଗତି ବିଷୟରେ ବିଭିନ୍ନ ବୈଜ୍ଞାନିକ, ଡାକ୍ତରଙ୍କର ଗବେଷଣା, ଅଧ୍ୟୟନ ତଥା ଅନୁସନ୍ଧାନରୁ ସମ୍ୟକ ଧାରଣା ପାଇ ପାରିଲେ । ପୁଣି ପୃଥିବୀର ପ୍ରମୁଖ ଧର୍ମ ମାନଙ୍କର ଆତ୍ମା ଉପରେ ସେମାନଙ୍କର ଆଭିମୂଖ୍ୟ ମଧ୍ୟ ଜାଣି ପାରିଲେ । "ଆତ୍ମା ନିଶ୍ଚିତ ଭାବରେ ଅଛି" ବୋଲି ସମସ୍ତେ ପ୍ରାୟ ସମାନ ମତ ପୋଷଣ କରିଛନ୍ତି । ସତ୍ୟ ଘଟଣା ଗୁଡ଼ିକ ମଧ୍ୟ ସେହି ମତକୁ ଆହୁରି ଦୃଢ଼ୀଭୂତ କରିଛି । ତେଣୁ ଆମେ ବିଶ୍ୱାସ କରିବାକୁ ବାଧ୍ୟ ହେଉଛେ ଯେ ଆତ୍ମା ଅଛି । ମଣିଷ ପ୍ରକୃତରେ ମରିଯାଏ ନାହିଁ । ତା'ର ସ୍ଥୂଳ ଶରୀର ମରିଗଲେ ମଧ୍ୟ ସେ ସୂକ୍ଷ୍ମ ଶରୀରରେ ବଞ୍ଚି ରହିଥାଏ । ହୁଏତ ଅନ୍ୟ କେଉଁ ପରିମାପ (dimension)ରେ ।

କିନ୍ତୁ ଏହାକୁ ବସ୍ତୁବାଦୀ ମାନେ ଏବଂ କେତେକ ବୈଜ୍ଞାନିକ ବିଶ୍ୱାସ କରନ୍ତି ନାହିଁ । ସେମାନଙ୍କ ମତରେ ଆତ୍ମା ବୋଲି କିଛି ନାହିଁ । ମଣିଷ ମରିଗଲେ ତା ପାଇଁ ସବୁକିଛି ଶେଷ ହୋଇଯାଇଥାଏ । ଆତ୍ମା ଅଛି ବୋଲି ସେମାନଙ୍କର ପ୍ରମାଣ ଦରକାର । କିନ୍ତୁ ସବୁ ଜିନିଷର ତ ପ୍ରମାଣ ମିଳି ପାରିବ ନାହିଁ । ବିନା ପ୍ରମାଣରେ ମଧ୍ୟ ବୈଜ୍ଞାନିକ ମାନେ କିଛି ଘଟଣାକୁ ମାନିବାକୁ ବାଧ୍ୟ ହୋଇଛନ୍ତି । ଯେପରିକି ଏବେ ମଧ୍ୟ ସେମାନେ ଅନ୍ଧକାର ଗର୍ତ୍ତ (Black hole) କୁ ଦେଖି ପାରି ନାହାନ୍ତି । ତାହା କ'ଣ, ତା ଭିତରେ କ'ଣ ଅଛି କିଛି ବି ଜାଣି ପାରିନାହାନ୍ତି । ତାହା ଏତେ ଶକ୍ତିଶାଳୀ ଯେ ସେଠାରୁ ଆଲୋକ ମଧ୍ୟ ପ୍ରତିଫଳିତ ହୋଇ ଆସି ପାରିବନାହିଁ । ସେମାନେ କେବଳ ପାରିପାର୍ଶ୍ୱିକ ତଥ୍ୟରୁ ବ୍ଲାକହୋଲର ସ୍ଥିତିକୁ ଜାଣିପାରୁଛନ୍ତି । ଯେମିତିକି ବ୍ଲାକ ହୋଲ ପାଖରେ

ଆଲୋକ ଗତିର ପରିବର୍ତ୍ତନ ହୋଇଥାଏ, ବିଭିନ୍ନ ଗ୍ରହ ଉପଗ୍ରହ ମାନଙ୍କର ଚଳନରେ ବ୍ୟତିକ୍ରମ ଦେଖାଯାଇଥାଏ ଇତ୍ୟାଦି, ଇତ୍ୟାଦି । ସେହିଥିରୁ ହିଁ ସେମାନେ ବ୍ଲାକ ହୋଲର ଅବସ୍ଥିତି ଜାଣିପାରିଥାନ୍ତି । ସେମିତି ଆତ୍ମାର ସ୍ଥିତି ବିଷୟରେ ଏତେ ପାରିପାର୍ଶ୍ୱିକ ପ୍ରମାଣ ଥାଇ ମଧ୍ୟ କେତେକ ଏହାକୁ ମାନିବାକୁ ପ୍ରସ୍ତୁତ ନୁହନ୍ତି । ଜଣେ ହତ୍ୟାକାରୀ ହତ୍ୟା କଲାବେଳେ କେହି ପ୍ରତ୍ୟେକ୍ଷଦର୍ଶୀ ନ ଥିଲେ ମଧ୍ୟ ବିଚାରପତି ପାରିପାର୍ଶ୍ୱିକ ପରିସ୍ଥିତିକୁ ଅନୁଧ୍ୟାନ କରି ପ୍ରମାଣଯୋଗ୍ୟ ତଥ୍ୟକୁ ଭିତ୍ତି କରି ତାକୁ ଦଣ୍ଡ ଦେଇଥାନ୍ତି । ସେହିଭଳି ସମସ୍ତ ଗବେଷଣା, ଅନୁସନ୍ଧାନ ତଥା ସତ୍ୟ ଘଟଣାକୁ ଅବଲୋକନ କଲେ ଆମେ ବିଶ୍ୱାସର ସହ କହିପାରିବା ଯେ ଆତ୍ମା ନିଶ୍ଚିତ ଭାବରେ ଅଛି ଏବଂ ମଣିଷ ମୃତ୍ୟୁ ପରେ କୌଣସି ନା କୌଣସି ରୂପରେ ବଞ୍ଚି ରହିଥାଏ । କିନ୍ତୁ ଆମ ମାନଙ୍କର ଜ୍ଞାନ ଅତି ମାତ୍ରାର ସିମୀତ । ଯେଉଁ ଆତ୍ମାର ସ୍ୱରୂପକୁ ଆଜି ପର୍ଯ୍ୟନ୍ତ ବଡ଼ ବଡ଼ ମୁନି ଋଷି, ପ୍ରସିଦ୍ଧ ଜ୍ଞାନୀ ବୈଜ୍ଞାନିକ ମାନେ ସଠିକ୍ ଭାବରେ ଜାଣି ପାରିନାହାନ୍ତି ସେଠାରେ ଆମେମାନେ ତ ସବୁ ଛାର । ଯେପରି ଏଚ୍ ଜାକସନ ବ୍ରାଉନ (H. Jackson Brown) କହିଥିଲେ, "ଆଜି ପର୍ଯ୍ୟନ୍ତ ଏ ମନୁଷ୍ୟ ଯେତେ ଜ୍ଞାନ ଆହରଣ କରିଛି ତାହା ସାଗରର ବିଶାଳ ବେଳାଭୂମିରୁ ଗୋଟେ ମାତ୍ର ବାଲୁକା କଣିକା ଠାରୁ ଅଧିକା ନୁହେଁ ।" ତେଣୁ ଆମେ ଏତେ ଦ୍ୱନ୍ଦ ଭିତରକୁ ନ ଯାଇ ଯାହା ହୃଦୟଙ୍ଗମ କଲେ ତାହା ଉପରେ ବିଶ୍ୱାସ କରିବାଟା ସ୍ୱାଗତଯୋଗ୍ୟ ହେବ । ତେବେ ଆମକୁ କ'ଣ ଏମିତି ଏକ ଜଗତ ଅପେକ୍ଷା କରିଛି ଯେଉଁଠାରେ ଶରୀର ନାହିଁ କିନ୍ତୁ ଆତ୍ମା ଅଛି, ଆଖି ନାହିଁ କିନ୍ତୁ ଦେଖି ହେଉଛି, କାନ ନାହିଁ କିନ୍ତୁ ଶୁଣି ହେଉଛି, ମସ୍ତିସ୍କ ନାହିଁ କିନ୍ତୁ ଚେତନା ଅଛି, ପାଟି ନାହିଁ କିନ୍ତୁ ଭାବ ବ୍ୟକ୍ତ କରି ହେଉଛି । ଯେଉଁଠି ରୋଗ, ବୈରାଗ, ବୃଦ୍ଧାବସ୍ଥାର ଚିହ୍ନବର୍ଣ୍ଣ ନାହିଁ, ଯେଉଁଠି ଦୁଃଖ, ରାଗ, ହିଂସା କିଛି ନାହିଁ । ଅଛି କେବଳ ଅଫୁରନ୍ତ ସୁଖ, ଶାନ୍ତି । ଆନନ୍ଦ ହିଁ ଆନନ୍ଦ । ପରମାନନ୍ଦ ।

■

ସାହାଯ୍ୟ ନିଆଯାଇଥିବା ବହିଗୁଡ଼ିକ

1. Death and Beyond - by Alien books
2. Life before Life - Dr. Jim B. Tucker
3. Talking to the Dead - Alison Morgan
4. Life after life - Raymond A. Moody, Jr.
5. Communicating with the dead - Martin Ebon

BLACK EAGLE BOOKS

www.blackeaglebooks.org
info@blackeaglebooks.org

Black Eagle Books, an independent publisher, was founded as a nonprofit organization in April, 2019. It is our mission to connect and engage the Indian diaspora and the world at large with the best of works of world literature published on a collaborative platform, with special emphasis on foregrounding Contemporary Classics and New Writing.

www.ingramcontent.com/pod-product-compliance
Lightning Source LLC
Chambersburg PA
CBHW060612080526
44585CB00013B/790
* 9 7 8 1 6 4 5 6 0 6 7 7 2 *